中文版 Premiere Pro

灵境蓝图

2022
完全自学教程

实战案例视频版

瀚阅教育 编著

U0222850

全国百佳图书出版单位

化学工业出版社

·北京·

内容简介

《中文版Premiere Pro 2022完全自学教程（实战案例视频版）》是一本完全针对零基础新手的自学书籍。本书运用生动有趣的实际操作案例，辅助以通俗易懂的参数讲解，循序渐进地介绍了Premiere Pro 2022的各项功能和操作方法。全书共16章，分为3个部分：快速入门篇，帮助读者轻松入门，更快地制作出完整的作品，可以应对日常工作遇到的常见视频问题；高级拓展篇，在读者具备了一定的基础后，全面学习高级功能，以应对绝大多数的视频任务；实战应用篇，精选21个热门行业项目实战案例，覆盖大多数Premiere行业应用场景，在实战中提升设计能力。

为了方便读者学习，本书提供了丰富的配套资源，包括：视频精讲＋同步电子书＋素材源文件＋设计师素材库＋拓展资源等。

本书内容全面，实例丰富，可操作性强，特别适合Premiere新手阅读，也可供电影电视从业人员、短视频制作人员、广告设计人员、相关专业师生、培训班及视频处理爱好者学习参考。

图书在版编目（CIP）数据

中文版Premiere Pro 2022完全自学教程：实战案例视频版/瀚阅教育编著. 一北京：化学工业出版社，2022.5
ISBN 978-7-122-40891-4

Ⅰ.①中… Ⅱ.①瀚… Ⅲ.①视频编辑软件－教材 Ⅳ.①TN94

中国版本图书馆CIP数据核字（2022）第034925号

责任编辑：曾　越
责任校对：赵懿桐
文字编辑：郭小萍
装帧设计：尹琳琳

出版发行：化学工业出版社
　　　　　（北京市东城区青年湖南街13号　邮政编码100011）
印　　装：河北京平诚乾印刷有限公司
880mm×1230mm　1/16　印张26¹/₂　字数852千字
2022年8月北京第1版第1次印刷

购书咨询：010-64518888
售后服务：010-64518899
网　　址：http://www.cip.com.cn
凡购买本书，如有缺损质量问题，本社销售中心负责调换。

定　价：128.00元　　　　　　　　　　　　版权所有　违者必究

Premiere是Adobe公司出品的一款视频编辑软件，适合从事设计和视频制作的机构，包括电影、电视台、广告公司、动画公司、自媒体短视频工作室及视频爱好者等使用。

本书是一本针对零基础新手的完全自学教程。本书按照初学者的学习习惯，开发出从"快速入门"到"高级拓展"，再进阶到"实战应用"的自学路径，运用生动有趣的实际操作案例，辅助以通俗易懂的参数讲解，循序渐进地陪伴零基础读者从轻松入门开始，更快地制作出完整的作品。

本书内容

本书共16章，分为三个部分，具体内容如下。

第1～5章为"快速入门篇"，内容包括：Premiere Pro基础操作、视频的简单编辑、快速剪辑视频、常用的视频调色技巧、添加画面元素。经过前5章的学习可以掌握Premiere最基本的操作，读者可应对简单的视频编辑操作。

第6～11章为"高级拓展篇"，内容包括：高级调色技法、视频效果、文字的高级应用、震撼的转场效果、动画、配乐。这6个章节着力于深入学习高级功能，精通了Premiere的核心功能后，读者可应对绝大多数的视频任务。

第12～16章为"实战应用篇"，内容包括：超实用视频人像精修、电商广告设计、短视频制作、电子相册、经典特效设计。精选热门行业设计项目，在实战中学习，在实战中提升！

本书特色

即学即用，举一反三 本书采用案例驱动、图文结合、配套视频讲解的方

式，帮助读者"快速入门""即学即用"。本书将必要的设计基础理论与软件操作相结合，读者在学习软件操作的同时也能了解各种软件功能和参数的含义，做到知其然并知其所以然，使读者除了能熟练操作软件外，还能适当培养和提高设计思维，在日常应用中实现"举一反三"。

案例丰富，实用性强　本书精选上百个热门行业项目实战案例，覆盖大多数 Premiere 行业应用场景，经典实用，能够解决日常视频制作中的实际问题。

思维导图，指令速查　每章设有思维导图，有助于梳理软件核心功能，理清学习思路。软件常用命令采用表格形式，常用快捷键设置了索引，便于随手查阅。"重点笔记""疑难笔记""拓展笔记"三个模块对核心知识、操作技巧进行重点提醒，让读者在学习中少走弯路。

本书资源

本书配套了丰富的学习资源：

1.赠送实战案例配套练习素材及教学视频，边学边练，轻松掌握软件操作。

2.赠送设计相关领域 PDF 电子书搭配学习，充实设计理论知识。

3.赠送设计师素材库，精美实用，练习不愁没素材。

4.赠送 PPT 课件，教材同步，方便教师授课使用。

5.赠送同步电子书，随时随地，免费阅读。

（本书配套素材及资源仅供个人练习使用，请勿用于其他商业用途。）

本书资源获取方式：

扫描书上二维码，关注"易读书坊"公众号获取资源和服务。

不同版本的Premiere功能略有差异，本书编写和文件制作均使用Premiere Pro 2022版本，应尽可能使用相同版本学习。过低的版本可能出现文件无法打开等问题。

本书适合初学者、设计专业师生阅读，更适合想从事或正在从事电影电视、广告、影视栏目包装、影视特效、短视频、宣传片、动画设计、游戏设计等行业的从业人员使用。

笔者能力有限，如有疏漏之处，恳请读者谅解。

编著者

目 录

快速入门篇

第1章　Premiere Pro基础操作

第2章　视频的简单编辑

高级拓展篇

第6章　高级调色技法

第7章　视频效果

第8章 文字的高级应用

第9章 震撼的转场效果

第10章 动画

第11章 配乐

实战应用篇

Pr

快速入门篇

第1章
Premiere Pro 基础操作

Premiere Pro是一款简单易学、高效精准的视频编辑软件。Premiere Pro可对视频进行剪辑、调色、添加文字、添加特效、添加动画等，广泛应用于短视频、Vlog、动画设计、影视设计、广告设计等。本章将讲解Premiere Pro的多种基础操作。

学习目标

熟悉 Premiere Pro 的各部分功能
掌握新建项目、打开、保存、替换素材等基本操作
了解 Premiere Pro 中常用的操作

思维导图

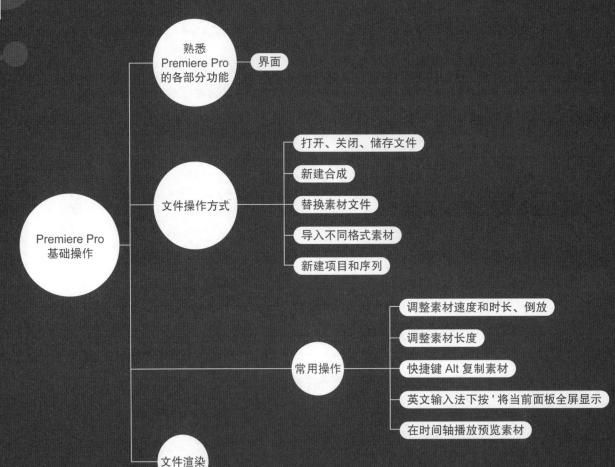

1.1　熟悉 Premiere Pro 界面的各部分功能

（1）打开 Premiere Pro。初次启动软件，默认情况下显示的是简单的欢迎界面。此时界面中并没有显示与视频制作相关的功能，这是由于软件中没有项目文件。所以可以在此处单击"打开项目"按钮，打开一个项目文件，或者单击"新建项目"按钮，新建一个空白的项目文件，如图1-1所示。

图 1-1

（2）"新建项目"后在弹出的"新建项目"窗口中设置合适的名称与位置，单击"确定"按钮，如图1-2所示。

图 1-2

（3）在"菜单栏"中执行"文件"/"新建"/"序列"命令创建序列。或执行"文件"/"导入"命令，导入素材，接着将素材文件拖曳到"时间轴"面板中，创建与素材文件等大的序列，如图1-3所示。

图 1-3

（4）之后文件将在 Premiere Pro 中打开，此时 Premiere Pro 界面发生了改变，如图1-4所示。

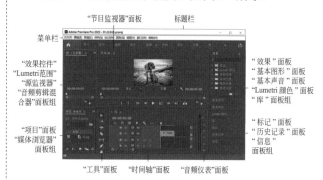

图 1-4

Premiere Pro 界面主要功能介绍见表1-1。

表 1-1　Premiere Pro 界面主要功能介绍

功能名称	功能简介
标题栏	显示软件版本、文件名称、文件位置、缩放、关闭等
菜单栏	可找到软件中所有的命令
"效果控件"面板	设置效果参数与关键帧制作效果
"Lumetri 范围"面板	包含矢量示波器、直方图、分量和波形等
"源监视器"面板	预览与播放素材文件等
"音频剪辑混合器"面板组	对音频素材调整音量、平衡、关键帧等
"时间轴"面板	设置时间，编辑视频、音频，制作素材效果等，大多剪辑工作都需要在"时间轴"面板中完成
"项目"面板	存放、查找素材文件和创建图层等
"媒体浏览器"面板组	查找与显示电脑中的素材文件
"节目监视器"面板	预览素材文件的效果、标记等
"工具"面板	剪辑素材、创建图形及文字，包含选择工具、文字工具、剃刀工具、钢笔工具等
"音频仪表"面板	显示音频文件左右声道的音量
"效果"面板	为素材添加画面效果与过渡效果
"基本图形"面板	添加图形模板、调整图形与文字效果等
"基本声音"面板	对音频素材制作效果
"Lumetri 颜色"面板	对素材文件的颜色制作效果
"库"面板组	可以链接 Creative Cloud Libraries，并应用库
"标记"面板	在搜索栏中搜索不同颜色的标记
"历史记录"面板	显示素材文件制作的过程
"信息"面板组	显示所有文件的信息内容

1.标题栏

当Premiere Pro中已有文档时，文档画面的顶部为文档的标题栏，在标题栏中会显示文档名称、文档格式、文件存储位置，如图1-5所示。

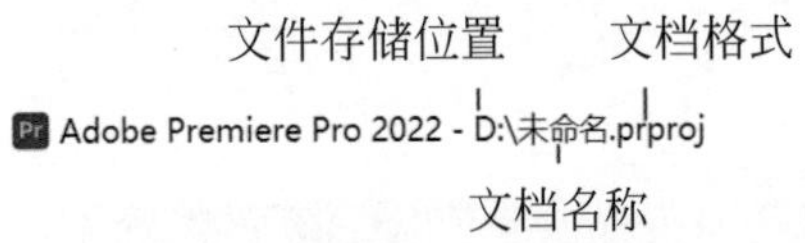

文件存储位置　　文档格式

Pr Adobe Premiere Pro 2022 - D:\未命名.prproj

文档名称

图1-5

2.菜单栏

Premiere Pro菜单栏集合了Premiere Pro的所有面板及命令，在操作过程中可在菜单中找到需要执行的命令和面板，或使用快捷键便捷应用在菜单栏中显示或关闭某一些面板。例如需要为素材文件添加标记，可在菜单栏中执行"标记"/"添加标记"命令，如图1-6所示。

图1-6

3."效果控件"面板

在"效果控件"面板中为素材文件调整参数与关键帧制作画面效果。可在为素材文件添加效果后，调整参数添加关键帧制作动态画面效果。还可调整素材文件的混合模式。如在"时间轴"面板中选择素材文件，在"效果控件"面板中展开"不透明度"，设置"混合模式"为柔光，如图1-7所示。

图1-7

4."工具"面板

"工具"面板包含对素材文件制作效果常用的工

具。"工具"面板中包含选择工具、向前选择轨道工具组、波纹编辑工具组、剃刀工具、外滑工具组、钢笔工具组、抓手工具组和文字工具组等。"工具"面板中工具下方具有 ◢ 标记是相同作用的工具组，可长按该工具在弹出的工具组中单击需要的工具。例如在"工具"面板中长按 ✎（钢笔工具），在弹出的工具组中单击 ▢（矩形工具），单击后矩形工具将出现在"工具"面板中，如图1-8所示。

图1-8

5."项目"面板

"项目"面板主要作用是新建序列、存放导入的素材文件、创建合成项目与整理文件。包括列表视图、图标视图、自由变换视图、调整视图大小、序列自动化、新建文件夹等。可在"项目"面板中右键单击空白区域，然后导入素材、创建新序列等。例如右键单击"项目"面板的空白位置处，在弹出的快捷菜单中执行"新建项目"/"颜色遮罩"命令，如图1-9所示。

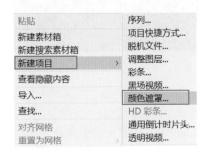

图1-9

6."节目监视器"面板

"节目监视器"面板是显示制作素材的预览窗口，包括标记、标记入点、标记出点、缩放级别、分辨率、切换多机位视图、转到出点、转到入点等。可在"节目监视器"面板中单击 ➕（按钮编辑器）

修改布局。如在"节目监视器"面板中单击 ➕ （按钮编辑器），在弹出的"按钮编辑器"窗口中将 ▣ （切换多机位视图）拖曳到"节目控制器"面板中，接着单击"确定"按钮，如图1-10所示。

图1-10

7. "时间轴"面板

"时间轴"面板主要是将项目面板中的素材文件按一定的时间或位置放置在"时间轴"面板中。还可在"时间轴"面板中双击"切换轨道输出"后方的空白位置。"时间轴"面板中包括时间码、时间线、激活轨道、目标切换轨道、切换同时锁定、切换轨道输出等。例如将时间滑动至1秒11帧位置处，在"时间轴"面板中单击 ◆ "标记"，如图1-11所示。

图1-11

8. "效果"面板

"效果"面板包括多种视频、音频效果和过渡效果，可在搜索栏中搜索需要的效果，拖曳到需要制作效果的素材上。例如在"效果"面板中搜索"Lumetri颜色"效果，将该效果拖曳到"时间轴"面板中的V1轨道上的01.jpg素材文件上，如图1-12所示。

图1-12

9. "基本图形"面板

"基本图形"面板主要用于创建模板和调整图形与文字效果。"基本图形"面板包括在"浏览"中搜索模板或导入模板，在"编辑"中调整文字与图形位置、方向、缩放、不透明度、字体、外观、蒙版等。例如在"基本图形"面板中搜索"游戏过渡"模板，将该模板拖曳到"时间轴"面板中V2轨道上，如图1-13所示。

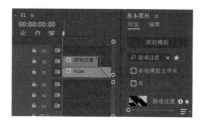

图1-13

10. "基本声音"面板

"基本声音"面板主要用于对音频素材进行声音修复、降杂、音量调整等。"基本声音"面板中包括对话、音乐、SFX、环境选项，可根据需求选择需要的选项并设置合适的数值。例如在"时间轴"面板中选中A1轨道上的音频文件，在"基本声音"面板中单击"对话"选项，如图1-14所示。

图1-14

11. "Lumetri 范围"面板

"Lumetri 范围"包含矢量示波器、直方图、分量和波形等。

12. "源监视器"面板

主要用于预览与播放素材文件等。

13. "音频剪辑混合器"面板组

主要用于对音频文件的声道进行平衡、轨道重命名、静音、添加关键帧等。

14. "媒体浏览器"面板组

用于设置路径采集等相关属性。

15. "音频仪表"面板

主要用于播放音频文件后显示音频左右声道的分贝与设置独奏效果。

16. "Lumetri 颜色"面板

"Lumetri 颜色"面板主要用于对素材文件的颜

色进行调整。与在"效果"面板中的"Lumetri 颜色"效果相同。

17. "库"面板组

主要链接 Creative Cloud Libraries，并应用库。

18. "标记"面板

"标记"面板主要用于搜索已创建的标记，可通过搜索不同的颜色显示素材。

19. "历史记录"面板

"历史记录"面板可显示对素材的操作记录，可寻找历史操作的步骤。

20. "信息"面板组

显示所有文件的信息内容。

1.2 Premiere Pro常用文件操作方式

1.2.1 实战：打开、关闭文件

文件路径

实战素材/第1章

操作要点

学习"打开、关闭"的用法

操作步骤

（1）打开文件。打开 Premiere Pro 软件时，会弹出一个"主页"窗口，单击"打开项目"按钮，如图1-15所示。

（2）在弹出的"打开项目"窗口中选择文件所在的路径文件夹，在文件中选择已制作完成的"打开、关闭文件"项目文件，选择完成后单击"打开"按钮，如图1-16所示。

图 1-15

图 1-16

此时该文件在 Premiere Pro 中打开，如图1-17所示。

图 1-17

（3）关闭项目文件。项目保存完成后，在菜单栏中执行"文件"/"关闭项目"命令，或使用关闭项目快捷键Ctrl+Shift+W进行快速关闭，如图1-18所示。

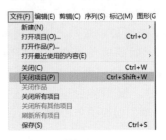
图 1-18

此时 Premiere Pro 界面中的项目文件被关闭，如图1-19所示。

图 1-19

（4）若在 Premiere Pro 中同时打开多个项目文件，关闭时可执行"文件"/"关闭所有项目"命令，如图1-20所示。

图 1-20

此时Premiere Pro中打开的所有项目被同时关闭，如图1-21所示。

图1-21

1.2.2 实战：保存、另存为文件

文件路径

实战素材/第1章

操作要点

学习"保存、另存为文件"的用法

操作步骤

（1）保存项目文件。当文件制作完成后，要将项目文件及时进行保存。执行"文件"/"保存"命令，如图1-22所示。

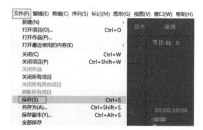

图1-22

（2）另存为文件。当文件已经被保存时再次保存。执行"文件"/"另存为"命令，或者使用快捷键Ctrl+Shift+S打开"保存项目"窗口。设置合适的"文件名"及"保存类型"，设置完成后单击"保存"按钮，如图1-23所示。

图1-23

此时，在选择的文件夹中即可出现刚刚保存的Premiere Pro项目文件，如图1-24所示。

图1-24

1.2.3 实战：新建项目和序列

文件路径

实战素材/第1章

操作要点

如何"新建项目""新建序列"

操作步骤

（1）新建项目。打开Premiere Pro软件时，会弹出一个"主页"窗口，单击"新建项目"按钮，如图1-25所示。

图1-25

（2）在弹出的"新建项目"窗口中设置合适的"名称"和"位置"，设置完成后按下Enter键进行新建，如图1-26所示。

图1-26

此时项目已新建完成，画面效果如图1-27所示。

快速入门篇

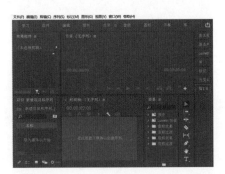

图 1-27

（3）新建序列。在"菜单栏"中执行"文件"/"新建"/"序列"命令，如图1-28所示。

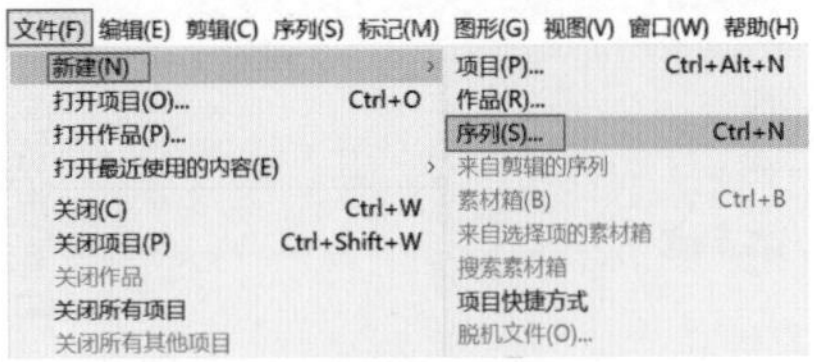

图 1-28

（4）在弹出的"新建序列"窗口中单击"设置"，设置合适的"编辑模式""时基""帧大小""水平""像素长宽比""场"，如图1-29所示（或在"序列预设"中选择适合的预设）。

图 1-29

（5）执行"文件"/"新建"/"项目"命令，新建一个项目。接着执行"文件"/"导入"命令，导入全部素材。还可以在"项目"面板中将01.mp4素材拖曳到"时间轴"面板中的V1轨道上，此时在"项目"面板中自动生成一个与01.mp4素材文件等大的序列，如图1-30所示。

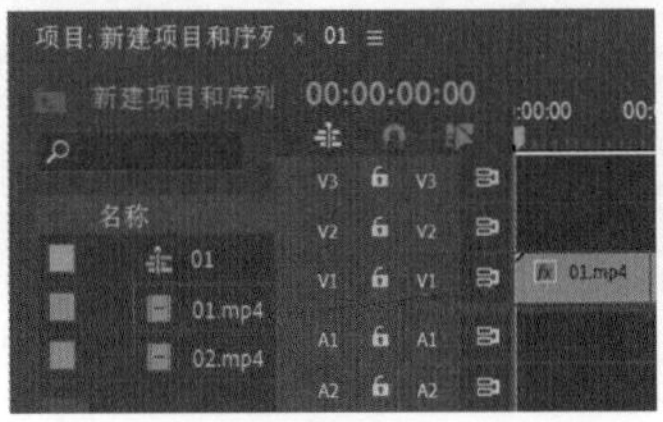

图 1-30

1.2.4　实战：导入不同格式素材

文件路径

实战素材/第1章

操作要点

学习如何"导入不同格式素材"

案例效果

图 1-31

操作步骤

（1）执行"文件"/"新建"/"项目"命令，新建一个项目。执行"文件"/"新建"/"序列"命令。在新建序列窗口中单击"设置"按钮，设置"编辑模式"为ARRI Cinema，设置"时基"为25.00帧/秒，设置"帧大小"为1920，"水平"为1080，如图1-32所示。

图 1-32

（2）导入文件。在"菜单栏"中执行"文件"/"导入"命令，或者使用快捷键Ctrl+I，如图1-33所示。

（3）或双击"项目"面板在弹出的"导入"窗口中选中需要导入的文件，接着单击"打开"按钮，如图1-34所示。

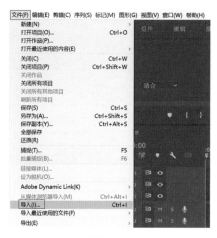

图 1-33

图 1-34

此时项目面板中导入视频文件，如图1-35所示。

（4）在"项目"中将其拖曳到V1轨道上。此时画面效果如图1-36所示。

图 1-35　　　　　　　图 1-36

（5）在"时间轴"面板中右键单击V1轨道上的01.mp4素材文件，在弹出的快捷菜单中执行"取消链接"命令，如图1-37所示。

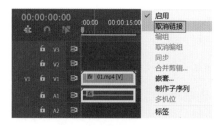

图 1-37

（6）单击"工具"面板中的▶（选择工具）按钮。在"时间轴"面板中选中01.mp4素材文件音频部分，接着按下键盘上的Delete键进行删除，如图1-38所示。

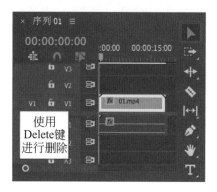

图 1-38

（7）在"时间轴"面板中选择V1轨道上的01.mp4素材文件，在"效果控件"面板中展开"运动"，设置"缩放"为120.0，如图1-39所示。

此时画面效果如图1-40所示。

（8）导入图片文件。在"菜单栏"中执行"文件"/"导入"命令，导入图片文件。此时项目面板中导入图片文件，如图1-41所示。

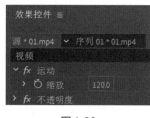 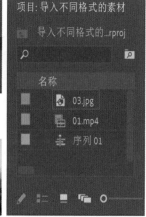

图 1-39

图 1-40　　　　　　　图 1-41

（9）在"项目"中将其拖曳到V1轨道01.mp4素材文件后方，如图1-42所示。

图 1-42

滑动时间线，此时画面效果如图1-43所示。

图 1-43

（10）在"时间轴"面板中选择V1轨道上的03.jpg素材文件，在"效果控件"面板中展开"运动"，设置"缩放"为190.0，如图1-44所示。

此时03.jpg素材画面效果如图1-45所示。

（11）导入音频文件。在"菜单栏"中执行"文件"/"导入"命令，导入音频文件。此时项目面板中导入音频文件，如图1-46所示。

图 1-44

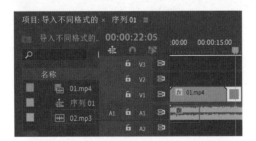

图 1-45 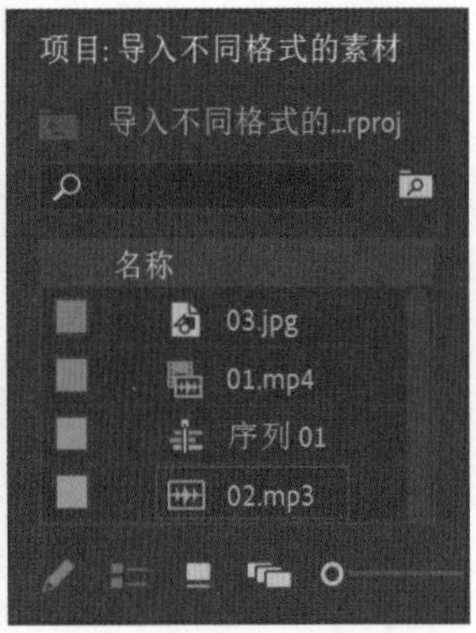   图 1-46

（12）在"项目"面板中将02.mp3素材文件拖曳到A1轨道上，如图1-47所示。

图 1-47

（13）设置"时间轴"面板中02.mp3素材文件的结束时间为24秒11帧，如图1-48所示。

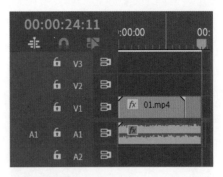

图 1-48

（14）在"效果"面板中搜索"Venetian Blinds"效果，将该效果拖曳到V1轨道上的01.mp4素材文件的结束位置上，如图1-49所示。

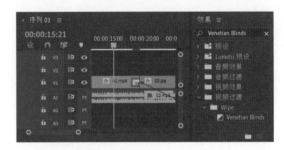

图 1-49

本案例制作完成，滑动时间线效果如图1-50所示。

图 1-50

1.2.5　实战：在项目面板整理素材

文件路径

实战素材/第1章

操作要点

学习整理素材方法

操作步骤

（1）创建新项目，导入文件。执行"文件"/"新建"/"项目"命令，新建一个项目。接着执行"文件"/"导入"命令，导入全部素材。在"项目"面板中将01.mp4素材拖曳到"时间轴"面板中的V1轨道上，此时在"项目"面板中自动生成一个与01.mp4素材文件等大的序列，如图1-51所示。

图1-51

滑动时间线，此时画面效果如图1-52所示。

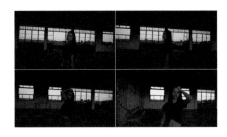

图1-52

（2）当导入的素材文件过多时，寻找文件很不方便。此时可在"项目"面板中单击▢（新建素材箱）进行整理，如图1-53所示。

图1-53

（3）或可在"项目"面板中右键单击空白位置，此时在弹出的快捷菜单中单击"新建素材箱"选项，如图1-54所示。

图1-54

（4）此时"项目"面板中出现一个"文件箱"，设置"文件箱"的名称为"视频"，如图1-55所示。

（5）在"项目"面板中框选01.mp4 ～ 04.mp4素材文件拖曳到"视频"文件箱中，如图1-56所示。

（6）在"项目"面板中展开"视频"文件箱，刚刚拖曳的素材文件都在文件箱中，如图1-57所示。

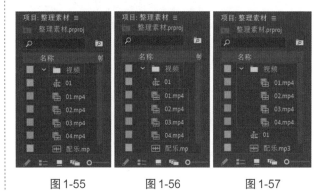

图1-55　　　　　图1-56　　　　　图1-57

1.2.6　实战：Ctrl+Alt快速调整素材位置

文件路径

实战素材/第1章

操作要点

使用快捷键Ctrl+Alt快速调整素材位置，使视频素材位置移动更加方便

案例效果

图1-58

操作步骤

（1）新建项目，导入文件。执行"文件"/"新建"/"项目"命令，新建一个项目。接着执行"文件"/"导入"命令，导入全部素材。在"项目"面板中将01.mp4 ～ 03.mp4素材拖曳到"时间轴"面板中的V1轨道上，此时在"项目"面板中自动生成一

个与01.mp4素材文件等大的序列，如图1-59所示。

图1-59

滑动时间线，此时画面效果如图1-60所示。

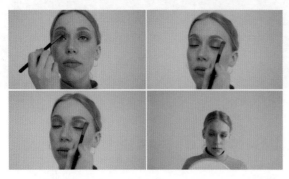

图1-60

（2）调整画面顺序。此时"时间轴"面板中素材文件的顺序为01.mp4 ～ 03.mp4，如图1-61所示。

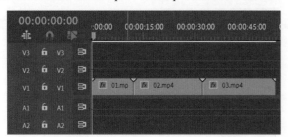

图1-61

（3）在"时间轴"面板中选择03.mp4素材文件，使用快捷键Ctrl+Alt，鼠标左键拖曳到起始时间位置处（拖曳到01.mp4素材前方），如图1-62所示。

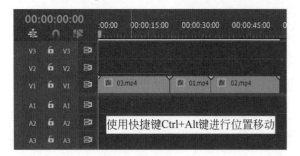

图1-62

本案例制作完成，滑动时间线效果如图1-63所示。

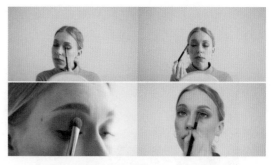

图1-63

1.2.7　实战：替换素材

文件路径

实战素材/第1章

操作要点

使用"Checker Wipe""效果"制作01.mp4视频过渡效果，使用"替换素材"命令替换01.mp4素材为02.mp4素材，改变素材不改变效果

案例效果

图1-64

操作步骤

（1）创建新项目，导入文件。执行"文件"/"新建"/"项目"命令，新建一个项目。接着执行"文件"/"导入"命令，导入全部素材。在"项目"面板中将01.mp4素材拖曳到"时间轴"面板中的V1轨道上，此时在"项目"面板中自动生成一个与01.mp4素材文件等大的序列，如图1-65所示。

图1-65

此时画面效果如图1-66所示。

图1-66

（2）修剪视频。在"时间轴"面板中选择V1轨道上的01.mp4素材，单击"工具"面板中 （剃刀工具）按钮，然后将时间线滑动到第5秒的位置，单击鼠标左键剪辑01.mp4素材文件，如图1-67所示。

图1-67

（3）单击"工具"面板中的 （选择工具）按钮。在"时间轴"面板中选中剪辑后的01.mp4素材文件后部分，接着按下键盘上的Delete键进行删除，如图1-68所示。

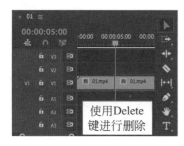

图1-68

（4）制作效果。在"效果"面板中搜索"Checker Wipe"，将该效果拖曳到V1轨道上的01.mp4素材的结束位置上，如图1-69所示。

图1-69

此时滑动时间线，画面效果如图1-70所示。

图1-70

（5）替换素材。为素材添加效果后若想在不改变效果的情况下更快捷地更换素材，可在"项目"面板中选中01.mp4素材文件，然后右击执行"替换素材"命令，如图1-71所示。

图1-71

（6）在弹出的"替换01.mp4素材"窗口，选择02.mp4素材文件，然后单击"选择"按钮，如图1-72所示。

图1-72

此时"项目"面板中01.mp4素材文件被替换为02.mp4，如图1-73所示。

本案例制作完成，滑动时间线，效果不发生改变，如图1-74所示。

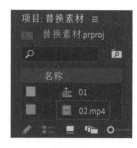

图1-73

图 1-74

1.2.8 实战：调整界面布局

文件路径

实战素材/第1章

操作要点

学习如何"调整界面布局"

操作步骤

（1）新建项目，导入文件。执行"文件"/"新建"/"项目"命令。接着执行"文件"/"导入"命令，导入全部素材。在"项目"面板中将01.mp4素材拖曳到"时间轴"面板中的V1轨道上，如图1-75所示。此时在"项目"面板中自动生成一个与01.mp4素材文件等大的序列。

图 1-75

此时画面效果如图1-76所示。Premiere Pro界面效果如图1-77所示。

图 1-76

图 1-77

（2）调整界面布局。界面中所有面板均可根据自己的习惯进行调整，如将"工具"面板进行位置调整时，使用鼠标左键长按"工具"面板并将其拖曳到合适的位置处，如图1-78所示（其他界面调整方法与此一致）。

图 1-78

1.3 熟悉Premiere常用操作

1.3.1 实战：调整素材速度和时长，并倒放

文件路径

实战素材/第1章

操作要点

使用"剪辑速度/持续时间"命令调整素材速度和时长，倒放效果

案例效果

图 1-79

操作步骤

（1）创建新项目，导入文件。执行"文件"/"新建"/"项目"命令，新建一个项目。接着执行"文件"/"导入"命令，导入全部素材。在"项目"面板中将01.mp4素材拖曳到"时间轴"面板中的V1轨道上，此时在"项目"面板中自动生成一个与01.mp4素材文件等大的序列，如图1-80所示。

图1-80

此时画面效果如图1-81所示。

图1-81

（2）在"时间轴"面板中右键单击01.mp4素材文件，在弹出的快捷菜单中执行"速度/持续时间"命令，如图1-82所示。

图1-82

（3）在弹出的"剪辑速度/持续时间"窗口中，设置"速度"为302.5%；"持续时间"为10秒；并勾选"倒放速度"，单击"确定"，如图1-83所示。

图1-83

本案例制作完成，滑动时间线效果如图1-84所示。

图1-84

1.3.2　实战：调整素材长度

文件路径

实战素材/第1章

操作要点

学习使用拖曳的方式修改素材长度

案例效果

图1-85

操作步骤

（1）创建新项目，导入文件。执行"文件"/"新建"/"项目"命令，新建一个项目。接着执行"文件"/"导入"命令，导入全部素材。在"项目"面板中将01.mp4素材拖曳到"时间轴"面板中的V1轨道上，此时在"项目"面板中自动生成一个与01.mp4素材文件等大的序列，如图1-86所示。

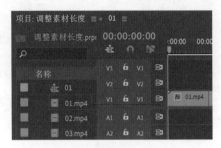

图 1-86

此时画面效果如图1-87所示。

图 1-87

（2）调整素材长度。在"时间轴"面板中鼠标左键长按V1轨道上01.mp4素材文件的尾端，并向前拖曳到2秒位置处。拖曳完成后视频长度为2秒，如图1-88所示。

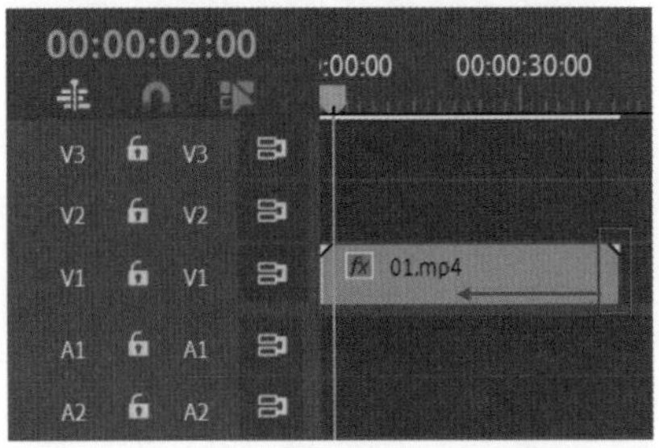

图 1-88

（3）在"项目"面板中将02.mp4素材拖曳到"时间轴"面板中V1轨道上01.mp4素材的尾端位置处，如图1-89所示。

图 1-89

（4）在"时间轴"面板中鼠标左键长按V1轨道上02.mp4素材文件的尾端，并向前拖曳到4秒位置处。拖曳完成后视频长度为2秒，如图1-90所示。

图 1-90

滑动时间线画面效果如图1-91所示。

图 1-91

（5）在"项目"面板中将03.mp4素材拖曳到"时间轴"面板中V1轨道上02.mp4素材的尾端位置处，如图1-92所示。

图 1-92

（6）在"时间轴"面板中鼠标左键长按V1轨道上03.mp4素材文件的尾端，并向前拖曳到6秒位置处。拖曳完成后视频长度为2秒，如图1-93所示。

（7）在"项目"面板中将04.mp4素材拖曳到"时间轴"面板中V1轨道上03.mp4素材的尾端位置处，如图1-94所示。

图1-93

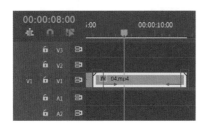

图1-94

（8）在"时间轴"面板中鼠标左键长按V1轨道上04.mp4素材文件的前端，并向后拖曳到8秒位置处。接着鼠标左键长按04.mp4素材文件的尾端并向前拖曳到10秒位置处。拖曳完成后视频长度为2秒。拖曳整个时间滑块到03.mp4尾端，如图1-95所示。

图1-95

本案例制作完成，滑动时间线效果如图1-96所示。

图1-96

1.3.3　实战：快捷键Alt复制素材

文件路径

实战素材/第1章

操作要点

使用快捷键Alt复制素材是视频剪辑中常用的方法，使用"Film Dissolve""Venetian Blinds"效果制作画面过渡效果

案例效果

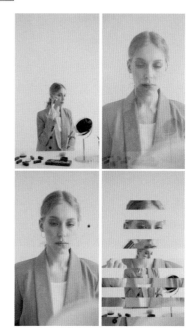

图1-97

操作步骤

（1）创建新项目，导入文件。执行"文件"/"新建"/"项目"命令，新建一个项目。接着执行"文件"/"导入"命令，导入全部素材。在"项目"面板中将01.mp4素材拖曳到"时间轴"面板中的V1轨道上，此时在"项目"面板中自动生成一个与01.mp4素材文件等大的序列，如图1-98所示。

图1-98

画面效果如图 1-99 所示。

图 1-99

（2）修剪视频。在"时间轴"面板中鼠标左键长按V1轨道上01.mp4素材文件的尾端，并向前拖曳到3秒位置处。拖曳完成后视频长度为3秒，如图 1-100 所示。

图 1-100

（3）在"项目"面板中将02.mp4素材拖曳到"时间轴"面板中V1轨道上01.mp4素材的尾端位置处，如图 1-101 所示。

图 1-101

（4）在"时间轴"面板中鼠标左键长按V1轨道上02.mp4素材文件的尾端，并向前拖曳到6秒位置处。拖曳完成后视频长度为6秒，如图 1-102 所示。

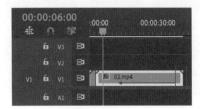

图 1-102

滑动时间线画面效果如图 1-103 所示。

图 1-103

（5）在"项目"面板中选择01.mp4素材文件，按下Alt键的同时按住鼠标左键拖曳到02.mp4素材文件尾端进行复制，如图 1-104 所示。

图 1-104

（6）制作效果。在"效果"面板中搜索"Film Dissolve"效果，将该效果拖曳到V1轨道上02.mp4素材的起始时间位置处，如图 1-105 所示。

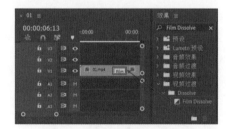

图 1-105

（7）在"效果"面板中搜索"Venetian Blinds"效果，将该效果拖曳到V1轨道上02.mp4素材后方的01.mp4素材的起始时间位置处，如图 1-106 所示。

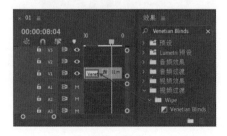

图 1-106

本案例制作完成，滑动时间线效果如图1-107所示。

图1-107

1.3.4　实战：英文输入法下按"`"将当前面板全屏显示

文件路径

实战素材/第1章

操作要点

学习英文输入法下按"`"将当前面板全屏显示

案例效果

图1-108

操作步骤

（1）创建新项目，导入文件。执行"文件"/"新建"/"项目"命令，新建一个项目。接着执行"文件"/"导入"命令，导入全部素材。在"项目"面板中将01.mp4素材拖曳到"时间轴"面板中的V1轨道上，此时在"项目"面板中自动生成一个与

01.mp4素材文件等大的序列，如图1-109所示。

此时画面效果如图1-110所示。

图1-109

图1-110

（2）在英文输入法状态下，选中"节目监视器"面板，按键盘上的"`"键，此时"节目"面板中素材画面将被全屏显示，如图1-111所示。

图1-111

（3）按键盘上的"`"键恢复到正常界面，如图1-112所示。

图1-112

（4）在"项目"面板中将02.mp4素材拖曳到"时间轴"面板中的V1轨道上，如图1-113所示。

（5）设置"时间轴"面板中02.mp4素材文件的结束时间为10秒10帧，如图1-114所示。

图1-113

图1-114

此时画面效果如图1-115所示。

（6）在"时间轴"面板中选中V1轨道中的

快速入门篇

02.mp4，接着在"效果控件"面板中展开"不透明度"，设置"混合模式"为滤色，如图1-116所示。

图 1-115　　　　　　　　图 1-116

本案例制作完成，滑动时间线效果如图1-117所示。

图 1-118

1.3.5　实战：在时间轴播放预览素材

文件路径

实战素材/第1章

操作要点

学习如何在时间轴播放预览素材

案例效果

图 1-118

操作步骤

（1）打开项目。打开Premiere Pro软件时，会弹出一个"主页"窗口，单击"打开项目"按钮，在弹出的"打开项目"窗口中选择文件所在的路径文件夹，在文件中选择已制作完成的未命名项目文件，选择完成后单击"打开"按钮，如图1-119所示。

图 1-119

（2）播放视频。在打开的Premiere Pro界面中使用空格正常播放，如图1-120所示。

图 1-120

（3）加速播放视频。当按下空格键播放时按L键可以加速预览，如图1-121所示（多次单击L键播放速度更快）。

（4）暂停视频。当按下空格键播放时可使用K键暂停，如图1-122所示。

图 1-121　　　　　　　　图 1-122

（5）倒放视频。将时间线滑动至结束时间，也可以使用 J 键进行视频倒放，如图 1-123 所示。

本案例制作完成，滑动时间线效果如图 1-124 所示。

图 1-123　　　　　　　　图 1-124

1.3.6　实战：标记

文件路径

实战素材/第1章

操作要点

使用快捷键 M 键进行标记添加

案例效果

图 1-125

操作步骤

（1）创建新项目，导入文件。执行"文件"/"新建"/"项目"命令，新建一个项目。接着执行"文件"/"导入"命令，导入全部素材。在"项目"面板中将 01.mp4 素材拖曳到"时间轴"面板中的 V1 轨道上，此时在"项目"面板中自动生成一个与 01.mp4 素材文件等大的序列，如图 1-126 所示。

图 1-126

滑动时间线画面效果如图 1-127 所示。

图 1-127

（2）在"项目"面板中将 02.mp3 素材拖曳到"时间轴"面板中的 A1 轨道上，如图 1-128 所示。

图 1-128

快速入门篇

（3）播放视频后聆听音乐，在合适的地方使用快捷键M创建标记，如图1-129所示。

（4）或将时间线滑动至合适的位置处，在"菜单栏"中执行"标记"/"添加标记"，如图1-130所示。

图1-129　　　　　　图1-130

本案例制作完成，滑动时间线效果如图1-131所示。

图1-131

1.3.7　实战：嵌套

文件路径

实战素材/第1章

操作要点

学习"嵌套序列"命令

案例效果

图1-132

操作步骤

（1）创建新项目，导入文件。执行"文件"/"新建"/"项目"命令，新建一个项目。接着执行"文件"/"导入"命令，导入全部素材。在"项目"面板中将01.mp4素材拖曳到"时间轴"面板中的V1轨道上，此时在"项目"面板中自动生成一个与01.mp4素材文件等大的序列，如图1-133所示。

图1-133

滑动时间线画面效果如图1-134所示。

图1-134

（2）在"效果"面板中搜索"Band Wipe"，将该效果拖曳到"时间轴"面板V1轨道的01.mp4素材文件的起始时间上，如图1-135所示。

图1-135

（3）在"项目"面板中将02.mp4素材拖曳到"时间轴"面板中的V2轨道上5秒位置处，如图1-136所示。

图1-136

（4）在"效果"面板中搜索"急摇"，将该效果拖曳到"时间轴"面板V2轨道的02.mp4素材文件的起始时间上，如图1-137所示。

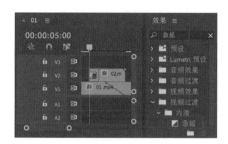

图 1-137

滑动时间线画面效果如图1-138所示。

图 1-138

（5）在"项目"面板中将03.mp4素材拖曳到"时间轴"面板中的V3轨道上7秒位置处，如图1-139所示。

图 1-139

（6）在"效果"面板中搜索"交叉溶解"，将该效果拖曳到"时间轴"面板V3轨道的03.mp4素材文件的起始时间上，如图1-140所示。

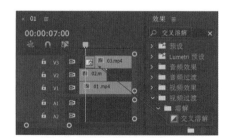

图 1-140

（7）在"时间轴"面板中框选所有素材文件，在弹出的快捷菜单中执行"嵌套序列"，如图1-141所示。

所示。

（8）在弹出的"嵌套序列名称"窗口中设置"名称"为"嵌套序列01"，单击"确定"按钮，如图1-142所示。

图 1-141　　　　　　　　图 1-142

📝 **重点笔记**

"嵌套序列"命令主要对一些视频进行整体添加，可以使画面更加整洁，方便操作，如图1-143所示。

图 1-143

（9）在"效果"面板中搜索"白场过渡"，将该效果拖曳到"时间轴"面板V1轨道的嵌套序列文件的起始时间上，如图1-144所示。

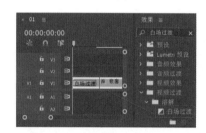

图 1-144

本案例制作完成，滑动时间线效果如图1-145所示。

图 1-145

快速入门篇

1.4　将制作好的文件渲染

1.4.1　实战：渲染AVI格式的视频文件

文件路径

实战素材/第1章

操作要点

学习渲染AVI格式视频的方法

案例效果

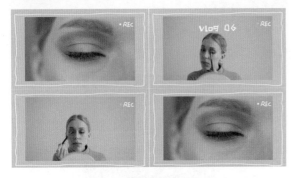

图 1-146

操作步骤

（1）打开配套资源中的"实战：渲染AVI格式的
视频文件.prproj"，如图1-147所示。

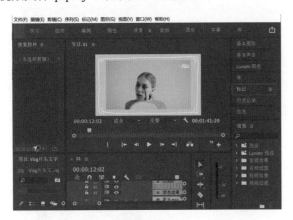

图 1-147

（2）在"菜单栏"面板中，执行"文件"/"导
出"/"媒体"命令，或使用快捷键Ctrl+M打开"导
出设置"窗口，如图1-148所示。

（3）在弹出的"导出设置"窗口中，展开"导
出设置"设置"格式"为AVI。单击"输出名称"后
方的01.avi，如图1-149所示。

图 1-148

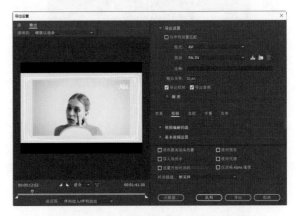

图 1-149

（4）在弹出的"另存为"窗口中，设置文件的
保存路径及设置"文件名"为01.avi，接着单击"保
存"按钮，关闭"另存为"窗口，如图1-150所示。

图 1-150

（5）在"导出设置"窗口中，展开"视频编解
码器"，设置"视频编解码器"为DV PAL，接着单
击"导出"按钮，如图1-151所示。

此时画面将会弹出"编码01"窗口，显示渲染
的进度条，如图1-152所示。

图 1-151

图 1-152

（6）渲染完成后，在保存路径中即可出现该视频的 AVI 格式，如图 1-153 所示。

素材　　　01.avi　　　实战：渲染 AVI 格式的视频文件.prproj

图 1-153

1.4.2　实战：渲染一张图片

文件路径

实战素材/第1章

操作要点

学习渲染图片的方法

案例效果

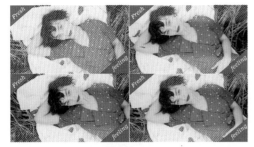

图 1-154

操作步骤

（1）打开配套资源中的"实战：渲染一张图片.prproj"，如图 1-155 所示。

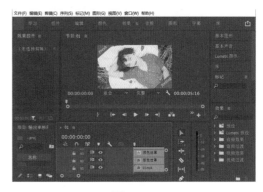

图 1-155

（2）在"菜单栏"面板中，执行"文件"/"导出"/"媒体"命令，或使用快捷键 Ctrl+M 打开"导出设置"窗口，如图 1-156 所示。

图 1-156

（3）在弹出的"导出设置"窗口中设置"格式"为 BMP，单击"输出名称"后方的 01.bmp，如图 1-157 所示。

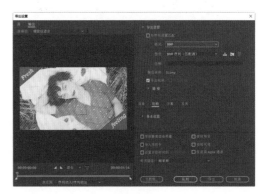

图 1-157

（4）在弹出的"另存为"窗口中，设置文件的保存路径及设置"文件名"为01.bmp，接着单击"保存"按钮，关闭"另存为"窗口，如图1-158所示。

图 1-158

（5）在"导出设置"窗口中，选择"视频"。展开"基本设置"，取消勾选"导出为序列"，接着勾选"使用最高渲染质量"，单击"导出"按钮，如图1-159所示。

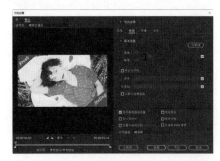

图 1-159

此时画面将会弹出"编码01"窗口，显示渲染的进度条，如图1-160所示。

图 1-160

（6）渲染完成后，在保存路径中即可查看刚刚渲染出的图片01.bmp，如图1-161所示。

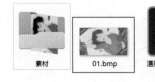

图 1-161

1.4.3 实战：渲染超小的视频文件

文件路径

实战素材/第1章

操作要点

学习渲染小格式视频的方法

案例效果

图 1-162

操作步骤

（1）打开配套资源中的"实战：渲染超小的视频文件.prproj"，如图1-163所示。

图 1-163

（2）在"菜单栏"面板中，执行"文件"/"导出"/"媒体"命令，如图1-164所示。或使用快捷键Ctrl+M打开"导出设置"窗口。

图 1-164

（3）在弹出的"导出设置"窗口中设置"格式"为H.264。单击"输出名称"后方的01.mp4，如图1-165所示。

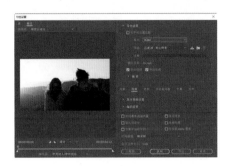

图 1-165

（4）在弹出的"另存为"窗口，设置文件的保存路径，设置"文件名"为01.mp4，接着单击"保存"按钮，关闭"另存为"窗口，如图1-166所示。

图 1-166

（5）在"导出设置"窗口中，选择"视频"，展开"比特率设置"，设置"目标比特率"为10，最大比特率为12（这两个数值越小，最终渲染的文件越小）。下方显示出"估计文件大小"为5MB。接着单击"导出"按钮，如图1-167所示。

图 1-167

此时画面将会弹出"编码01"窗口，显示渲染的进度条，如图1-168所示。

（6）渲染完成后，在保存路径中即可查看刚刚渲染出的01.mp4，如图1-169所示。

图 1-168

图 1-169

1.4.4　实战：渲染mov格式的视频文件

文件路径

实战素材/第1章

操作要点

学习渲染mov格式文件的方法

案例效果

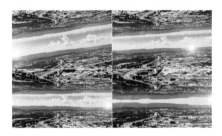

图 1-170

操作步骤

（1）打开配套资源中的"实战：渲染mov格式的视频文件.prproj"，如图1-171所示。

图 1-171

快速入门篇

（2）在"菜单栏"面板中，执行"文件"/"导出"/"媒体"命令，如图1-172所示。或使用快捷键Ctrl+M打开"导出设置"窗口。

图1-172

（3）在弹出的"导出设置"窗口中设置"格式"为Quick Time。单击"输出名称"后方的01.mov，如图1-173所示。

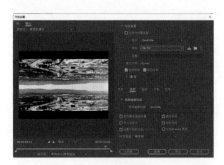

图1-173

（4）在弹出的"另存为"窗口，设置文件的保存路径及设置"文件名"为01.mov，接着单击"保存"按钮，关闭"另存为"窗口，如图1-174所示。

图1-174

（5）在"导出设置"窗口中，接着单击"导出"按钮，如图1-175所示。

此时画面将会弹出"编码01"窗口，显示渲染的进度条，如图1-176所示。

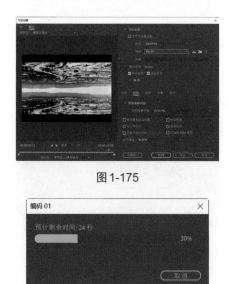

图1-175

图1-176

（6）渲染完成后，在保存路径中即可查看刚刚渲染出的01.mov，如图1-177所示。

图1-177

1.4.5 实战：通过Media Encoder渲染多个版本的视频

文件路径

实战素材/第1章

操作要点

通过Media Encoder渲染多个版本的视频

案例效果

图1-178

操作步骤

（1）打开配套资源中的"实战：通过Media Encoder渲染多个版本的视频.prproj"，如图1-179所示。

图1-179

（2）在"菜单栏"面板中，执行"文件"/"导出"/"媒体"命令，如图1-180所示。或使用快捷键Ctrl+M打开"导出设置"窗口。

图1-180

（3）在弹出的"导出设置"窗口中单击"队列"按钮，如图1-181所示。

图1-181

此时正在开启Adobe Media Encoder，如图1-182所示。

图1-182

Part 01　渲染出MP4视频文件

此时已经打开了Adobe Media Encoder，如图1-183所示。

图1-183

（1）单击进入"队列"面板，单击 ✓ 按钮后方的H.264，如图1-184所示。

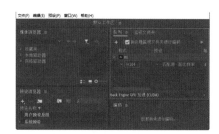

图1-184

（2）在弹出的"导出设置"面板中单击"视频"，展开"比特率"设置，设置"目标比特率"为10，"最大比特率"为12，设置完成后单击"确定"按钮，如图1-185所示。

图1-185

（3）单击右上角的 ▶（启动队列）按钮，如图 1-186 所示。

图 1-186

此时开始进行渲染，如图 1-187 所示。

图 1-187

（4）等渲染完成后，在保存路径中即可查看刚刚渲染出的序列 01.mp4，如图 1-188 所示。

图 1-188

Part 02　渲染出 MP3 音频文件

（1）启动 Adobe Media Encoder 后，单击进入"队列"面板，单击 ⌄ 按钮后方的 H.264，如图 1-189 所示。

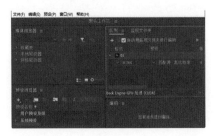

图 1-189

（2）在弹出的"导出设置"面板中展开"导出设置"，设置"格式"为 MP3，"预设"为 MP3 128 kbps。接着设置"输出名称"后方的序列 01.mp3，设置完成后单击"确定"按钮，如图 1-190 所示。

图 1-190

（3）单击右上角的 ▶（启动队列）按钮，如图 1-191 所示。

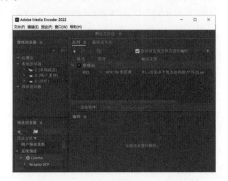

图 1-191

此时开始进行渲染，如图 1-192 所示。

图 1-192

（4）等渲染完成后，在保存路径中即可查看刚刚渲染出的序列 01.mp3，如图 1-193 所示。

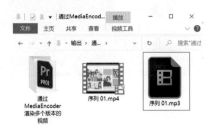

图 1-193

1.4.6 实战：渲染静帧序列文件

文件路径

实战素材/第1章

操作要点

学习渲染静帧序列的方法

案例效果

图 1-194

操作步骤

（1）打开配套资源中的"实战：渲染静帧序列文件.prproj"，如图1-195所示。

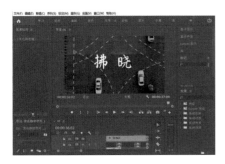

图 1-195

（2）在"菜单栏"面板中，执行"文件"/"导出"/"媒体"命令，如图1-196所示。或使用快捷键Ctrl+M打开"导出设置"窗口。

图 1-196

（3）在弹出的"导出设置"窗口中设置"格式"为Targa。单击"输出名称"后方的01.tga，如图1-197所示。

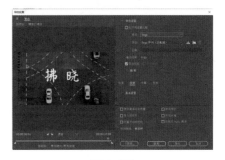

图 1-197

（4）在弹出的"另存为"窗口，设置文件的保存路径及设置"文件名"为01.tga，接着单击"保存"按钮，关闭"另存为"窗口，如图1-198所示。

图 1-198

（5）在"导出设置"窗口中，勾选"使用最高渲染质量"，接着单击"导出"按钮，如图1-199所示。

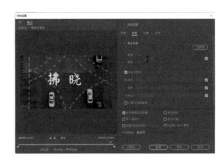

图 1-199

此时画面将会弹出"编码01"窗口，显示渲染的进度条，如图1-200所示。

图 1-200

（6）渲染完成后，在保存路径中即可查看刚刚渲染出的多个静帧序列文件，如图1-201所示。

图 1-201

本章小结

在本章中学习Premiere的界面功能、文件操作方式、常用操作、渲染方法。

第2章
视频的简单编辑

当拍摄完视频后，首先要对视频进行基本的编辑操作，如剪辑、调整位置、调整时长等。在本章中将重点对视频的基础编辑操作进行讲解。视频编辑是对图片、视频、音乐等素材进行混合、切割、合并等。对视频进行二次设计更加突出视频画面的主旨与调性。本章就来学习一些常用的、简单有效的视频剪辑技巧。

熟练掌握视频剪辑
熟练调整视频的位置等
掌握裁切和遮挡视频
掌握修改视频时长
自动将横屏变为竖屏

学习目标

思维导图

视频的简单编辑

修改视频
- 调整视频的位置、旋转、缩放
- 调整视频速率
- 黑色颜色遮罩遮挡视频上下
- 蒙版工具裁切画面
- 修改视频时长
- 自动将横屏变为竖屏

剪辑视频

2.1　视频的简单编辑操作概述

2.1.1　实战：调整视频的位置、旋转、缩放

文件路径

实战素材/第2章

操作要点

使用"运动"中的"位置""旋转""缩放"等制作效果

案例效果

图2-1

操作步骤

（1）新建序列。执行"文件"/"新建"/"项目"命令，新建一个项目。执行"文件"/"新建"/"序列"命令，在新建序列窗口中单击"设置"按钮，设置"编辑模式"为ARRI Cinema；设置"时基"为23.976帧/秒，设置"帧大小"为1920；"水平"为1080，设置"像素长宽比"为方形像素（1.0）。接着执行"文件"/"导入"命令，导入全部素材。在"项目"面板中将01.mp4素材文件拖曳到"时间轴"面板中V1轨道上，如图2-2所示。

图2-2

此时画面效果如图2-3所示。

（2）在"时间轴"面板中单击V1轨道上的01.mp4素材文件，在"效果控件"面板中展开"运

动"，设置"位置"为（993.0，540.0），"缩放"为78.0，"旋转"为90.0°，如图2-4所示。

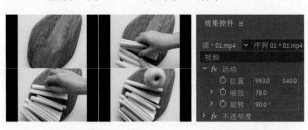

图2-3　　　　　　　　　　　图2-4

重点笔记

在实际创作作品时，需要设置素材的位置和缩放等数值，常使用鼠标左键拖动数值的位置，使得数值动态变化，在我们认为已经得到合适的效果时，松开鼠标左键即可。

为了读者能得到与本书一致的案例效果，因此本书详尽地提供了这些参数作为参考，不需对参数死记硬背。

本案例制作完成，滑动时间线画面效果如图2-5所示。

图2-5

2.1.2　实战：调整视频速率

文件路径

实战素材/第2章

操作要点

使用"时间重映射""速度/持续时间"命令调整画面的速率

案例效果

图2-6

操作步骤

（1）新建项目、导入文件。执行"文件"/"新建"/"项目"命令，新建一个项目。接着执行"文件"/"导入"命令，导入全部素材。在"项目"面板中将01.mp4素材拖曳到"时间轴"面板中的V1轨道上，此时在"项目"面板中自动生成一个与01.mp4素材文件等大的序列，如图2-7所示。

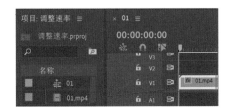

图2-7

滑动时间线画面效果如图2-8所示。

图2-8

（2）在"时间轴"面板中右键单击01.mp4素材文件，在弹出的快捷菜单中执行"速度/持续时间"命令，如图2-9所示。

（3）在弹出的"剪辑速度/持续时间"窗口中设置"速度"为80%，接着单击"确定"按钮，如图2-10所示。

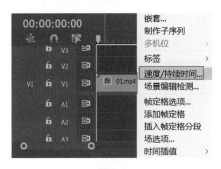

图2-9

图2-10

（4）在"时间轴"面板中右键单击V1轨道上的01.mp4素材文件上 fx （效果属性）按钮，在弹出的快捷菜单中执行"时间重映射"/"速度"命令，如图2-11所示。

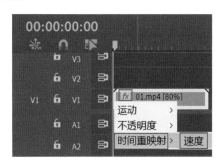

图2-11

（5）在"时间轴"面板中双击V1轨道的空白位置，将时间线滑动至2秒位置处，按下Ctrl键并使用鼠标左键单击速率线，如图2-12所示。

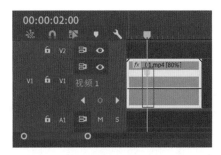

图2-12

（6）在"时间轴"面板中将01.mp4素材文件标记之前的速率线向下拖曳到50.00%，如图2-13所示。

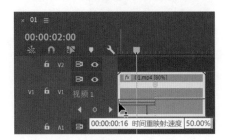

图2-13

（7）在"时间轴"面板中将01.mp4素材文件标记之后的速率线向上拖曳到300.00%，如图2-14所示。

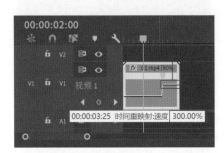

图2-14

本案例制作完成，滑动时间线画面效果如图2-15所示。

图2-15

2.1.3　实战：黑色颜色遮罩遮挡视频上下

文件路径

实战素材/第2章

操作要点

使用"黑场过渡"制作画面过渡效果，使用"矩形工具"为画面的顶部和底部制作矩形遮罩

案例效果

图2-16

操作步骤

（1）新建项目、导入文件。执行"文件"/"新建"/"项目"命令，新建一个项目。接着执行"文件"/"导入"命令，导入全部素材。在"项目"面板中将01.mp4素材拖曳到"时间轴"面板中的V1轨道上，此时在"项目"面板中自动生成一个与01.mp4素材文件等大的序列，如图2-17所示。

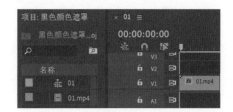

图2-17

滑动时间线画面效果如图2-18所示。

图2-18

（2）在"效果"面板搜索"黑场过渡"效果，并拖曳到"时间轴"面板V1轨道01.mp4素材文件的起始时间位置上，如图2-19所示。

（3）在"工具箱"中鼠标左键长按 ✒（钢笔工具），在弹出的快捷菜单中单击 ■（矩形工具），如图2-20所示。

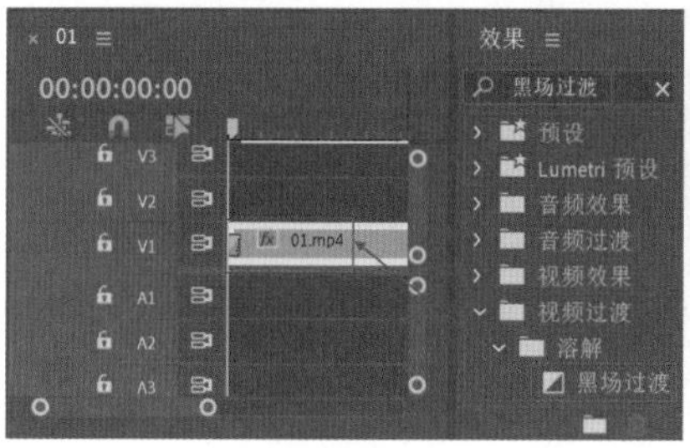

图2-19 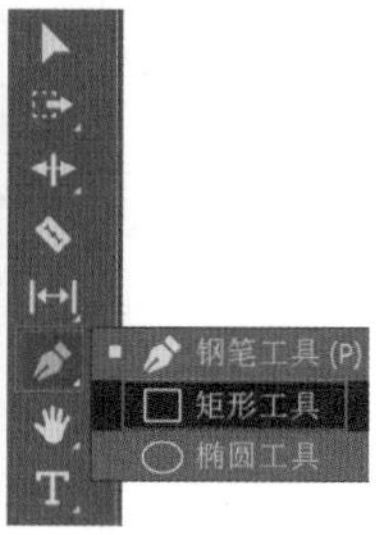　　　　　　图2-20

（4）将时间线滑动至起始时间位置处。在"节目监视器"面板顶部绘制一个矩形，如图2-21所示。

图2-21

（5）在"效果控件"面板中展开"形状（形状01）/外观"，设置"填充"为黑色，如图2-22所示。

图2-22

此时画面效果如图2-23所示。

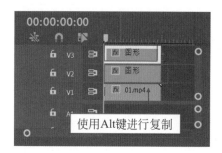

图2-23

（6）在"时间轴"面板中调整图形的结束时间与01.mp4相同，接着按住键盘上Alt键并使用鼠标左

键向上垂直拖曳进行复制，如图2-24所示。

图2-24

（7）在"时间轴"面板中单击V3轨道上的图形文件，在"效果控件"面板中展开"形状（形状01）"/"变换"。设置"位置"为（961.1，1032.1）；"锚点"为（961.0，48.0），如图2-25所示。

图2-25

（8）本案例制作完成，滑动时间线画面效果如图2-26所示。

图2-26

2.1.4　实战：蒙版工具裁切画面

文件路径

实战素材/第2章

操作要点

使用蒙版工具裁切部分画面

案例效果

图2-27

操作步骤

（1）新建项目、导入文件。执行"文件"/"新建"/"项目"命令，新建一个项目。接着执行"文件"/"导入"命令，导入全部素材。在"项目"面板中将01.mp4素材拖曳到"时间轴"面板中的V1轨道上，此时在"项目"面板中自动生成一个与01.mp4素材文件等大的序列，如图2-28所示。

图2-28

滑动时间线画面效果如图2-29所示。

图2-29

（2）在"时间轴"面板中单击V1轨道上的01.mp4素材文件，在"效果控件"面板中展开"不透明度"，单击▢（创建四点多边形蒙版）。接着展开"蒙版（1）"，设置"蒙版羽化"为0.0，如图2-30所示。

（3）在"节目监视器"面板中调整蒙版到合适的位置与大小，如图2-31所示。

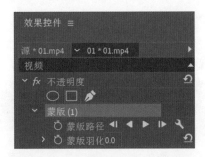

图2-30

图2-31

（4）在"项目"面板中分别将02.mp4、03.mp4素材文件拖曳到V2、V3轨道上，如图2-32所示。

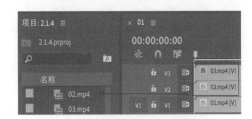

图2-32

（5）在"时间轴"面板中单击V1轨道上的03.mp4素材文件，在"效果控件"面板中展开"运动"，设置"位置"为（613.0，540.0），如图2-33所示。

图2-33

（6）在"时间轴"面板中单击V1轨道上的03.mp4素材文件，在"效果控件"面板中展开"不透明度"，单击█（创建四点多边形蒙版）。接着展开"蒙版（1）"，设置"蒙版羽化"为 0.0，如图 2-34 所示。

图 2-34

（7）在"节目监视器"面板中调整蒙版到合适的位置与大小，如图 2-35 所示。

图 2-35

（8）在"时间轴"面板中单击 V1 轨道上的 02.mp4 素材文件，在"效果控件"面板中展开"运动"，设置"位置"为（1603.0，540.0），"缩放"为 75.0，如图 2-36 所示。

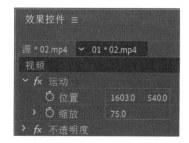

图 2-36

（9）在"时间轴"面板中单击 V1 轨道上的 02.mp4 素材文件，在"效果控件"面板中展开"不透明度"，单击█（创建四点多边形蒙版）。接着展开"蒙版（1）"，设置"蒙版羽化"为 0.0。接着在"节目监视器"面板中调整蒙版到合适的位置与大小，如图 2-37 所示。

图 2-37

滑动时间线画面效果如图 2-38 所示。

图 2-38

（10）将时间线滑动至 5 秒 12 帧位置处，使用快捷键 W 进行自动波纹删除，如图 2-39 所示。

图 2-39

本案例制作完成，滑动时间线画面效果如图 2-40 所示。

图 2-40

2.1.5 实战：修改视频时长

文件路径

实战素材/第2章

操作要点

使用"剃刀工具""选择工具"与快捷键Ctrl+K进行裁剪视频

案例效果

图2-41

操作步骤

（1）新建项目、导入文件。执行"文件"/"新建"/"项目"命令，新建一个项目。接着执行"文件"/"导入"命令，导入全部素材。在"项目"面板中将01.mp4素材拖曳到"时间轴"面板中的V1轨道上，此时在"项目"面板中自动生成一个与01.mp4素材文件等大的序列，如图2-42所示。

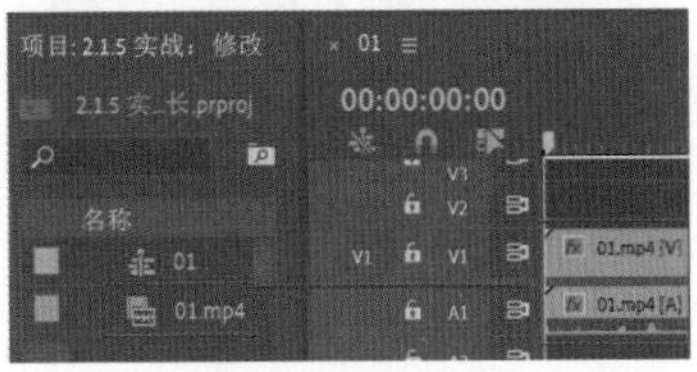

图2-42

滑动时间线画面效果如图2-43所示。

图2-43

（2）在"项目"面板中将02.mp4、03.mp4素材文件拖曳到V1轨道上的01.mp4素材文件后方，如图2-44所示。

图2-44

（3）将时间线滑动到5秒位置处，在"时间轴"面板中使用快捷键W进行自动波纹删除，如图2-45所示。

（4）或在"工具"面板中单击 ◆（剃刀工具）或使用快捷键C切换为剃刀工具，将时间线滑动至10秒位置处，单击"时间轴"面板中V1轨道上02.mp4素材文件，如图2-46所示。

图2-45   图2-46

（5）在"工具"面板中单击 ▶（选择工具），或使用快捷键V切换为选择工具，接着单击10秒后方的02.mp4素材文件，按下Delete键进行删除。并将03.mp4素材文件拖曳到02.mp4素材文件的结束时间位置处，如图2-47所示。

（6）将时间线滑动至13秒位置处，在"时间轴"面板中单击选择V1轨道上的03.mp4素材文件。使用快捷键Ctrl+K进行裁剪，如图2-48所示。

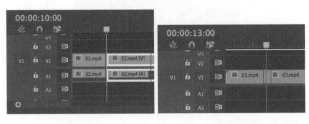

图2-47   图2-48

（7）在"时间轴"面板中单击选择13秒后方的03.mp4素材文件，使用快捷键Shift+Delete进行波纹删除，如图2-49所示。

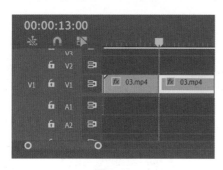

图2-49

本案例制作完成，滑动时间线画面效果如图2-50所示。

图2-50

2.1.6 实战：剪辑视频

文件路径

实战素材/第2章

操作要点

使用"速度/持续时间"命令，修改素材文件的速率

案例效果

图2-51

操作步骤

（1）新建项目、导入文件。执行"文件"/"新

建"/"项目"命令，新建一个项目。接着执行"文件"/"导入"命令，导入全部素材。在"项目"面板中将01.mp4素材拖曳到"时间轴"面板中的V1轨道上，此时在"项目"面板中自动生成一个与01.mp4素材文件等大的序列，如图2-52所示。

图2-52

滑动时间线画面效果如图2-53所示。

图2-53

（2）将时间线滑动至3秒位置处，在"时间轴"面板中使用快捷键W进行自动波纹删除（V1轨道上的01.mp4素材文件），如图2-54所示。

图2-54

（3）在"项目"面板中将02.mp4、03.mp4素材文件拖曳到V1轨道上的01.mp4素材文件后方，如图2-55所示。

图2-55

（4）按住 Alt 键并框选"时间轴"面板中 A1 轨道上的 02.mp4、03.mp4 素材文件，接着单击 Delete 键进行删除，如图 2-56 所示。

图 2-56

（5）在"时间轴"面板中右键单击 V1 轨道上的 02.mp4 素材文件，在弹出的快捷菜单中执行"速度/持续时间"命令，如图 2-57 所示。

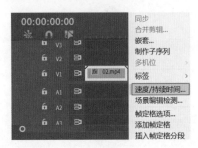

图 2-57

（6）在弹出的"剪辑速度/持续时间"窗口中设置"速度"为 300%，接着单击"确定"按钮，如图 2-58 所示。

（7）在"时间轴"面板中单击 V1 轨道上的 02.mp4 素材文件，在"效果控件"面板中展开"运动"，设置"缩放"为 116.0，如图 2-59 所示。并在"时间轴"面板中将 03.mp4 素材文件向前拖曳到 02.mp4 素材文件后方。

图 2-58　　　　　图 2-59

滑动时间线画面效果如图 2-60 所示。

（8）将时间线滑动至 7 秒位置处，在"时间轴"面板中使用快捷键 W 进行自动波纹删除（V1 轨道上的 03.mp4 素材文件），如图 2-61 所示。

图 2-60

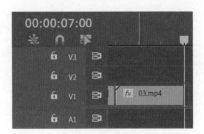

图 2-61

（9）在"时间轴"面板中单击 V1 轨道上的 03.mp4 素材文件，在"效果控件"面板中展开"运动"，设置"缩放"为 76.0，如图 2-62 所示。

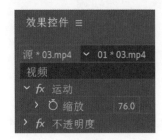

图 2-62

本案例制作完成，滑动时间线画面效果如图 2-63 所示。

图 2-63

2.2　课后练习：自动将横屏变为竖屏

文件路径

实战素材/第2章

操作要点

使用"自动重构序列"命令，快速改变画面尺寸

案例效果

图2-64

操作步骤

（1）新建项目、序列，导入文件。执行"文件"/"新建"/"项目"命令，新建一个项目。接着执行"文件"/"导入"命令，导入全部素材。在"项目"面板中将01.mp4素材拖曳到"时间轴"面板中的V1轨道上，此时在"项目"面板中自动生成一个与01.mp4素材文件等大的序列，如图2-65所示。

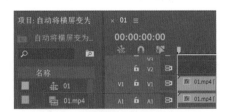

图2-65

滑动时间线画面效果如图2-66所示。

图2-66

（2）将时间线滑动到3秒位置处，在"时间轴"面板中选择V1轨道上的01.mp4素材文件，使用快捷键Ctrl+K进行裁剪，如图2-67所示。

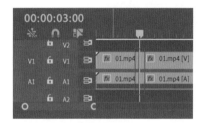

图2-67

（3）在"时间轴"面板中单击V1轨道上的01.mp4素材文件后半部分，按键盘上Delete键进行删除，如图2-68所示。

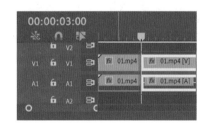

图2-68

（4）在"项目"面板中将02.mp4素材文件拖曳到01.mp4素材文件的结束时间位置处，如图2-69所示。

图2-69

图 2-70

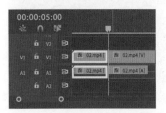

图 2-71

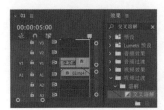

图 2-72

滑动时间线画面效果如图 2-73 所示。

图 2-73

图 2-74

（5）将时间线滑动到 5 秒位置处，在"时间轴"面板中选择 V1 轨道上的 02.mp4 素材文件，使用快捷键 Ctrl+K 进行裁剪，如图 2-70 所示。

（6）在"时间轴"面板中单击 V1 轨道上的 02.mp4 素材文件后半部分，按键盘上 Delete 键进行删除，如图 2-71 所示。

（7）在"效果"面板中搜索"交叉溶解"，接着将该效果拖曳到 V1 轨道 02.mp4 起始时间位置处，如图 2-72 所示。

（8）在"菜单栏"面板中执行"序列"/"自动重构序列"命令，如图 2-74 所示。

（9）在弹出的"自动重构序列"窗口中设置"目标长宽比"为垂直 9：16，接着单击"创建"按钮，如图 2-75 所示。

图 2-75

重点笔记

自动重构序列是将原有的素材文件尺寸无损地修改为另一种尺寸。

此时在"节目监视器"面板中显示的素材文件画面由横屏变为竖屏。滑动时间线画面效果如图 2-76 所示。

图 2-76

本章小结

本章对视频的基本操作进行了讲解，熟练掌握本章的内容，可以完成对视频的基础操作，如剪辑视频、修改视频位置、时长等。

第3章
快速剪辑视频

视频剪辑是Premiere最强大的功能之一，通过对拍摄或下载的视频进行剪辑可以得到更具镜头感、情节化、故事性的完整视频效果。在本章中不仅能学习基本的剪辑工具的使用，还可以通过熟用"快捷键"提升剪辑效率。

了解与剪辑相关的多种工具使用方法
熟练掌握使用快捷键进行高效剪辑

学习目标

思维导图

- 快速剪辑视频
  - 视频剪辑工具
    - 认识剪辑
    - "选择工具"与"剃刀工具"
    - "向前/向后选择轨道工具"
    - "波纹编辑工具/滚动编辑工具/比率拉伸工具"
    - "外滑工具/内滑工具"
  - 熟用"快捷键"提升剪辑效率
    - 常规剪辑法
    - 快速剪辑法
    - 标记
    - 其他剪辑过程中的技巧

3.1 视频剪辑工具

3.1.1 认识剪辑

视频剪辑是 Premiere Pro 制作视频效果最重要、最基础的功能。剪辑除了剪切、拼接，还需要注意镜头语言、画面氛围的营造。

3.1.2 "选择工具"与"剃刀工具"

▶（选择工具）与 ◆（剃刀工具）是 Premiere Pro 剪辑操作中使用最多的工具。要熟练掌握其快捷键，在剪辑工作时会大大提高剪辑效率。在英文输入法状态下，"选择工具"快捷键为 V，"剃刀工具"快捷键为 C。如图 3-1 所示为两个工具按钮。

图 3-1

（1）新建项目，导入素材。将一个视频素材拖动至"时间轴"面板中，自动生成序列，然后将其他五个素材拖曳到"时间轴"面板 V1 轨道上，并将所有的素材首尾相接，如图 3-2 所示。

图 3-2

滑动时间线画面效果如图 3-3 所示。

图 3-3

（2）单击"播放"按钮▶或按键盘空格键，查看需要剪辑的视频。将时间线拖动到所需要剪辑的位置，使用 ◆（剃刀工具）在该位置单击，或直接在该位置按快捷键 C 进行素材切割，如图 3-4 所示。

（3）在"时间轴"面板中使用 ▶（选择工具）单击"时间轴"面板中的 V1 轨道上 5 秒后方的 01.mp4 素材文件，在键盘上按住 Delete 键删除素材，如图 3-5 所示。并将后方的素材文件拖曳到 01.mp4 素材文件后方处。

图 3-4　　　　　　　图 3-5

（4）当需要删除前方的素材文件并将后方的素材拖曳到起始时间时，可在"时间轴"面板选中所需要删除的素材文件。单击右键，在弹出的快捷菜单中执行"波纹删除"命令，如图 3-6 所示。或使用快捷键 Shift+Delete 键进行删除。

此视频已剪辑完成，此时"时间轴"面板如图 3-7 所示。

滑动时间线画面效果如图 3-8 所示。

图 3-6　　　　　　　图 3-7

图 3-8

3.1.3 "向前/向后选择轨道工具"

（向前选择轨道工具）与（向后选择轨道工具）是Premiere Pro操作中快捷的选择工具，如图3-9所示为该工具组内的两个按钮。

图3-9

1."向前选择轨道工具"

（1）新建项目，导入素材。将一个视频素材拖动至"时间轴"面板中，自动生成序列，接着将其他素材拖曳到其他轨道上，如图3-10所示。

图3-10

（2）单击（向前选择轨道工具）或使用快捷键A，在"时间轴"面板中单击某一时间后的素材，此时将会发现时间后方的所有轨道上的素材都已选择，可一起向后进行拖曳移动，如图3-11所示。

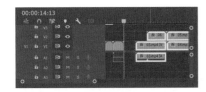

图3-11

（3）当需要只选择一个轨道上的素材文件时，可按住Shift键后单击需要选择的轨道素材。可发现该轨道上素材已被全选，然后向后拖曳移动，如图3-12所示。

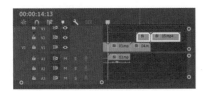

图3-12

2."向后选择轨道工具"

（1）单击（向后选择轨道工具）或使用快捷键Shift+A，在"时间轴"面板中单击某一时间前素材，此时将会发现时间前方的所有轨道上的素材都已选择，可一起向前进行拖曳，如图3-13所示。

图3-13

（2）当需要只选择一个轨道上的素材文件时，可按住Shift键后单击需要选择的轨道上素材。可发现轨道上素材已被全选，然后向前拖曳，如图3-14所示。

图3-14

3.1.4 "波纹编辑工具/滚动编辑工具/比率拉伸工具"

"波纹编辑工具/滚动编辑工具/比率拉伸工具"用于调整素材长短、剪辑位置、视频速度，如图3-15所示。

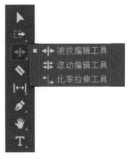

图3-15

1. （波纹编辑工具）：用于调整两个素材之间的长短。

（1）新建项目，导入素材。将一个视频素材拖动至"时间轴"面板中，自动生成序列，接着将其他素材拖曳到"时间轴"面板，使两个素材首尾相接，如图3-16所示。

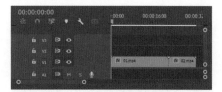

图 3-16

滑动时间线画面效果如图3-17所示。

图 3-17

（2）单击 （波纹编辑工具），鼠标移动至两个素材之间的位置，单击即可拖动。如果向左侧拖动，可以看到左侧素材的末尾位置至鼠标拖动的位置被剪辑掉了，并且两端素材之间没有空隙，如图3-18和图3-19所示。同理，鼠标移动至两个素材之间的位置，如果向右侧拖动，则右侧素材的起始位置至鼠标拖动的位置被剪辑掉了。

图 3-18

图 3-19

滑动时间线画面效果如图3-20所示。

图 3-20

2. （滚动编辑工具）：当将一段视频剪辑为两段后，该工具可以调整两段素材之间的剪辑位置。

（1）新建项目，导入素材。将素材拖动至"时间轴"面板中，自动生成序列，如图3-21所示。

图 3-21

滑动时间线画面效果如图3-22所示。

图 3-22

（2）单击 ，鼠标移动至适合位置，单击即可将素材一分为二，如图3-23所示。

图3-23

（3）单击 ，鼠标移动至两个素材片段相接的位置，按住鼠标即可左右移动切割点的位置，而且视频总时长不会发生变化，如图3-24和图3-25所示。

图3-24

图3-25

滑动时间线画面效果如图3-26所示。

图3-26

3. ：改变视频速度。

（1）新建项目，导入素材。将一个视频素材拖动至"时间轴"面板中，自动生成序列，并且可以看到视频时长为21秒23帧，如图3-27所示。

图3-27

滑动时间线画面效果如图3-28所示。

图3-28

（2）单击 ，鼠标移动至素材右侧结束的位置，单击向左拖动。此时可以看到素材变短了，如图3-29所示。

图3-29

（3）此时看到视频时长变为了9秒04帧，如图3-30所示。并且需要注意的是此时的操作只是将视频进行了加速，所以素材会变短，但是视频没有进行任何剪辑。再次播放视频时会感觉到视频加速了大概一倍。

图 3-30

（4）拖动"时间轴"面板底部右侧的滑块，将其向左侧拖动，此时素材在"时间轴"中显示得更长（仅代表显示，不会改变真正时长），就会看到出现237.82%，说明比原来素材速度提高了237.82%，如图3-31所示。

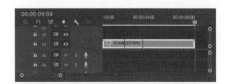

图 3-31

滑动时间线画面效果如图3-32所示。

图 3-32

3.1.5 "外滑工具/内滑工具"

"外滑工具/内滑工具"的按钮位置如图3-33所示。

图 3-33

1. **（外滑工具）：用于在保持持续时间不变的情况下，改变播放内容。**

（1）新建项目，导入素材。将视频素材拖动至"时间轴"面板中，自动生成序列，如图3-34所示。

图 3-34

滑动时间线画面效果如图3-35所示。

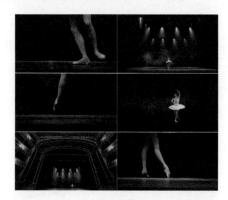

图 3-35

（2）单击 （剃刀工具），鼠标移动至适合位置，单击即可将素材进行切割。然后继续在合适位置将素材进行切割，如图3-36所示。

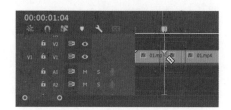

图 3-36

（3）单击 （外滑工具），按住被切割后的时间段向前拖曳到合适的时间处，此时"时间轴"内的素材持续时间未变但刚刚拖曳的视频内容已拖曳到后方，如图3-37与图3-38所示。

图 3-37

图 3-38

滑动时间线画面效果如图 3-39 所示。

图 3-39

2. ⬛（内滑工具）：用于在保持持续时间不变的情况下，改变播放内容且改变剪辑点。

（1）将视频素材拖动至时间轴面板中，自动新建序列，如图 3-40 所示。

图 3-40

滑动时间线画面效果如图 3-41 所示。

图 3-41

（2）单击⬛（剃刀工具），鼠标移动至适合位置，单击即可将素材一分为二，如图 3-42 所示。

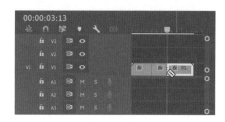

图 3-42

（3）单击⬛（内滑工具），按住被切割后的时间段向后拖曳到合适的时间处，如图 3-43 与图 3-44 所示。在"时间轴"内的素材持续时间未变但改变剪辑点，并且刚刚拖曳的视频内容已拖曳到后方。

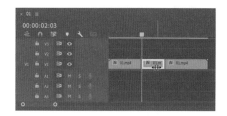

图 3-43

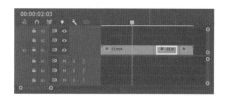

图 3-44

滑动时间线画面效果如图 3-45 所示。

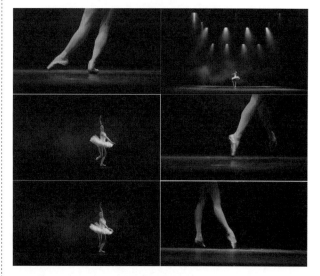

图 3-45

3.2 熟用"快捷键"提升剪辑效率

3.2.1 常规剪辑法

剪辑前准备好视频素材，依次查看每段视频的效果。根据对作品的想法或故事脚本、创作风格，如镜头先从下半身走路→上半身走路→人物全景推进→人物模糊→人物走出画面外，初步确定每个视频的排列时间顺序并且进行命名，如图3-46所示。

图 3-46

（1）将一个01.mp4视频素材拖动至时间轴面板中，自动生成序列，并导入另外4个素材，所有的素材首尾相接，如图3-47所示。

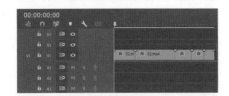

图 3-47

滑动时间线画面效果如图3-48所示。

图 3-48

（2）将时间线滑动至5秒位置处，在"时间轴"面板中选择V1轨道上的01.mp4素材文件，使用（剃刀工具）在5秒位置处单击，或直接在该位置按快捷键C进行素材切割，如图3-49所示。

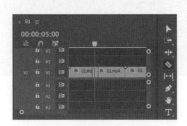

图 3-49

（3）在"工具"面板中选择（选择工具），单击"时间轴"面板中V1轨道上5秒后方的01.mp4素材文件，在键盘上按住Delete键删除素材并将后方的素材文件拖曳到01.mp4素材文件后方处，如图3-50所示。

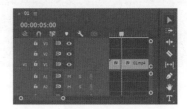

图 3-50

（4）将时间线滑动至10秒位置处，使用快捷键C切换为（剃刀工具），在"时间轴"面板中单击V1轨道上的02.mp4素材文件进行切割，如图3-51所示。

图 3-51

（5）使用快捷键V切换为（选择工具），在"时间轴"面板中单击V1轨道上10秒后方的02.mp4素材文件，使用快捷键Shift+Delete进行波纹删除，如图3-52所示。

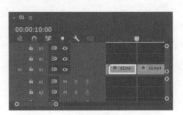

图 3-52

（6）在"时间轴"面板中右键单击01.mp4素材文件与02.mp4素材文件中间的位置处，在弹出的快捷菜单中执行"应用默认过渡"命令。或选中素材，使用快捷键Ctrl+D添加默认过渡效果，如图3-53所示。

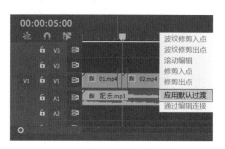

图3-53

滑动时间线画面效果如图3-54所示。

图3-54

（7）将时间线滑动至18秒位置处，使用快捷键C切换为 （剃刀工具），在"时间轴"面板中单击V1轨道上的03.mp4素材文件进行切割，如图3-55所示。

（8）将时间线滑动至23秒位置处，使用快捷键C切换为 （剃刀工具），在"时间轴"面板中单击V1轨道上的03.mp4素材文件进行切割，如图3-56所示。

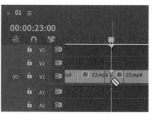

图3-55　　　　　　图3-56

（9）使用快捷键V切换为 （选择工具），在"时间轴"面板中分别单击V1轨道上第一、第三个03.mp4素材文件，使用快捷键Shift+Delete进行波纹

删除，如图3-57所示。

图3-57

（10）在"时间轴"面板中，在02.mp4、03.mp4素材文件相接位置单击，接着使用快捷键Ctrl+D添加默认过渡效果，如图3-58所示。

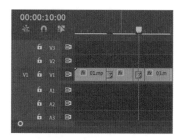

图3-58

（11）将时间线滑动至19秒位置处，使用快捷键C切换为 （剃刀工具），在"时间轴"面板中单击V1轨道上的04.mp4素材文件进行切割，如图3-59所示。

图3-59

（12）将时间线滑动至23秒位置处，使用快捷键C切换为 （剃刀工具），在"时间轴"面板中单击V1轨道上的04.mp4素材文件进行切割，如图3-60所示。

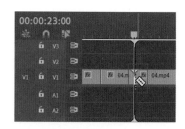

图3-60

（13）使用快捷键V切换为 ▶（选择工具），在"时间轴"面板中分别单击V1轨道上第一、第三个04.mp4素材文件，使用快捷键Shift+Delete进行波纹删除，如图3-61所示。

图 3-61

（14）在"时间轴"面板中，在03.mp4、04.mp4素材文件相接位置单击，接着使用快捷键Ctrl+D添加默认过渡效果，如图3-62所示。

图 3-62

滑动时间线画面效果如图3-63所示。

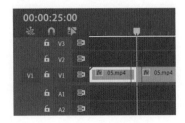

图 3-63

（15）将时间线滑动至25秒位置处，使用快捷键C切换为 ◀（剃刀工具），在"时间轴"面板中单击V1轨道上的05.mp4素材文件进行切割，如图3-64所示。

图 3-64

（16）在"时间轴"面板中，在04.mp4、05.mp4素材文件相接位置单击，接着使用快捷键Ctrl+D添加默认过渡效果，如图3-65所示。

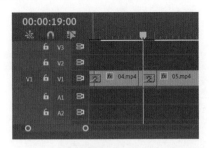

图 3-65

（17）在"时间轴"面板中按Alt键将V1轨道上的04.mp4素材文件拖曳到05.mp4素材文件后方进行复制，如图3-66所示。

图 3-66

（18）在"效果"面板中搜索"黑场过渡"效果，接着右键单击"黑场过渡"，在弹出的快捷菜单中执行"将所选过渡设置为默认过渡"，如图3-67所示。

（19）在"时间轴"面板中，在05.mp4、04.mp4素材文件相接位置单击，接着使用快捷键Ctrl+D添加默认过渡效果，如图3-68所示。

图 3-67　　　　　图 3-68

（20）将"项目"面板中的文字.png素材拖动至"时间轴"面板中V2轨道上26秒15帧位置处，如图3-69所示。

图3-69

（21）将时间线滑动至29秒位置处，使用快捷键C切换为 （剃刀工具），在"时间轴"面板中单击V2轨道上的文字.png素材文件进行切割，如图3-70所示。

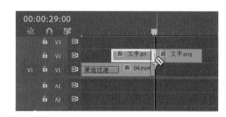

图3-70

（22）在"时间轴"面板中使用 （选择工具）单击"时间轴"面板中V2轨道上29秒后方的文字.png素材文件，在键盘上按Delete键删除素材，如图3-71所示。

图3-71

（23）在"时间轴"面板中单击选择V2轨道上文字.png素材文件，在"效果控件"面板中展开"运动"，设置"位置"为（1920.0，900.0）。将时间线滑动至26秒15帧位置处，单击"缩放"前方的 （切换动画）按钮，设置"缩放"为400.0，如图3-72所示。接着将时间线滑动至27秒15帧，设置"缩放"为530.0。

图3-72

（24）展开"不透明度"，将时间线滑动至26秒15帧位置处，单击"不透明度"前方的 （切换动画）按钮，设置"不透明度"为0.0%。接着将时间线滑动至27秒15帧，设置"不透明度"为100.0%，如图3-73所示。

图3-73

（25）在"效果"面板中搜索"反转"效果，接着将该效果拖曳到文字.png素材文件上，如图3-74所示。

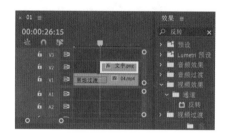

图3-74

（26）将配乐.mp3素材拖动至时间轴面板中A1轨道上，如图3-75所示。

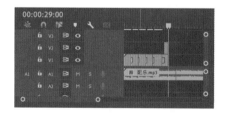

图3-75

（27）将时间线滑动至29秒位置处，使用快捷键C切换为 （剃刀工具），在"时间轴"面板中单击A1轨道上的配乐.mp3素材文件，如图3-76所示。

图3-76

快速入门篇

（28）在"时间轴"面板中使用▶（选择工具）单击"时间轴"面板中A1轨道上29秒后方的文字.png素材文件，在键盘上按Delete键删除素材，如图3-77所示。

图 3-77

滑动时间线画面效果如图3-78所示。

图 3-78

3.2.2　快速剪辑法

（1）将一个01.mp4视频素材拖动至时间轴面板中，自动生成序列，并导入另外4个素材，所有的素材首尾相接，如图3-79所示。

图 3-79

滑动时间线画面效果如图3-80所示。

图 3-80

（2）将时间线滑动至5秒位置处，在"时间轴"面板中选择V1轨道上的01.mp4素材文件，使用快捷键Q进行素材前半部分波纹删除，如图3-81所示。

（3）将时间线滑动至5秒位置处，在"时间轴"面板中选择V1轨道上的01.mp4素材文件，使用快捷键Ctrl+K进行裁剪，如图3-82所示。

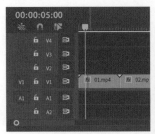 

图 3-81　　　　　　　　图 3-82

（4）在"时间轴"面板中单击V1轨道上5秒后方的01.mp4素材文件，按快捷键Shift+Delete进行波纹删除，如图3-83所示。

图 3-83

（5）将时间线滑动至8秒位置处，在"时间轴"面板中单击V1轨道上的02.mp4素材文件，使用快捷键W可以将所有轨道素材文件波纹修剪到当前时间线位置，如图3-84所示。

图 3-84

（6）将时间线滑动至11秒位置处，在"时间轴"面板中单击V1轨道上的03.mp4素材文件，使用快捷键W进行自动波纹修剪，如图3-85所示。

图 3-85

（7）在"时间轴"面板中单击 V1 轨道 03.mp4 素材文件，在"效果控件"面板中展开"运动"。将时间线滑动至 8 秒 20 帧位置处，单击"缩放"前方的 ○（切换动画）按钮，设置"缩放"为 100.0，如图 3-86 所示。接着将时间线滑动至 10 秒 04 帧，设置"不透明度"为 170.0。

图 3-86

（8）将时间线滑动至 15 秒位置处，在"时间轴"面板中单击 V1 轨道上的 04.mp4 素材文件，使用快捷键 W 进行自动波纹修剪，如图 3-87 所示。

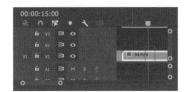

图 3-87

滑动时间线画面效果如图 3-88 所示。

图 3-88

（9）将时间线滑动至 15 秒 10 帧位置处，在"时间轴"面板中单击 V1 轨道上的 04.mp4 素材文件，使用快捷键 W 进行自动波纹修剪，如图 3-89 所示。

图 3-89

（10）在"时间轴"面板中，在 01.mp4、02.mp4 素材文件相接位置单击，接着使用快捷键 Ctrl+D 添加默认过渡效果，如图 3-90 所示。

图 3-90

（11）在 02.mp4、03.mp4 素材文件相接位置单击，使用快捷键 Ctrl+D 添加默认过渡效果，如图 3-91 所示。

图 3-91

（12）再次在 03.mp4、04.mp4 素材文件相接位置单击，使用快捷键 Ctrl+D 添加默认过渡效果，如图 3-92 所示。

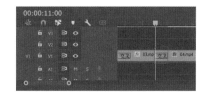

图 3-92

滑动时间线画面效果如图 3-93 所示。

图 3-93

拓展笔记

1.快速裁剪同一时间所有轨道上的素材文件，可使用快捷键C（剃刀工具），接着按住键盘上的Shift键后，在合适的时间位置处，单击"时间轴"面板中的素材文件，如图3-94所示。

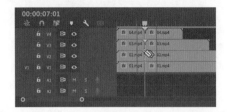

图 3-94

2.快速裁剪并删除波纹同一时间所有轨道上的素材文件，可使用快捷键W进行自动波纹删除，将时间线滑动至合适的位置处，单击"时间轴"面板中的素材文件，如图3-95与图3-96所示。

图 3-95

图 3-96

3.2.3 标记

（1）新建项目，导入素材。将01.mp4素材拖动至时间轴面板中，自动生成序列，如图3-97所示。

图 3-97

滑动时间线画面效果如图3-98所示。

图 3-98

（2）在"时间轴"面板中，按住Alt键的同时单击A1轨道上的01.mp4音频素材，接着按下Delete键进行删除，如图3-99所示。

图 3-99

（3）将配乐.mp3素材拖动至时间轴面板中A1轨道上，如图3-100所示。

图 3-100

（4）将时间线滑动至30秒19帧位置处，在"时间轴"面板中单击A1轨道上的配乐.mp3素材文件，使用快捷键W进行自动波纹修剪，如图3-101所示。

图 3-101

（5）在不选中任何素材状态下，按下空格键播放素材，聆听音乐，根据音乐时间轴的位置使用快捷键M添加标记，如图3-102所示。

图3-102

（6）对已经标记的素材位置，再次按快捷键M，即可在弹出的"标记"窗口中，修改注释、标记颜色等，如图3-103所示。

图3-103

修改标记颜色后，"时间轴"面板如图3-104所示。

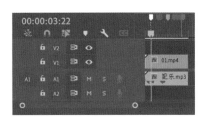

图3-104

（7）当我们制作视频时如卡顿，可使用标记渲染后观看视频。在起始时间使用标记入点I，接着在结束时间标记出点O后，按Enter开始渲染，如图3-105所示。

图3-105

滑动时间线画面效果如图3-106所示。

图3-106

3.2.4 其他剪辑过程中的技巧

（1）新建项目，导入素材01.mp4，如图3-107所示。

图3-107

（2）若需要观看制作的效果，按下快捷键L播放视频，查看视频效果。当需要快速播放时按2次L键即可2倍速度播放视频。多次按L键可成倍速播放视频，如图3-108所示。

图3-108

（3）需要快速调整素材文件顺序时，可按住Ctrl键拖拽素材，放到时间轴面板中任意位置就会自动调换素材顺序，如图3-109所示。

图3-109

快速入门篇

（4）若"时间轴"面板中的素材文件过多，需要寻找素材文件时多有不便。但可右键单击素材文件，在弹出的快捷菜单中执行"标签"/任意颜色即可改变素材在轨道中的颜色。此操作便于将素材文件分类、查找制作多素材文件的剪辑效果，如图 3-110 所示。

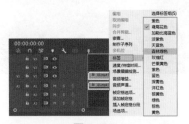

图 3-110

此时"时间轴"面板素材如图 3-111 所示。

图 3-111

（5）当制作效果错误时，为了避免删除整个效果，可使用快捷键 Ctrl+Z 撤销当前操作，如图 3-112 所示。

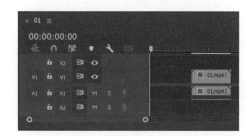

图 3-112

（6）当误撤销时可使用快捷键 Ctrl+Shift+Z 进行反向撤销，如图 3-113 所示。

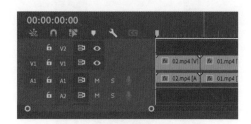

图 3-113

3.3 剪辑应用实战

3.3.1 实战：节奏感十足的卡点视频

文件路径

实战素材/第3章

操作要点

使用"自动匹配序列"效果快捷制作卡点视频。使用"白场过渡""黑场过渡"效果制作动态效果

案例效果

图 3-114

操作步骤

（1）新建序列。执行"文件"/"新建"/"项目"命令，新建一个项目。执行"文件"/"新建"/"序列"命令。在新建序列窗口中单击"设置"按钮，设置"编辑模式"为"ARRI Cinema"；设置"时基"为 23.976 帧/秒，设置"帧大小"为 1920；"水平"为 1080，设置"像素长宽比"为方形像素（1.0）。接着执行"文件"/"导入"命令，导入全部素材。在"项目"面板中将配乐.mp3 素材拖曳到"时间轴"面板中 A2 轨道上，如图 3-115 所示。

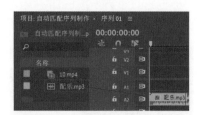

图 3-115

（2）在"时间轴"面板中选择 A2 轨道上配乐.mp3 素材文件。将时间线滑动至 10 秒 14 帧的位

置处，按下键盘上的C键将光标切换为 （剃刀工具），在当前位置进行剪辑，如图3-116所示。

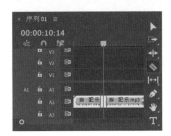

图3-116

重点笔记

怎么确定时间轴该拖动到哪一帧的位置进行剪辑？

通常情况下在剪辑时，需要按键盘空格键进行视频播放，经过多次观看而确定。

（3）按下V键，此时光标切换为 （选择工具），选择配乐.mp3素材后半部分按下Delete键进行删除。并将后半部分配乐.mp3素材拖动至起始时间位置处，如图3-117所示。

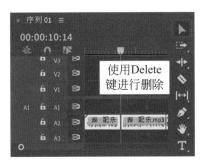

图3-117

（4）按下空格键边播放边聆听素材声音，在合适的音效部分，使用快捷键M进行标记，如图3-118所示。

图3-118

重点笔记

1.快捷键M可以标记点，双击标记点在弹出的窗口中可修改标记点的颜色或添加备注，如图3-119所示。

图3-119

2.当需要删除标记点时，右键单击想要删除的标记点，在弹出的快捷菜单中执行"清除所选的标记"命令或使用快捷键Ctrl+Alt+M删除所选标记点，如图3-120所示。

3.当需要删除所有标记点时，右键单击任意一个标记点，弹出的快捷菜单中执行"清除所有标记"命令或使用快捷键Ctrl+Alt+Shift+M删除所有标记点，如图3-121所示。

图3-120　　　　　　图3-121

（5）将时间线滑动至起始时间位置后，在"项目"面板中选择所有的视频素材文件，接着选择"剪辑"，在弹出的快捷菜单中单击"自动匹配序列"命令，如图3-122所示。

图3-122

（6）在弹出的"序列自动化"窗口中，设置"放置"为"在未编号标记"。接着单击"确定"按钮，如图3-123所示。

图 3-123

（7）此时"时间轴"面板所有视频素材按照标记点插入到"时间轴"面板里（视频素材文件顺序是不固定的，以自己制作为准），如图3-124所示。

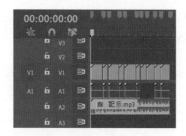

图 3-124

滑动时间线画面效果如图3-125所示。

图 3-125

（8）在"时间轴"面板中框选V1轨道所有素材，单击右键，在弹出的快捷菜单中执行"取消链接"命令，如图3-126所示。

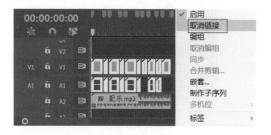

图 3-126

（9）框选A1轨道上的音频，按下Delete键进行删除，如图3-127所示。

图 3-127

重点笔记

此时的"时间轴"面板中个别素材文件有距离，需拖曳素材的起始时间或结束时间进行调整，如图3-128所示。

图 3-128

（10）在"时间轴"面板中选择V2轨道上的09.mp4素材文件。在"效果控件"面板中展开"运动"，设置"位置"为（938.0，–220.0），"缩放"为181.0，如图3-129所示。

（11）在"时间轴"面板中选择V2轨道上的07.mp4素材文件。在"效果控件"面板中展开"运动"，设置"缩放"为76.0，如图3-130所示。

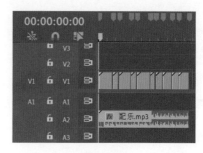

图 3-129　　　　图 3-130

（12）在"时间轴"面板中选择V2轨道上的08.mp4素材文件。在"效果控件"面板中展开"运动"，设置"缩放"为79.0，如图3-131所示。

（13）在"时间轴"面板中选择V2轨道上的10.mp4素材文件。在"效果控件"面板中展开"运动"，设置"缩放"为178.0，如图3-132所示。

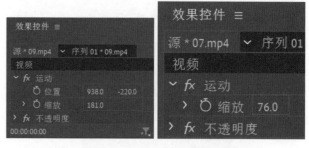

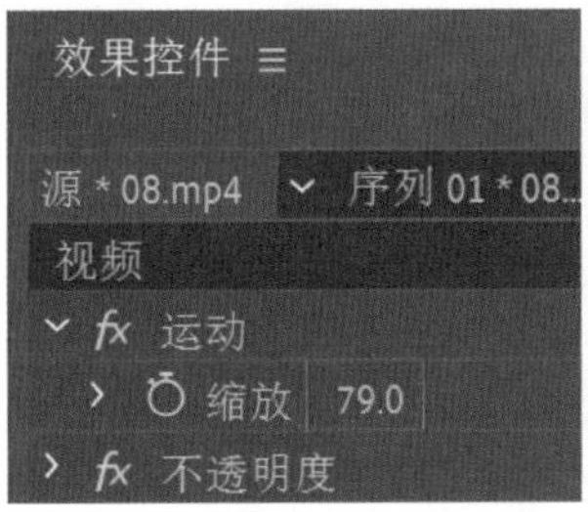

效果控件 ≡

源 * 08.mp4 ∨ 序列 01 * 08...

视频

∨ fx 运动

> Ŏ 缩放 79.0

> fx 不透明度

图 3-131

效果控件 ≡

源 * 10.mp4 ∨ 序列 01

视频

∨ fx 运动

> Ŏ 缩放 178.0

> fx 不透明度

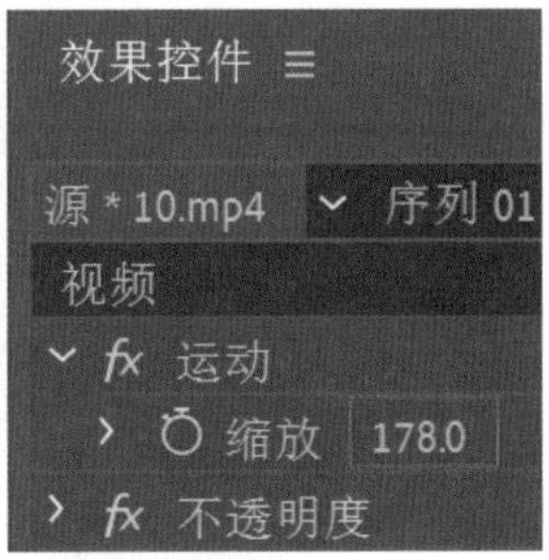

图 3-132

滑动时间线画面效果如图 3-133 所示。

图 3-133

（14）在"效果"面板中搜索"白场过渡"，将该效果拖曳到"时间轴"面板 V2 轨道的 09.mp4 起始时间位置上，如图 3-134 所示。

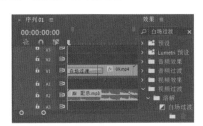

图 3-134

（15）在"效果"面板中搜索"黑场过渡"，将该效果拖曳到"时间轴"面板 V2 轨道的 04.mp4 结束时间位置上，如图 3-135 所示。

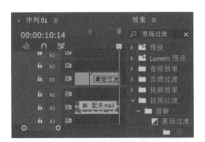

图 3-135

本案例制作完成，滑动时间线效果如图 3-136 所示。

图 3-136

3.3.2 实战：滑雪 Vlog

文件路径

实战素材 / 第 3 章

操作要点

使用"时间重映射""速度/持续时间"命令调整画面的速率。使用"黑场过渡""亮度曲线""急摇""交叉溶解""Wipe""高斯模糊"制作画面效果。使用"旧版标题"制作主体文字与副标题画面效果

案例效果

图 3-137

操作步骤

Part 01

（1）新建序列。执行"文件"/"新建"/"项目"

命令，新建一个项目。执行"文件"/"新建"/"序列"命令。在新建序列窗口中单击"设置"按钮，设置"编辑模式"为"HDV 1080p"；设置"时基"为29.97帧/秒，设置"像素长宽比"为HD 变形 1080（1.333）。接着执行"文件"/"导入"命令，导入全部素材。在"项目"面板中将01.mp4素材拖曳到"时间轴"面板中V1轨道上，如图3-138所示。

图 3-138

滑动时间线画面效果如图3-139所示。

图 3-139

（2）在"时间轴"面板中选择V1轨道上的01.mp4素材文件，接着在"效果控件"面板中展开"运动"，设置"缩放"为50.0，如图3-140所示。

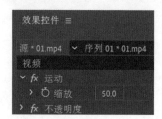

图 3-140

（3）在"时间轴"面板中右键单击V1轨道上的01.mp4素材文件，在弹出的快捷菜单中执行"显示剪辑关键帧"/"时间重映射"/"速度"命令，如图3-141所示。

图 3-141

（4）在"时间轴"面板中双击V1轨道前方空白位置，将时间线滑动至2秒位置处，按住Ctrl键并单击速率线，接着在26秒22帧位置处按住Ctrl键并单击速率线，如图3-142所示。

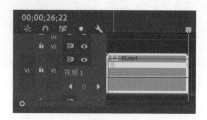

图 3-142

（5）在"时间轴"面板中将V1轨道上的01.mp4素材文件2秒之后的速率线向上拖曳到速率400%，如图3-143所示。

图 3-143

 重点笔记

"时间重映射"命令可调整素材文件的速率。"时间重映射"与"速度/持续时间"命令有一定的区别，"速度/持续时间"命令是调整素材文件整体速率；"时间重映射"命令可用于制作素材文件速率时快时慢的效果。

（6）在"时间轴"面板中双击V1轨道的空白位置处缩小轨道。在"项目"面板中将02.mp4素材文件拖曳到"时间轴"面板中V1轨道8秒06帧位置处，如图3-144所示。

图 3-144

（7）在"时间轴"面板中选择V1轨道上的02.mp4素材文件，将时间线滑动至11秒06帧位置处，按下键盘上的C键将光标切换为 ◇（剃刀工具），或在"工具箱"中单击 ◇（剃刀工具），在当前位置进行剪辑，如图3-145所示。

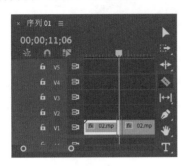

图3-145

（8）按下V键，此时光标切换为 ▶（选择工具），或在"工具箱"中单击 ▶（选择工具）。选择02.mp4素材后半部分按下使用Delete键进行删除，如图3-146所示。

图3-146

（9）在"项目"面板中将03.mp4素材文件拖曳到"时间轴"面板中V1轨道上02.mp4素材文件后方，如图3-147所示。

（10）将时间线滑动至14秒11帧。在"时间轴"面板中选择V1轨道上的03.mp4素材文件，使用快捷键Ctrl+K进行裁剪，如图3-148所示。

图3-147　　　　　图3-148

（11）按下V键，此时光标切换为 ▶（选择工具），或在"工具箱"中单击 ▶（选择工具）。选择03.mp4素材后半部分，按下Delete键进行删除，如图3-149所示。

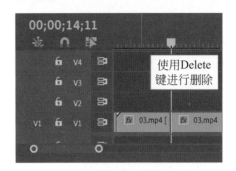

图3-149

滑动时间线画面效果如图3-150所示。

图3-150

（12）在"项目"面板中将04.mp4素材文件拖曳到"时间轴"面板中V1轨道上14秒11帧，如图3-151所示。

图3-151

（13）将时间线滑动至20秒11帧位置处，在"时间轴"面板中选择04.mp4素材文件，使用快捷键Ctrl+K进行裁剪，如图3-152所示。

图3-152

（14）按下 V 键，此时光标切换为 ▶（选择工具），或在"工具箱"中单击 ▶（选择工具）。选择 04.mp4 素材后半部分，按下 Delete 键进行删除，如图 3-153 所示。

图 3-153

（15）将时间线滑动至 17 秒 11 帧位置处，在"时间轴"面板中选择 04.mp4 素材文件，使用快捷键 Ctrl+K 进行裁剪，如图 3-154 所示。

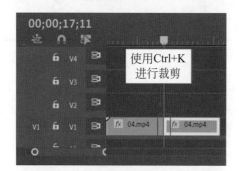

图 3-154

（16）在"项目"面板中将 05.mp4 素材文件拖曳到"时间轴"面板中 V2 轨道上 17 秒 11 帧，如图 3-155 所示。

图 3-155

（17）将时间线滑动至 22 秒 11 帧位置处，在"时间轴"面板中选择 05.mp4 素材文件，使用快捷键 Ctrl+K 进行裁剪，如图 3-156 所示。

（18）在"时间轴"面板中选择 05.mp4 素材后半部分，使用 Delete 键进行删除，如图 3-157 所示。

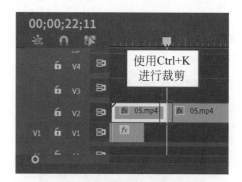

图 3-156

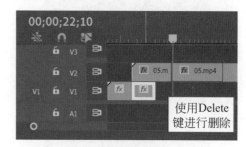

图 3-157

（19）在"时间轴"面板中将 V1 轨道上剪辑后的 04.mp4 素材文件拖曳到 22 秒 10 帧位置处，如图 3-158 所示。

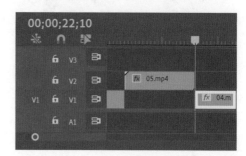

图 3-158

（20）在"时间轴"面板中将 V2 轨道上 05.mp4 拖曳到 V1 轨道 17 秒 11 帧，如图 3-159 所示。

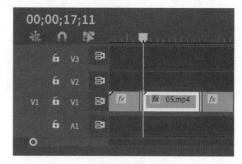

图 3-159

滑动时间线画面效果如图 3-160 所示。

图 3-160

（21）使用同样的方法制作 06.mp4 ～ 10.mp4 素材文件合适的播放时间，如图 3-161 所示。

图 3-161

Part 02

（1）在"时间轴"面板中选择 V1 轨道上的 02.mp4。在"效果控件"面板中展开"运动"，设置"缩放"为 50.0，如图 3-162 所示。

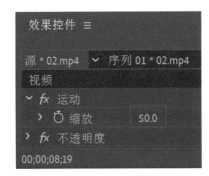

图 3-162

（2）在"时间轴"面板中选择 V1 轨道上的 03.mp4。在"效果控件"面板中展开"运动"，设置"缩放"为 105.0，如图 3-163 所示。

（3）在"时间轴"面板中选择 V1 轨道上的 04.mp4。在"效果控件"面板中展开"运动"，设置"缩放"为 50.0，如图 3-164 所示。

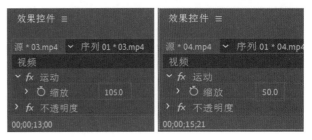

图 3-163　　　　　　　图 3-164

滑动时间线画面效果如图 3-165 所示。

图 3-165

（4）使用同样的方法为"时间轴"面板中 V1 轨道上的素材文件设置合适的大小，如图 3-166 所示。

图 3-166

（5）在"时间轴"面板中右键单击 10.mp4 素材文件，在弹出的快捷菜单中执行"显示剪辑关键帧"/"时间重映射"/"速度"命令，如图 3-167 所示。

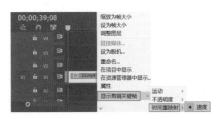

图 3-167

快速入门篇

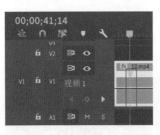

图 3-168

所示。

（7）在"时间轴"面板中将V1轨道上的10.mp4素材文件43秒07帧之前的速率线向上拖曳到速率500%，如图3-169所示。

图 3-169

（8）在"效果"面板搜索"黑场过渡"，并拖曳到"时间轴"面板V1轨道01.mp4素材文件的起始时间位置处，如图3-170所示。

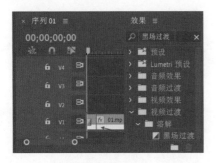

图 3-170

（9）在"效果"面板搜索"亮度曲线"，并拖曳到"时间轴"面板V1轨道02.mp4素材文件上，如图3-171所示。

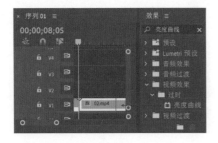

图 3-171

（6）在"时间轴"面板中双击V1轨道前方空白位置，将时间线滑动至41秒14帧位置处，按住Ctrl键并单击速率线，接着在43秒07帧位置处按住Ctrl键并单击速率线，如图3-168所示。

（10）在"时间轴"面板中选择V1轨道上的02.mp4素材文件，在"效果控件"面板中展开"亮度曲线"，在"亮度波形"的曲线中添加一个锚点并向左上角进行拖曳，接着再次添加一个锚点并向右下角进行拖曳，如图3-172所示。

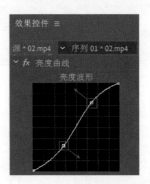

图 3-172

此时02.mp4素材文件画面效果如图3-173所示。

图 3-173

（11）在"效果"面板搜索"急摇"，并拖曳到"时间轴"面板V1轨道02.mp4素材文件结束时间与03.mp4素材文件起始时间的中间位置处，如图3-174所示。

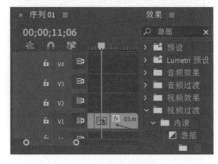

图 3-174

（12）在"效果"面板搜索"交叉溶解"，并拖曳到"时间轴"面板V1轨道05.mp4素材文件的起始时间位置处，如图3-175所示。

图 3-175

滑动时间线画面效果如图 3-176 所示。

图 3-176

（13）在"效果"面板搜索"交叉溶解"，并拖曳到"时间轴"面板 V1 轨道 05.mp4 素材文件结束时间与 04.mp4 素材文件起始时间的中间位置处，如图 3-177 所示。

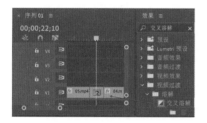

图 3-177

（14）在"效果"面板搜索"交叉溶解"，并拖曳到"时间轴"面板 V1 轨道 06.mp4 素材文件的起始时间位置处，如图 3-178 所示。

图 3-178

滑动时间线画面效果如图 3-179 所示。

图 3-179

（15）在"项目"面板中将 11.mp4 ～ 14.mp4 素材文件拖曳到 V1 ～ V4 轨道上，如图 3-180 所示。

图 3-180

（16）将时间线滑动至 50 秒 08 帧位置处。在"时间轴"面板中使用快捷键 Ctrl+K 进行裁剪，如图 3-181 所示。

图 3-181

（17）在"时间轴"面板中将 V1 ～ V4 轨道 50 秒 08 帧后半部分的素材文件使用键盘上 Delete 键进行删除，如图 3-182 所示。

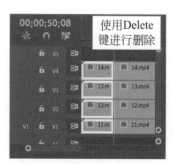

图 3-182

（18）在"时间轴"面板中选择V4轨道上的14.mp4素材文件，在"效果控件"面板中展开"运动"，设置"位置"为（1280.0，540.0），"缩放"为26.0，如图3-183所示。

（19）在"时间轴"面板中选择V3轨道上的13.mp4素材文件，在"效果控件"面板中展开"运动"，设置"位置"为（920.0，540.0），"缩放"为26.0，如图3-184所示。

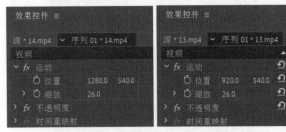

图 3-183　　　　　　　　图 3-184

（20）在"时间轴"面板中选择V2轨道上的12.mp4素材文件，在"效果控件"面板中展开"运动"，设置"位置"为（550.0，540.0），"缩放"为26.0，如图3-185所示。

（21）在"时间轴"面板中选择V1轨道上的11.mp4素材文件，在"效果控件"面板中展开"运动"，设置"位置"为（207.0，540.0），"缩放"为26.0，如图3-186所示。

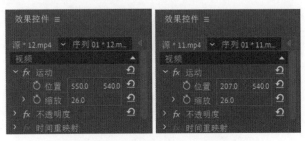

图 3-185　　　　　　　　图 3-186

滑动时间线画面效果如图3-187所示。

图 3-187

（22）在"时间轴"面板中框选V1轨道11.mp4、V2～V4轨道上素材文件，单击右键，在弹出的快捷菜单中执行"嵌套"命令，如图3-188所示。

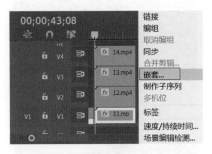

图 3-188

（23）在弹出的"嵌套序列名称"窗口中单击"确定"按钮，如图3-189所示。

图 3-189

（24）在"效果"面板搜索"Wipe"，并拖曳到"时间轴"面板V1轨道嵌套序列01的起始时间位置处，如图3-190所示。

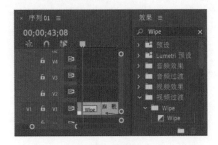

图 3-190

（25）在"时间轴"面板中选中"Wipe"过渡效果，接着在"效果控件"面板中，设置"持续时间"为1秒20帧，如图3-191所示。

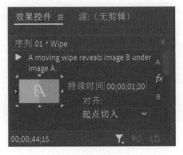

图 3-191

（26）在"效果"面板搜索"黑场过渡"，并拖曳到"时间轴"面板 V1 轨道嵌套序列 01 的结束时间位置处，如图 3-192 所示。

图 3-192

滑动时间线画面效果如图 3-193 所示。

图 3-193

Part 03

（1）在"项目"面板中将雪花 .mp4 素材文件拖曳到 V2 轨道 15 帧位置处，如图 3-194 所示。

图 3-194

此时雪花 .mp4 素材文件画面效果如图 3-195 所示。

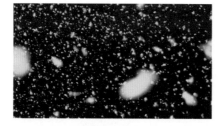

图 3-195

（2）在"时间轴"面板中右键单击雪花 .mp4 素材文件，在弹出的快捷菜单中执行"速度/持续时间"命令，如图 3-196 所示。

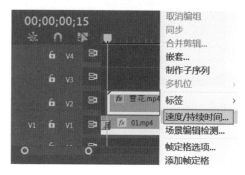

图 3-196

（3）在弹出的"剪辑速度/持续时间"窗口中，设置"速度"为 300%，接着单击"确定"按钮，如图 3-197 所示。

（4）在"时间轴"面板中单击 V2 轨道上的雪花 .mp4 素材文件，在"效果控件"面板中展开"不透明度"，设置"混合模式"为滤色，如图 3-198 所示。

图 3-197　　　　　　图 3-198

此时雪花 .mp4 素材文件画面效果如图 3-199 所示。

图 3-199

（5）在"效果"面板搜索"亮度曲线"，并拖曳到"时间轴"面板 V2 轨道雪花 .mp4 素材文件上，如图 3-200 所示。

快速入门篇

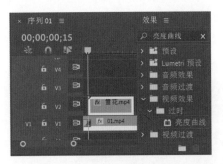

图 3-200

（6）在"时间轴"面板中选择 V2 轨道上的雪花 .mp4 素材文件，在"效果控件"面板中展开"亮度曲线"，在"亮度波形"曲线中添加一个锚点并向左上角进行拖曳，接着再次添加一个锚点并向下方进行拖曳，到底部后再向右进行拖曳，如图 3-201 所示。

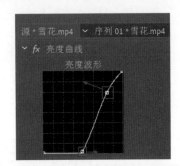

图 3-201

此时雪花 .mp4 素材文件画面效果如图 3-202 所示。

图 3-202

（7）在"效果"面板搜索"高斯模糊"，并拖曳到"时间轴"面板 V2 轨道雪花 .mp4 素材文件上，如图 3-203 所示。

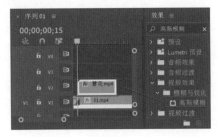

图 3-203

（8）在"时间轴"面板中选择 V2 轨道上的雪花 .mp4 素材文件，在"效果控件"面板中展开"高斯模糊"，设置"模糊度"为 8.0，勾选"重复边缘像素"，如图 3-204 所示。

图 3-204

滑动时间线画面效果如图 3-205 所示。

图 3-205

（9）创建文字。执行"文件"/"新建"/"旧版标题"命令，即可打开"字幕"面板，如图 3-206 所示。

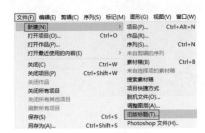

图 3-206

（10）此时会弹出一个"新建字幕"窗口，设置"名称"为"字幕01"，然后单击"确定"按钮。在"字幕01"面板中选择 T（文字工具），在工作区域中合适的位置输入文字内容。设置"对齐方式"为 ▤（左对齐）；设置合适的"字体系列"和"字体样式"；设置"字体大小"为 260.0；"行距"为 18.0；勾选"填充"，设置"填充类型"为实底；"颜色"为白色。接着展开"描边/外描边"，单击后方的"添加"，设置"类型"为边缘，"大小"为10.0，"填充类型"为实底，设置"颜色"为黑色；再次单击外描边后方的"添加"，设置"类型"为边缘，"大小"为10.0，"填充类型"为实底，设置"颜色"为白色。设置完成后，关闭"字幕01"面板，如图3-207所示。

图3-207

（11）在"项目"面板中将字幕01素材文件拖曳到V3轨道15帧位置处，如图3-208所示。

图3-208

（12）在"时间轴"面板中选择V3轨道上的字幕01素材文件，在"效果控件"面板中展开"不透明度"，将时间线滑动至15帧时间位置处，单击"不透明度"前方的 🕐（切换动画）按钮，设置"不透明度"为0.0%，如图3-209所示；接着将时间线滑动到1秒24帧位置处，设置"不透明度"为100.0%；将时间线滑动到4秒10帧位置处；设置"不透明度"为100.0%；将时间线滑动到5秒14帧位置处，设置"不透明度"为0.0%。

图3-209

（13）在"时间轴"面板中选择V3轨道上的字

幕01，接着按住Alt键并垂直向上拖曳进行复制，如图3-210所示。

图3-210

（14）在"时间轴"面板中双击V4轨道上字幕01复制01。在弹出的"字幕01复制01"面板中展开"填充"；设置"颜色"为蓝色；接着展开"描边/外描边"，删除"外描边"。如图3-211所示。

图3-211

（15）将时间滑动至15帧位置处。在"时间轴"面板中选择V4轨道上的字幕01复制素材文件，在"效果控件"面板中展开"不透明度"，单击 🖊（自由绘制贝塞尔曲线），如图3-212所示。

图3-212

（16）在"节目控制器"面板中绘制合适的蒙版，并在"效果控件"面板中展开"不透明度"/"蒙版（1）"，设置"蒙版羽化"为5.0，如图3-213所示。

图3-213

（17）将时间线滑动至1秒09帧位置处，绘制合适的蒙版路径，如图3-214所示。

图3-214

（18）使用同样的方法在合适的时间位置处绘制一个从上到下显示的蒙版路径。滑动时间线画面效果如图3-215所示。

图3-215

（19）创建文字。执行"文件"/"新建"/"旧版标题"命令，即可打开"字幕"面板，如图3-216所示。

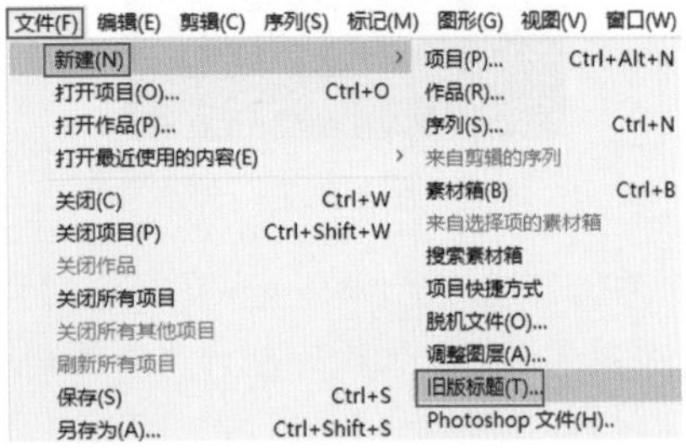

图3-216

（20）此时会弹出一个"新建字幕"窗口，设置"名称"为"字幕02"，然后单击"确定"按钮。在"字幕02"面板中选择 T （文字工具），在工作区域中合适的位置输入文字内容。设置"对齐方式"为 （左对齐）；设置合适的"字体系列"和"字体样式"；设置"字体大小"为60.0；"填充类型"为实底；"颜色"为白色。接着展开"描边/外描边"，单击"外描边"后方的添加，设置"类型"为边缘，"大小"为10.0，"填充类型"为实底，"颜色"为黑色。设置完成后，关闭"字幕02"面板，如图3-217所示。

图3-217

（21）在"项目"面板中将字幕01素材文件拖曳到V5轨道15帧位置处，如图3-218所示。

图3-218

（22）在"时间轴"面板中选择V5轨道上的字幕02素材文件，在"效果控件"面板中展开"不透明度"。将时间线滑动至15帧位置处，单击"不透明度"前方的 （切换动画）按钮，设置"不透明度"为0.0%，如图3-219所示；接着将时间线滑动到1秒24帧位置处，设置"不透明度"为100.0%；将时间线滑动到4秒10帧位置处，设置"不透明度"为100.0%；将时间线滑动到5秒14帧位置处，设置"不透明度"为0.0%。

效果控件 ≡

图3-219

（23）在"项目"面板中将配乐.mp3素材文件拖曳到A1轨道上，如图3-220所示。

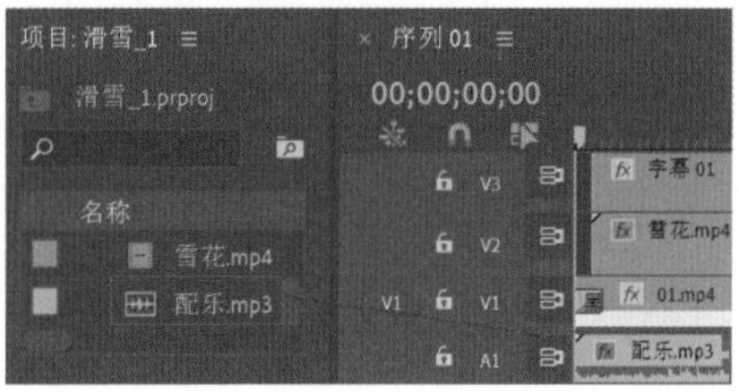

图 3-220

（24）将时间线滑动到51秒位置处；在"时间轴"面板中选择A1轨道上的配乐.mp4素材文件，使用快捷键Ctrl+K进行裁剪，如图3-221所示。

图 3-221

（25）在"时间轴"面板中选择A1轨道上的配乐.mp3素材文件的后半部分，使用键盘上Delete键进行删除，如图3-222所示。

图 3-222

本案例制作完成，滑动时间线效果如图3-223所示。

图 3-223

3.3.3　实战：趣味鬼畜视频

文件路径

实战素材/第3章

操作要点

使用"时间重映射""速度/持续时间"命令调整素材文件的速率。使用"Lumetri 颜色"效果调整画面色调

案例效果

图 3-224

操作步骤

Part 01

（1）新建项目、序列，导入文件。执行"文件"/"新建"/"项目"命令，新建一个项目。接着执行"文件"/"导入"命令，导入全部素材。在"项目"面板中将01.mp4素材拖曳到"时间轴"面板中的V1轨道上，此时在"项目"面板中自动生成一个与01.mp4素材文件等大的序列，如图3-225所示。

图 3-225

滑动时间线画面效果如图3-226所示。

（2）将时间线滑动至4秒05帧位置处，在"时间轴"面板中单击V1轨道上的01.mp4素材文件，使用快捷键Ctrl+K进行裁剪，如图3-227所示。

图 3-226

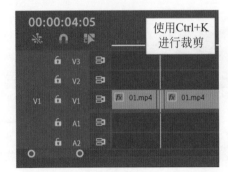

图 3-227

（3）在"时间轴"面板中选择V1轨道上01.mp4素材文件4秒05帧的后半部分，使用键盘上Delete键进行删除，如图3-228所示。

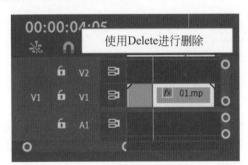

图 3-228

（4）在"时间轴"面板中右键单击V1轨道上的01.mp4素材文件，在弹出的快捷菜单中执行"显示剪辑关键帧"/"时间重映射"/"速度"命令，如图3-229所示。

图 3-229

（5）在"时间轴"面板中双击V1轨道的空白位置处，单击01.mp4素材文件。接着将时间线滑动至1帧位置处，使用Ctrl键并左键单击速率线，如图3-230所示。接着将时间线滑动至2秒21帧位置处，再次使用Ctrl键并左键单击速率线。

（6）在"时间轴"面板中将V1轨道的01.mp4素材文件1帧后方的速率线向下拖曳到70.00%，如图3-231所示。

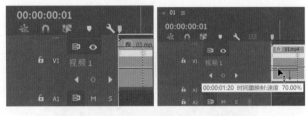

图 3-230　　　　　　　　　图 3-231

（7）在"时间轴"面板中将V1轨道的01.mp4素材文件4秒后方的速率线向上拖曳到154.00%，如图3-232所示。

（8）再次将01.mp4素材拖曳到"时间轴"面板中的V2轨道上，在"时间轴"面板中单击V2轨道上的01.mp4素材文件，分别将时间线滑动至5秒09帧和6秒17帧位置处，使用快捷键Ctrl+K进行裁剪，如图3-233所示。

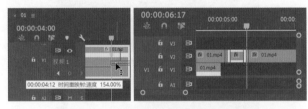

图 3-232　　　　　　　　　图 3-233

（9）在"时间轴"面板分别选择V2轨道上01.mp4素材文件的5秒09帧前半部分和6秒17帧的后半部分，使用键盘上Delete键进行删除，如图3-234所示。

图 3-234

（10）在"时间轴"面板中将V2轨道上01.mp4素材文件拖曳到V1轨道上4秒23帧后方，接着右键单击，在弹出的快捷菜单中执行"速度/持续时间"命令，如图3-235所示。

（11）在弹出的"剪辑速度/持续时间"窗口中，设置"速度"为145%，接着单击"确定"按钮，如图3-236所示。

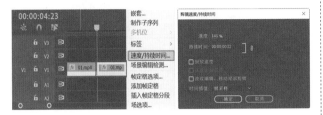

图3-235　　　　　　　图3-236

滑动时间线画面效果如图3-237所示。

图3-237

Part 02

（1）在"项目"面板中将配乐.mp3素材文件拖曳到"时间轴"面板中A1轨道上，如图3-238所示。

（2）将时间线滑动至5秒21帧位置处，接着按下空格键边播放边聆听素材声音，在合适的音效部分，使用快捷键M进行标记，如图3-239所示。

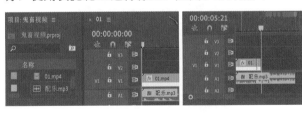

图3-238　　　　　　　图3-239

（3）在"时间轴"面板中选择V1轨道后半部分的01.mp4素材文件，按住Alt键并使用鼠标左键拖曳到5秒21帧后方，如图3-240所示。

（4）在"时间轴"面板中右键单击V1轨道上5秒21帧后方的01.mp4素材文件，在弹出的快捷菜单中执行"速度/持续时间"命令，如图3-241所示。

（5）在弹出的"剪辑速度/持续时间"窗口中，设置"速度"为65%，接着单击"确定"按钮，如图3-242所示。

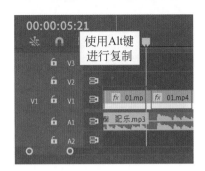

图3-240

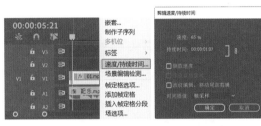

图3-241　　　　　　　图3-242

（6）在"时间轴"面板中，在01.mp4素材文件末端按住鼠标左键的同时拖曳，设置结束时间为7秒03帧，如图3-243所示。

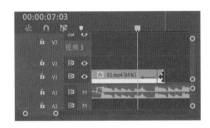

图3-243

（7）在"时间轴"面板中选择V1轨道后半部分的01.mp4素材文件，按住Alt键并使用鼠标左键拖曳到7秒03帧后方，如图3-244所示。

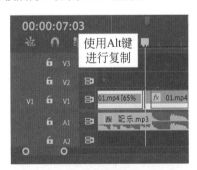

图3-244

（8）在"时间轴"面板中右键单击V1轨道上7秒03帧后方的01.mp4素材文件，在弹出的快捷菜单中执行"速度/持续时间"命令，如图3-245所示。

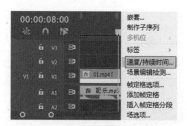

图 3-245

（9）在弹出的"剪辑速度/持续时间"窗口中，设置"速度"为145%，接着单击"确定"按钮，如图3-246所示。

图 3-246

滑动时间线画面效果如图3-247所示。

图 3-247

（10）使用同样的方式复制01.mp4素材文件，并使用"速度/持续时间"命令调整素材文件的持续时间，并设置结束时间为标记处。此时滑动时间线画面效果如图3-248所示。

图 3-248

（11）在"时间轴"面板中选择V1轨道后半部分的01.mp4素材文件，按住Alt键并使用鼠标左键拖曳到13秒13帧后方，如图3-249所示。

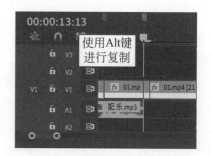

图 3-249

（12）在"时间轴"面板中右键单击V1轨道上13秒13帧后方的01.mp4素材文件，在弹出的快捷菜单中执行"速度/持续时间"命令，如图3-250所示。

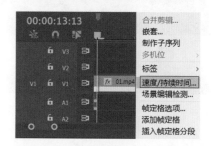

图 3-250

（13）在弹出的"剪辑速度/持续时间"窗口中，设置"速度"为210%，接着单击"确定"按钮，如图3-251所示。

图 3-251

（14）在"项目"面板中将配乐.mp3素材文件拖曳到"时间轴"面板中A1轨道配乐.mp3素材文件后方，如图3-252所示。

图 3-252

（15）将时间线滑动至26秒19帧位置处，接着在"时间轴"面板中单击A1轨道上第二个配乐.mp3素材文件，使用快捷键Ctrl+K进行裁剪，如图3-253所示。

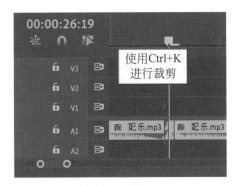

图3-253

（16）在"时间轴"面板中单击A1轨道上26秒19帧前的音频素材，使用快捷键Shift+Delete进行波纹删除，如图3-254所示。

图3-254

（17）在"时间轴"面板中右键单击A1轨道上13秒13帧后方的配乐.mp3素材文件，在弹出的快捷菜单中执行"速度/持续时间"命令，如图3-255所示。

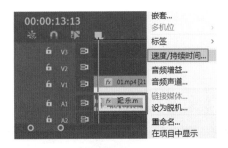

图3-255

（18）在弹出的"剪辑速度/持续时间"窗口中，设置"速度"为50%，接着单击"确定"按钮，如图3-256所示。

图3-256

滑动时间线画面效果如图3-257所示。

图3-257

（19）在"项目"面板中右键单击空白位置，在弹出的快捷菜单中执行"新建项目"/"调整图层"命令，如图3-258所示。

图3-258

（20）在弹出的"调整图层"窗口中单击"确定"按钮。在"项目"面板中将调整图层拖曳到"时间轴"面板中V2轨道上。接着设置"调整图层"的结束时间为14秒03帧，如图3-259所示。

图3-259

079

（21）在"效果"面板搜索"Lumetri 颜色"，并拖曳到"时间轴"面板 V2 轨道调整图层文件上，如图 3-260 所示。

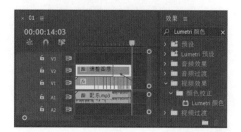

图 3-260

（22）在"时间轴"面板中选择 V2 轨道上的调整图层文件，在"效果控件"面板中展开"Lumetri 颜色"/"基本校正"/"白平衡"。设置"色温"为 –38.0；"色彩"为 48.0；展开"色调"；设置"曝光"为 0.3；"对比度"为 19.0，如图 3-261 所示。

图 3-261

本案例制作完成，滑动时间线效果如图 3-262 所示。

图 3-262

3.3.4 实战：多机位剪辑

文件路径

实战素材/第3章

操作要点

使用"嵌套序列""多机位"命令快速剪辑素材文件。使用"黑场过渡""Band Slide""交叉溶解"制作过渡效果

案例效果

图 3-263

操作步骤

（1）新建项目、序列，导入文件。执行"文件"/"新建"/"项目"命令，新建一个项目。接着执行"文件"/"导入"命令，导入全部素材。在"项目"面板中将01.mp4素材拖曳到"时间轴"面板中的V1轨道上，此时在"项目"面板中自动生成一个与01.mp4素材文件等大的序列，如图3-264所示。

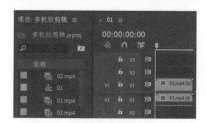

图 3-264

滑动时间线画面效果如图3-265所示。

图 3-265

（2）在"项目"面板中分别将 02.mp4、03.mp4 拖曳到 V2、V3 轨道上，如图 3-266 所示。

图 3-266

（3）在"时间轴"面板中 V1 ～ V3 轨道上框选素材文件，单击右键，在弹出的快捷菜单中执行"嵌套序列"命令，如图 3-267 所示。

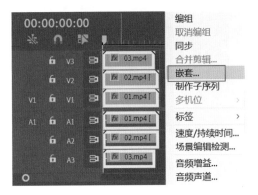

图 3-267

（4）在弹出的"嵌套序列名称"窗口，设置"名称"为嵌套序列 01。接着单击"确定"按钮，如图 3-268 所示。

（5）在"时间轴"面板中框选 A1 ～ A3 轨道上的素材文件，使用键盘上 Delete 键进行删除，如图 3-269 所示。

图 3-268　　　　　图 3-269

（6）在"时间轴"面板中右键单击"嵌套序列 01"，在弹出的快捷菜单中执行"多机位"/"启用"命令，如图 3-270 所示。

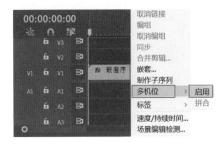

图 3-270

重点笔记

1. 快速制作多机位剪辑方法，框选项目面板中所有素材文件，单击右键，在弹出的快捷菜单中执行"创建多机位源序列"，如图 3-271 所示。

2. 在弹出的"创建多机位源序列"窗口单击"确定"按钮，如图 3-272 所示。

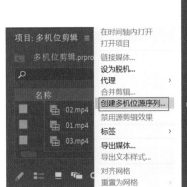

图 3-271　　　　　图 3-272

3. 在"项目"面板中将 02.mp4 多机位文件拖曳到"时间轴"面板中的 V1 轨道上，此时在"项目"面板中自动生成一个与 02.mp4 多机位文件等大的序列，如图 3-273 所示。

图 3-273

（7）在"节目控制器"面板中单击（设置）按钮，在弹出的快捷菜单中执行"多机位"命令，如图 3-274 所示。

图 3-274

重点笔记

1.或可在"节目控制器"面板中单击右下角 ➕（按钮编辑器）按钮，在弹出的"按钮编辑器"对话框中按住 ▦口（切换多机位视图）按钮，将它拖曳到按钮中，单击"确定"，如图3-275所示。

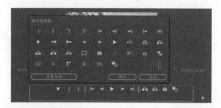

图 3-275

2.此时单击 ▦口（切换多机位视图）按钮，"节目监视器"变为多机位剪辑框，分为多机位窗口，右边为录制窗口，如图3-276所示。

图 3-276

（8）剪辑多机位素材。在"节目控制器"面板中选中图像边缘为黄色，主视图也将显示此时选中的素材文件，如图3-277所示。

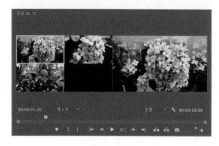

图 3-277

（9）在"节目控制器"面板下方按钮中单击 ▶（播放/停止切换）按钮，可在播放时单击其他素材，更改此时主视图文件，快速剪辑合适视频效果，在剪辑视频时边框将变为红色，如图3-278所示。

图 3-278

（10）当视频剪辑完成后，"时间轴"面板中素材文件被分段剪辑，如图3-279所示。

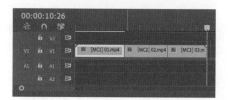

图 3-279

（11）在"效果"面板搜索"黑场过渡"，并拖曳到"时间轴"面板V1轨道起始时间MC1 01.mp4素材文件上，如图3-280所示。

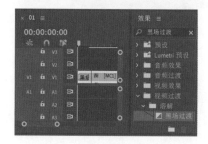

图 3-280

（12）在"效果"面板搜索"Band Slide"，并拖曳到"时间轴"面板V1轨道MC1 01.mp4素材文件结束时间与MC2 02.mp4素材文件起始时间，如图3-281所示。

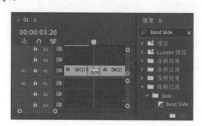

图 3-281

（13）在"效果"面板搜索"交叉溶解"，并拖曳到"时间轴"面板V1轨道MC2 02.mp4素材文件结束时间与MC3 03.mp4素材文件起始时间，如图3-282所示。

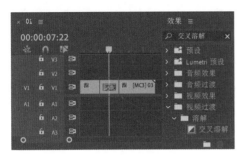

图3-282

本案例制作完成，滑动时间线效果如图3-283所示。

图3-283

本章小结

通过对本章的学习，我们掌握了Premiere关于剪辑的多种工具的使用方法，了解了基本的剪辑步骤。而且还学习了使用快捷键进行高效剪辑，提升了剪辑工作效率。

快速入门篇

第4章
常用的视频调色技巧

调色是Premiere中很重要的功能，视频的色彩很大程度决定了整个视频效果的"好坏"。通常情况下，不同颜色往往带动不同的情绪倾向。但在日常拍摄中经常会遇到画面太暗或太亮，风景视频没有实际场景那般艳丽等问题，或想要画面色彩更加梦幻多彩等。想要解决这些问题并制作画面效果，往往只需要使用到非常简单的调色效果就可以实现。本章就来学习如何调整画面的"明暗""色相""饱和度"等常用的调色操作。Premiere具有强大的调色功能，更多的调色命令以及高级的调色操作将在后面章节学习。

学习目标

熟练掌握调整画面明暗的方法
掌握调整画面色彩倾向的方法
掌握调整画面鲜艳度的方法
掌握制作黑白色调、双色调的方法

思维导图

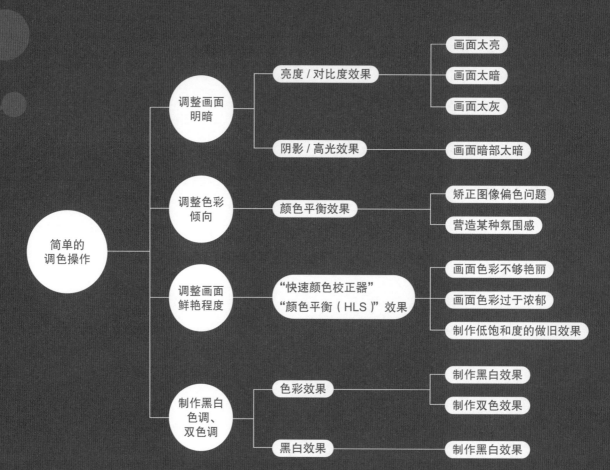

4.1 调整画面明暗

　　提高视频的明度可以使画面变亮，降低图像的明度可以使画面变暗，增强亮部区域的明亮程度并降低画面暗部区域的亮度则可以增强画面对比度，反之则会降低画面对比度。

4.1.1 认识"Brightness & Contrast（亮度和对比度）"调色效果

 功能速查

　　"亮度和对比度"效果常用于使图像变得更亮、更暗一些，校正"偏灰"（对比度过低）的图像，增强对比度使图像更"抢眼"或弱化对比度使图像柔和。亮度/对比度参数见表4-1。

表 4-1　亮度 / 对比度参数

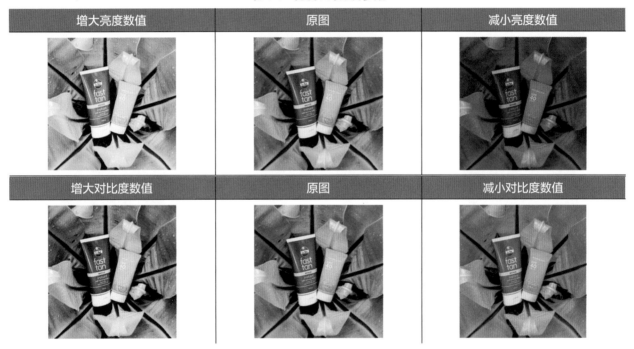

增大亮度数值	原图	减小亮度数值
增大对比度数值	原图	减小对比度数值

　　（1）将一张素材导入时间轴面板，如图4-1所示。

图 4-1

　　（2）在"效果"面板中搜索"Brightness & Contrast（亮度和对比度）"，将该效果拖曳到"时间轴"面板中的素材上。设置"亮度"为10.0，"对比度"为30.0，如图4-2所示。

图 4-2

此时画面效果如图4-3所示。

图4-3

4.1.2 认识"RGB曲线"调色效果

 功能速查

"RGB曲线"效果常用于使图像变得更亮、更暗一些，校正"偏灰"（对比度过低）的图像，增强对比度使图像更"抢眼"或弱化对比度使图像柔和、改变画面色调等。

（1）将一张素材导入时间轴面板，如图4-4所示。

图4-4

（2）在"效果"面板中搜索"RGB曲线"，将该效果拖曳到"时间轴"面板中的素材上。"主要"曲线的上方控制画面中较亮的部分，下方则控制画面中较暗的部分。将上方向上拖动，下方向下拖动，则会让亮部更亮、暗部更暗，对比度增强，如图4-5所示。

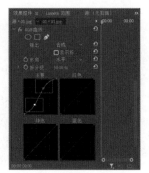

图4-5

此时画面效果如图4-6所示。

图4-6

4.1.3 实战：视频太暗或太亮怎么办

文件路径

实战素材/第4章

操作要点

使用"RGB 曲线"效果调整画面暗部和亮部，改善画面太暗或太亮的问题

案例效果

图4-7

操作步骤

（1）执行"文件"/"导入"命令，导入01.mp4素材。在"项目"面板中将01.mp4素材拖曳到"时间轴"面板中，此时在"项目"面板中自动生成与素材尺寸等大的序列，如图4-8所示。

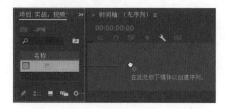

图4-8

此时画面效果如图4-9所示。

图 4-9

（2）在"效果和预设"面板中搜索"RGB 曲线"，将该效果拖曳到"时间轴"面板中的 01.mp4 图层上，如图 4-10 所示。

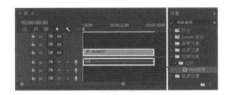

图 4-10

（3）在"效果控件"面板中展开"RGB 曲线"，将"主要"曲线向上拖动，如图 4-11 所示。

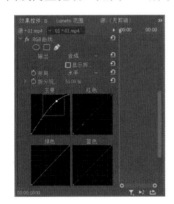

图 4-11

此时画面变得更亮了，如图 4-12 所示。

图 4-12

（4）当然如果觉得视频太亮，则可以将"主要"曲线向下拖动。"RGB 曲线"效果不仅可以改变明暗，还可以改变色彩。如果想让画面偏向红色调，只需要将"红色"的曲线向上拖动，如图 4-13 所示。

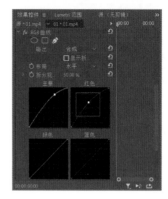

图 4-13

此时画面中呈现出了偏红色的感觉，如图 4-14 所示。

图 4-14

（5）继续将"蓝色"曲线向上拖动，如图 4-15 所示。

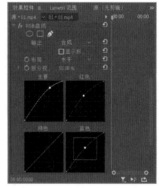

图 4-15

此时画面呈现出了偏红、蓝混合的色调修改，非常有气氛，如图 4-16 所示。

图 4-16

4.1.4　实战：视频太灰怎么办

文件路径

实战素材/第4章

操作要点

使用"RGB 曲线"效果调整画面暗部和亮部，使其产生强对比度效果，改善画面太灰的问题

案例效果

图 4-17

操作步骤

（1）执行"文件"/"导入"命令，导入01.mp4素材。在"项目"面板中将01.mp4素材拖曳到"时间轴"面板中，此时在"项目"面板中自动生成与素材尺寸等大的序列，如图4-18所示。

图 4-18

此时画面效果如图4-19所示。

图 4-19

（2）在"效果"面板中搜索"RGB 曲线"，将该效果拖曳到"时间轴"面板中的01.mp4图层上，如图4-20所示。

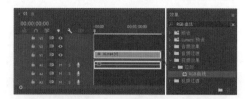

图 4-20

（3）在"效果控件"面板中展开"RGB 曲线"，将"主要"曲线向下拖动，如图4-21所示。

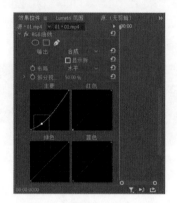

图 4-21

此时画面中较暗的部分变得更暗，如图4-22所示。

图 4-22

（4）将"主要"曲线向上拖动，如图4-23所示。

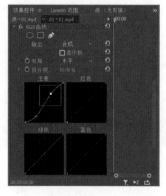

图 4-23

此时画面中较亮的部分变得更亮，画面就变得对比度更强、色彩更饱和，如图4-24所示。

图4-24

4.1.5 实战：视频暗部太暗怎么办

文件路径

实战素材/第4章

操作要点

使用阴影/高光""锐化""颜色平衡"调整画面颜色，校正画面暗部

案例效果

图4-25

操作步骤

（1）新建项目、序列。执行"文件"/"新建"/"项目"命令，新建一个项目。执行"文件"/"新建"/"序列"命令。在新建序列窗口中单击"设置"按钮，设置"编辑模式"为 ARRI Cinema，设置"时基"为 23.976 帧/秒，设置"帧大小"为 1920，水平为1080，设置"像素长宽比"为方行像素（1.0），设置"场"为无场（逐行扫描）。接着执行"文件"/"导入"命令，导入 01.mp4 素材。在"项目"面板中将01.mp4 素材拖曳到"时间轴"面板中的 V1 轨道上，如图 4-26 所示。

图4-26

此时画面效果如图4-27所示。

图4-27

（2）在"效果"面板中搜索"阴影/高光"，将该效果拖曳到 V1 轨道的 01.mp4 上，如图4-28所示。

图4-28

（3）在"时间轴"面板选择 V1 轨道上的 01.mp4素材文件。在"效果控件"面板中展开"阴影/高光"，取消勾选自动数量，设置"阴影数量"为 20，如图4-29所示。

图4-29

（4）在"效果"面板中搜索"锐化"，将该效果拖曳到 V1 轨道的 01.mp4 上，如图4-30所示。

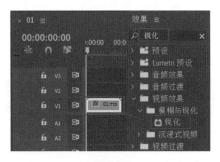

图4-30

快速入门篇

089

（5）在"时间轴"面板上选择V1轨道上的01.mp4素材文件。在"效果控件"面板中展开"锐化"，设置"锐化量"为10，如图4-31所示。

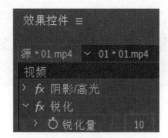

图4-31

此时画面效果与之前对比如图4-32所示。

图4-32

（6）在"效果"面板中搜索"颜色平衡"，将该效果拖曳到V1轨道的01.mp4上，如图4-33所示。

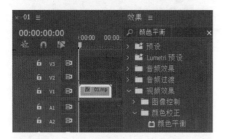

图4-33

（7）在"时间轴"面板选择V1轨道上的01.mp4素材文件。在"效果控件"面板中展开"颜色平衡"，设置"阴影红色平衡"为50.0，如图4-34所示。

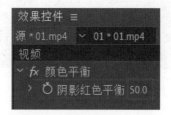

图4-34

本案例制作完成，滑动时间线效果如图4-35所示。

图4-35

疑难笔记

添加"阴影/高光"效果后画面如果变灰了，怎么办？

"阴影/高光"效果的原理是将画面中较暗的部分变亮，使画面暗部区域看到更多细节，所以暗部变亮势必会使得画面的明度变得更"灰"。如果"阴影/高光"效果之后太"灰"了，那么可以添加"Brightness&Contrast（亮度和对比度）"效果，增大"对比度"数值，使画面产生更强的对比效果。

4.2 调整画面色彩倾向

不同的色彩有着不同的情感，调整画面的色彩倾向可以强化照片的气氛，辅助照片情感的表达。

在Premiere的调色效果中有很多种用于调整画面颜色倾向的效果，在本节中来学习其中最简单也最常用的"颜色平衡"效果，如图4-36所示为原图与使用"颜色平衡"得到的不同颜色倾向的效果。

图4-36

4.2.1 认识"颜色平衡"调色效果

功能速查

"颜色平衡"调整效果可以通过对画面中阴影部分的红、绿、蓝，中间调的红、绿、蓝，高光部分的红、绿、蓝进行数值调整，使其产生色相变化。

（1）将一张素材导入"时间轴"面板，效果如图4-37所示。

图4-37

（2）在"效果和预设"面板中搜索"颜色平衡"，将该效果拖曳到"时间轴"面板中的素材上，如图4-38所示。

图4-38

（3）在"效果控件"面板中设置"阴影红色平衡"为60.0，如图4-39所示。

图4-39

设置完成后画面中较暗的部分变得更倾向于红色，如图4-40所示。

图4-40

（4）继续根据自己的需要进行设置，如继续设置"中间调蓝色平衡"为60.0，如图4-41所示。

图4-41

此时画面变得偏向蓝色调，如图4-42所示。

图4-42

拓展笔记

将数值设置为负数时，则会对设置的属性产生反向的色彩变化，如设置"中间调蓝色平衡"为﹣60.0，如图4-43所示。

图4-43

此时会得到相反的颜色，画面偏向橙色，如图4-44所示。

图4-44

4.2.2　实战：唯美风格色调

文件路径

实战素材/第4章

操作要点

使用"颜色平衡""Brightness & Contrast"效果，调整画面的亮度与色相，制作出唯美风格色调

案例效果

图4-45

操作步骤

（1）新建项目、序列。执行"文件"/"新建"/"项目"命令，新建一个项目。执行"文件"/"新建"/"序列"命令。在新建序列窗口中单击"设置"按钮，设置"编辑模式"为ARRI Cinema，设置"时基"为25.00帧/秒，设置"帧大小"为1920，水平为1080，设置"像素长宽比"为方行像素（1.0），设置"场"为无场（逐行扫描）。接着执行"文件"/"导入"命令，导入01.mp4素材。在"项目"面板中将01.mp4素材拖曳到"时间轴"面板中的V1轨道上，如图4-46所示。

图4-46

此时画面效果如图4-47所示。

（2）在"效果"面板中搜索"颜色平衡"，将该效果拖曳到V1轨道的01.mp4素材上，如图4-48所示。

图 4-47

图 4-48

（3）在"时间轴"面板上选择 V1 轨道的 01.mp4 素材文件。在"效果控件"面板中展开"颜色平衡"，设置"阴影红色平衡"为 –63.0；"阴影绿色平衡"为 89.0；"阴影蓝色平衡"为 84.0；"中间调红色平衡"为 67.0；"中间调蓝色平衡"为 79.0；"高光绿色平衡"为 10.0，如图 4-49 所示。

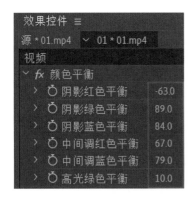

图 4-49

此时画面效果与之前效果对比如图 4-50 所示。

图 4-50

（4）在"效果"面板中搜索"Brightness & Contrast"，将该效果拖曳到 V1 轨道的 01.mp4 素材

上，如图 4-51 所示。

（5）在"时间轴"面板选择 V1 轨道的 01.mp4 素材文件。在"效果控件"面板中展开"Brightness & Contrast"，设置"亮度"为 20.0；"对比度"为 –10.0，如图 4-52 所示。

图 4-51　　　　　　　　图 4-52

 重点笔记

对作品进行调色时，除了要遵循基本的色彩理论以外，更多的是凭借"色彩感觉"进行调色。调色效果中的参数较多，不建议死记硬背参数数值，而是采用边滑动数值边观察色彩变化效果的方法进行调色。本书中的参数也是使用该方法得到的。

本案例制作完成，滑动时间线效果如图 4-53 所示。

图 4-53

4.3 调整画面鲜艳程度

"饱和度"就是指色彩的鲜艳程度，图像的饱和度越高，画面看起来越艳丽。图像的饱和度并非越高越好，要根据画面主题，调整合适的饱和度。不同饱和度的情感表达见表4-2。

表 4-2 不同饱和度的情感表达

项目	低饱和度	中饱和度	高饱和度
正面情感	柔和、朴实	真实、生动	积极、活力
图示			
负面情感	灰暗、压抑	平淡、呆板	艳俗、烦躁
图示			

在 Premiere 中有多种效果可以对"饱和度"参数进行修改，包括"快速颜色校正器""颜色平衡（HLS）""Lumetri 颜色"等都可以调整饱和度。

方法1：使用"快速颜色校正器"效果调整饱和度

（1）将一张素材导入"时间轴"面板，效果如图4-54所示。

（2）在"效果"面板中搜索"快速颜色校正器"，将该效果拖曳到V1轨道的素材上。设置"饱和度"为200.00，如图4-55所示。

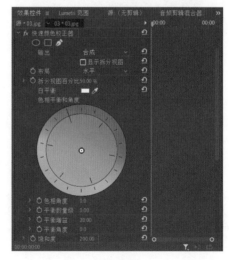

图4-55

此时画面更鲜艳了，如图4-56所示。

图4-54

和度

方法2：使用"颜色平衡（HLS）"效果调整饱和度

（1）将一张素材导入"时间轴"面板，效果如图4-57所示。

图4-56

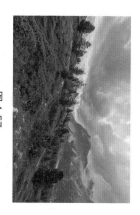

图4-57

（2）在"效果"面板中搜索"颜色平衡（HLS）"，将该效果拖曳到V1轨道的素材上。设置"饱和度"为15.0，如图4-58所示。

图4-58

此时画面更鲜艳了，如图4-59所示。

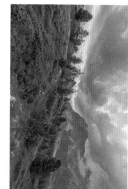

图4-59

拓展笔记

除了为素材添加效果可以修改饱和度之外，还可以选择素材，然后在"Lumetri颜色"面板中直接修改"颜色"自然饱和和"饱和度"数值，该方法更方便，如图4-60所示。调整之后的效果如图4-61所示。

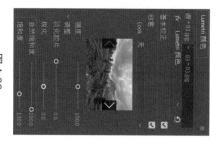

图4-60

图4-61

4.4 制作黑白色调、双色调

黑白合作品常见于艺术摄影作品中，通过"色彩"效果可以将彩色视频或图片处理成黑白效果。

4.4.1 认识"色彩"调色效果

功能速查

"色彩"效果可以去掉视频或图片中所有彩色部分，只单纯地保留了黑白灰三色，还可以制作出两种色彩的视频效果。

（1）将一张素材导入"时间轴"面板，效果如图4-62所示。

（2）在"效果"面板中搜索"色彩"，将该效果拖曳到"时间轴"面板中的素材上，参数如图4-63所示。

图 4-62

图 4-63

此时画面变为了黑白效果，如图 4-64 所示。

图 4-64

（3）除了可以制作黑白效果外，还可以模拟双色效果，只需要重新设置"将黑色映射到"和"将白色映射到"的颜色即可，如图 4-65 所示。

图 4-65

此时双色效果如图 4-66 所示。

图 4-66

（4）还可以设置"着色量"数值，使其与原图像进行混合，如图 4-67 所示。

图 4-67

最终效果如图 4-68 所示。

图 4-68

4.4.2　实战：经典黑白色调的水墨感视频

文件路径　实战素材 / 第 4 章

操作要点

使用"亮度和对比度""黑色和白色"效果对视频进行亮度和对比度调整，使用"黑色和白色"效果调整画面色调为黑白

案例效果

图4-69

操作步骤

（1）导入文件、新建序列。执行"文件"/"新建"/"项目"命令，新建一个项目。执行"文件"/"新建"/"序列"命令。接着执行"文件"/"导入"命令，导入全部素材。在"项目"面板中将01.mp4素材拖曳到"时间轴"面板中的V1轨道上，此时在"项目"面板中自动生成一个与01.mp4素材文件等大的序列，如图4-70所示。

图4-70

此时画面效果如图4-71所示。

图4-71

（2）制作画面黑白效果。在"效果"面板中搜索"黑白"，将该效果拖曳到V1轨道的01.mp4素材上，如图4-72所示。

（3）在"效果"面板中搜索"RGB曲线"，将该效果拖曳到V1轨道的01.mp4素材上，如图4-73所示。

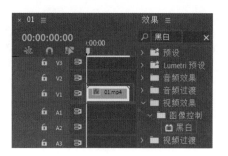

图4-72

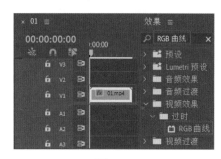

图4-73

（4）在"时间轴"面板中单击V1轨道上的01.mp4，在"效果控件"面板中展开"RGB曲线"。在"主要"曲线上单击添加控制点，调整曲线形状，如图4-74所示。

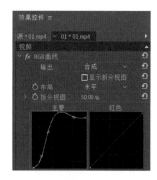

图4-74

此时画面颜色与之前画面颜色对比如图4-75所示。

图4-75

（5）将时间线滑动至3秒位置处，在"项目"面板中将02.png素材拖曳到"时间轴"面板中的V2轨道上3秒位置处，如图4-76所示。

图 4-76

图 4-77

（6）在"时间轴"面板中单击 V2 轨道上的 02.png，在"效果控件"面板中展开"运动"，设置"位置"为（2041.8，306.8）。接着展开"不透明度"，将时间线滑动至 3 秒位置处，单击"不透明度"前方的 ⏱（切换动画）按钮，设置"不透明度"为 0.0%，如图 4-77 所示。再将时间线滑动到 5 秒位置处，设置"不透明度"为 100%。

本案例制作完成，滑动时间线效果如图 4-78 所示。

图 4-78

4.5　课后练习：色彩艳丽的视频效果

文件路径

实战素材/第 4 章

操作要点

使用"Brightness & Contrast""颜色平衡（HLS）""阴影/高光"效果对视频进行对比度和饱和度的调节，从而改善视频偏灰的问题。

案例效果

图 4-79

操作步骤

（1）导入文件、新建序列。执行"文件"/"新建"/"项目"命令，新建一个项目。执行"文件"/"新建"/"序列"命令。接着执行"文件"/"导入"命令，导入全部素材。在"项目"面板中将 01.mp4 素材拖曳到"时间轴"面板中的 V1 轨道上，此时在"项目"面板中自动生成一个与 01.mp4 素材文件等大

的序列，如图 4-80 所示。

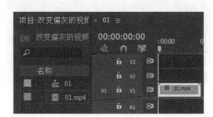

图 4-80

此时画面效果如图 4-81 所示。

图 4-81

（2）调整画面对比度。在"效果"面板中搜索"Brightness & Contrast"，将该效果拖曳到 V1 轨道的 01.mp4 素材上，如图 4-82 所示。

（3）在"时间轴"面板中单击 V1 轨道上的 01.mp4，在"效果控件"面板中展开"Brightness & Contrast"，设置"对比度"为 40.0，如图 4-83 所示。

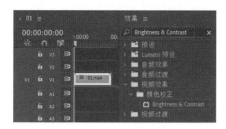

图4-82

图4-83

此时画面效果与之前效果对比如图4-84所示。

图4-84

（4）调整画面饱和度。在"效果"面板中搜索"颜色平衡（HLS）"，将该效果拖曳到V1轨道的01.mp4素材上，如图4-85所示。

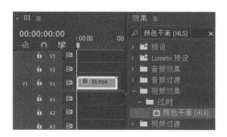

图4-85

（5）在"时间轴"面板中单击V1轨道上的01.mp4，在"效果控件"面板中展开"颜色平衡（HLS）"，设置"饱和度"为20.0，如图4-86所示。

图4-86

此时画面效果与之前画面效果对比如图4-87所示。

图4-87

（6）调整画面饱和度。在"效果"面板中搜索"阴影/高光"，将该效果拖曳到V1轨道的01.mp4素材上，如图4-88所示。

图4-88

（7）在"时间轴"面板中单击V1轨道上的01.mp4，在"效果控件"面板中展开"阴影/高光"，勾选"自动数量"，设置"阴影数量"为0，"高光数量"为10，如图4-89所示。

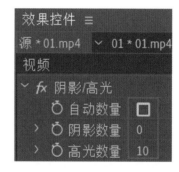

图4-89

本案例制作完成，滑动时间线效果如图4-90所示。

图4-90

在进行作品调色、色彩搭配时，不同的色彩组合在一起会产生不同的色彩情感，下面给大家推荐一些色彩的搭配方案，见表4-3。

表 4-3　不同色彩组合代表的情感

活力	灿烂	绚丽	温和
光辉	雅致	稳重	复古
冷漠	希望	冰冷	清新
狂野	丰富	随性	静谧
苦闷	阳光	明朗	欢乐
炙热	烦躁	饱满	兴奋
静寂	寂静	雅致	幽静
潮流	婉约	纯真	低调

本章小结

　　在本章中学习了一些简单的调色效果，能够解决一些常见的、简单的问题，例如画面太亮或太暗、制作黑白效果、单色效果、颜色饱和度过高或过低、调整色彩倾向等。

第5章
添加画面元素

制作视频效果时，我们总会觉得视频中缺少一些元素，使画面效果并不突出。有时当制作同样效果的视频时只需替换素材并添加多种画面元素就会得到新的视频效果。在画面中我们可添加"图形""文字""颜色遮罩""动画"等元素使制作简单的动画效果更具特色。本章就来学习如何添加元素。

熟练掌握创建颜色遮罩的方法
了解并掌握添加文字的方法
掌握绘制形状的方法
掌握关键帧制作简单的动画效果

思维导图

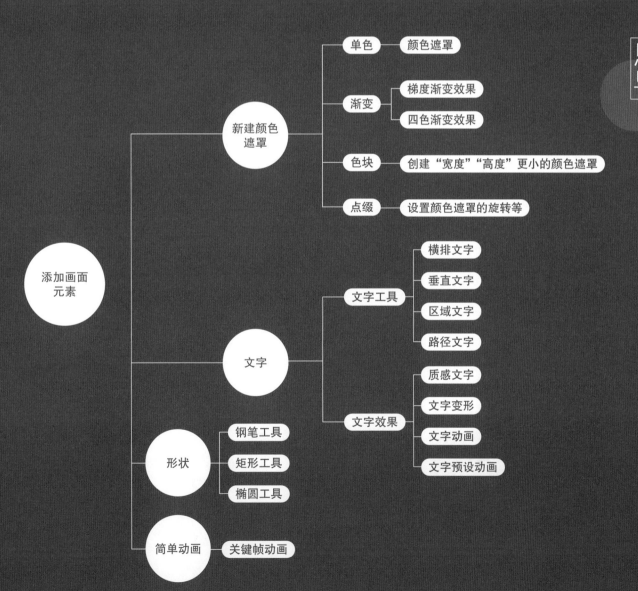

5.1 新建颜色遮罩

"颜色遮罩"是 Premiere 中常用的工具。颜色遮罩看似简单，但是有多种用途，见表 5-1。

表 5-1 颜色遮罩的不同用途

用途	画面的单色背景	为其添加"渐变"或"四色渐变"效果，制作彩色渐变背景	作为画面的色块，用色块制作彩色背景。需要在新建"颜色遮罩"时，设置更小的"宽度"和"高度"数值	作为画面中的小装饰。在新建"颜色遮罩"时，设置非常小的"宽度"和"高度"数值，并设置"旋转"数值，作为画面中的小点缀
图示				

5.1.1 认识"颜色遮罩"

功能速查

"颜色遮罩"常用于制作单色背景或用于遮挡画面上下的黑色区域。

（1）新建适合的序列，然后在项目面板单击右键，执行"新建项目"/"颜色遮罩"，如图 5-1 所示。

图 5-1

（2）在弹出的"新建颜色遮罩"对话框中单击"确定"，并在"拾色器"对话框中设置适合的颜色，如图 5-2 所示。

图 5-2

（3）将项目面板中的"颜色遮罩"拖曳至视频轨道中，如图 5-3 所示。

图 5-3

此时画面效果如图 5-4 所示。

图 5-4

重点笔记

制作小的"颜色遮罩"作为画面装饰。

1.在创建完成"颜色遮罩"后，进入"效果控件"面板，修改"缩放"，即可改变其比例，如图 5-5 所示。

此时颜色遮罩产生了等比缩放效果，如图 5-6 所示。

图5-5	图5-6

2.取消勾选"等比缩放",重新设置不同的"缩放高度"和"缩放宽度"数值,如图5-7所示。

此时出现了需要的比例效果,如图5-8所示。

图5-7	图5-8

5.1.2 实战:制作宽银幕电影效果

文件路径

实战素材/第5章

操作要点

创建颜色遮罩,调整位置和缩放属性,使其产生黑色遮挡的宽银幕电影效果

案例效果

图5-9

操作步骤

（1）菜单栏执行"文件"/"新建"/"项目",新建一个项目。然后双击项目面板空白处导入视频素材01.mpeg,如图5-10所示。

（2）在项目面板空白处单击右键,执行"新建项目"/"颜色遮罩",如图5-11所示。

图5-10	图5-11

（3）将项目面板中的颜色遮罩拖曳至视频轨道V2中,如图5-12所示。

图5-12

（4）向右侧拖动颜色遮罩末尾,使之与下方的素材对齐,如图5-13所示。

图5-13

（5）进入"效果控件"面板,设置"位置"为（752.0,82.0）,取消"等比缩放",设置"缩放高度"为15.0、"缩放宽度"为100.0,如图5-14所示。

此时画面上方已经出现了黑色遮挡,如图5-15所示。

（6）按住键盘Alt键拖曳视频轨道V2中的颜色遮罩到V3轨道中,将其复制一份,如图5-16所示。

图5-14

103

图 5-15

图 5-16

（7）修改新复制出的颜色遮罩参数，设置"位置"为（752.0，1000.0），如图 5-17 所示。

图 5-17

此时画面底部也出现了黑色遮挡，如图 5-18 所示。

图 5-18

最终完成的视频效果如图 5-19 所示。

图 5-19

5.2 添加文字

文字在画面中起到解说、装饰等多重功能，在视频制作过程中文字是尤为重要的部分。本节就来学习在导入视频素材后，如何快速添加文字。在 Premiere 中可以创建不同类型的文字，见表 5-2。

表 5-2 文字工具的不同绘制方式

文字类型	横排文字	垂直文字	区域文字	路径文字
图示				

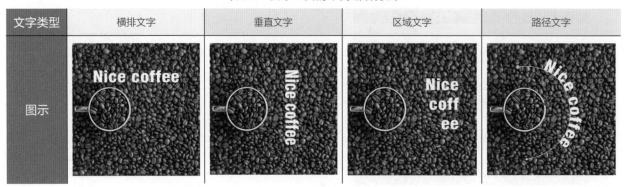

续表

文字类型	质感文字。执行"文件"/"新建"/"旧版标题",并选择适合的"旧版标题样式",从而制作有质感的文字	文字效果。为文字添加"效果"中适合的效果,可以制作文字效果	文字动画。为文字设置关键帧动画可使得文字"动起来",例如不透明度动画、位置动画、缩放动画、旋转动画等	文字预设动画。在"效果"面板展开"预设",并将合适的文件夹中的预设拖到文字上即可完成。如"预设"/"模糊"/"快速模糊入点"
图示				

5.2.1 认识"文本工具"

 功能速查

"文本工具"常用于创建文字。

(1)将时间轴移动至第0帧。在"工具"面板中选择"文字工具" ,然后在"节目监视器"面板中单击鼠标左键,此时输入文本,如图5-20所示。

(2)进入"基本图形"面板,选择文字内容,设置合适的字体和字体大小,激活"仿斜体"按钮 ,如图5-21所示。

图5-20　　　　　　　　　　图5-21

重点笔记

本书中大量案例应用到了文字,通常设置了"字体"和"字体大小"。需要注意在"字体大小"数值不变的情况下,设置不同的"字体",文字在画面中显示的大小是不同的。因此读者若使用了其他的"字体",就需要根据字体在画面中的大小重新修改"字体大小",不需要与本书参数完全一致。

图5-22

此时文字效果如图5-22所示。

(3)在"效果"面板中,将"预设"/"模糊"/"快速模糊入点"拖曳至文字上,如图5-23所示。

(4)向右侧拖动视频轨道V2的文字末尾处,使其与下方对齐,如图5-24所示。

此时文字产生了模糊到清晰的动画变化,如图5-25所示。

图5-23　　　　　　　　　图5-24　　　　　　　　　图5-25

（5）制作不透明度动画。选择V2轨道中的文字，将时间轴移动至第0帧，单击"切换动画"按钮 🔘，设置"不透明度"为0，如图5-26所示。

（6）将时间轴移动至第15帧，设置"不透明度"为100%，如图5-27所示。

图 5-26 　　　　　　　图 5-27

此时文字产生了从无到有、从模糊到清晰的动画变化，如图5-28所示。

图 5-28

5.2.2 文字工具、垂直文字工具、区域文字

1.文字工具

（1）在"工具"面板中选择"文字工具" T，然后在"节目监视器"面板中单击鼠标左键，此时输入文本，如图5-29所示。

图 5-29

（2）单击 ▶ （选取工具）按钮，选择刚创建的文字。进入"效果控件"面板中，展开"图形"/"文

本"，设置合适的"字体"和"字体大小"，如图5-30所示。

图 5-30

此时文字效果如图5-31所示。

图 5-31

2.垂直文字工具

在"工具"面板中长按"文字工具" T，选择"垂直文字工具" T，然后在"节目监视器"面板中单击鼠标左键，此时输入文本，如图5-32所示。

图 5-32

除了可以调整"字体大小"数值外，还可以手动拖动文字的一角进行收缩，最后移动文字的位置，如图5-33所示。

图 5-33

3.区域文字

（1）在"工具"面板中选择"文字工具" ，然后在"节目监视器"中合适位置按住鼠标左键并拖曳至合适大小，绘制文本框，如图5-34所示。

图5-34

（2）在文本框中输入文本，如图5-35所示。

图5-35

（3）进入"效果控件"面板中，单击"居中对齐文本"按钮■，如图5-36所示。

图5-36

此时区域文字制作完成，如图5-37所示。

图5-37

5.2.3　实战：为Vlog添加片头文字

文件路径

实战素材/第5章

操作要点

使用"文字"工具创建文字，并使用"Barn Doors""Iris Box""Checker Wipe"制作画面效果

案例效果

图5-38

操作步骤

（1）创建新项目，导入文件。执行"文件"/"新建"/"项目"命令，新建一个项目。接着执行"文件"/"导入"命令，导入全部素材。在"项目"面板中将01.mp4素材拖曳到"时间轴"面板中的V1轨道上。此时在"项目"面板中自动生成一个与01.mp4素材文件等大的序列，如图5-39所示。

图5-39

滑动时间线画面效果如图5-40所示。

图5-40

（2）在"效果"面板中搜索"Barn Doors"，将该效果拖曳到"时间轴"面板V1轨道的01.mp4素材文件的起始时间上，如图5-41所示。

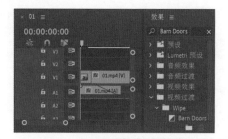

图 5-41

（3）在"时间轴"面板中选择01.mp4素材文件的过渡效果。在"效果控件"面板中单击■按钮，设置方向为"自北向南"，如图5-42所示。

图 5-42

滑动时间线画面效果如图5-43所示。

图 5-43

（4）创建文字。执行"文件"/"新建"/"旧版标题"命令，即可打开"字幕"面板，如图5-44所示。

图 5-44

（5）此时会弹出一个"新建字幕"窗口，设置"名称"为"字幕01"，然后单击"确定"按钮。在"字幕01"面板中选择■（圆角矩形工具），在工作区域中间位置绘制一个圆角矩形。展开"属性"；设置"圆角大小"为6.0%。展开"填充"；设置"颜色"为灰色；"不透明度"为20%。展开"描边"；勾选"外描边"；设置"类型"为"边缘"；"大小"为10.0；"填充类型"为"实底"；"颜色"为"白色"。勾选"光泽"。设置完成后，关闭"字幕01"面板，如图5-45所示。

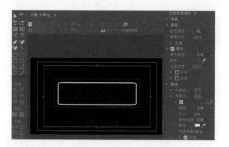

图 5-45

（6）将时间线滑动至1秒18帧位置处，在"项目"面板中将字幕01素材拖曳到"时间轴"面板中的V2轨道上，如图5-46所示。

图 5-46

（7）在"效果"面板中搜索"Iris Box"，将该效果拖曳到"时间轴"面板V2轨道字幕01素材文件的起始时间上，如图5-47所示。

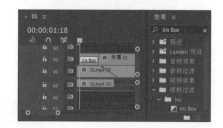

图 5-47

（8）新建文字。将时间线滑动至1秒05帧。在"工具"面板中单击■（文字工具），接着在"节目监视器"面板中合适的位置单击并输入合适的文字，如图5-48所示。

图 5-48

（9）在"时间轴"面板中选择V3轨道上的文字，接着在"效果控件"面板中展开"文本（Love never dies）"，设置合适的"字体系列"和"字体样式"；设置"字体大小"为105；设置"对齐方式"为 ▤（左对齐）和 ▤（顶对齐）；点击 ㅆ（全部大写）；设置"填充"为白色，如图5-49所示。

图 5-49

（10）在"效果"面板中搜索"Checker Wipe"效果，将该效果拖曳到"时间轴"面板V3轨道中文字素材文件的起始时间上，如图5-50所示。

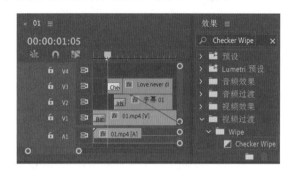

图 5-50

本案例制作完成，画面效果如图5-51所示。

图 5-51

5.3 绘制形状

"形状"是Premiere中常用的图层方式。需要特别注意在绘制"形状"之前要设置好时间轴的位置，并且要注意"形状"是在"工具"面板中的。形状图层的不同绘制工具见表5-3。

表 5-3 形状图层的不同绘制工具

钢笔工具	矩形工具	椭圆工具
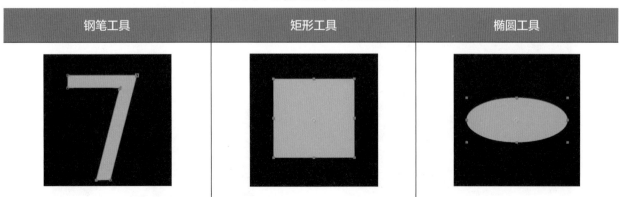		

5.3.1 钢笔工具

功能速查

　　"形状图层"命令常用于绘制不同的形状，起到画面装饰作用。可以绘制矩形、椭圆形、星形，也可使用钢笔工具绘制任意形状等。

　　（1）将一段视频素材导入视频轨道中，如图 5-52 所示。

图 5-52

　　（2）单击"工具"面板中 "钢笔工具"按钮，如图 5-53 所示。

图 5-53

　　（3）时间轴移动至第 0 帧位置，在"节目监视器"中单击绘制闭合的三角形，如图 5-54 所示。

图 5-54

重点笔记

　　在使用"钢笔工具""矩形工具""椭圆工具""文字工具"创建图形或文字时，需要提前将时间轴移动至合适的位置，即时间轴在的位置就是该图形或文字的起始位置。如图 5-55 所示为将时间轴移动至起始位置时的时间轴面板。

图 5-55

　　如图 5-56 所示为时间轴移动至第 30 秒时绘制的时间轴面板。

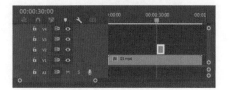

图 5-56

　　（4）在"基本图形"面板中选择"形状 01"，并设置"外观"的"填充"为浅蓝色，如图 5-57 所示。

图 5-57

此时的三角形变为了浅蓝色，如图 5-58 所示。

图 5-58

（5）选择视频轨道中刚创建的图形，以同样的方式继续绘制另外一个三角形，如图5-59所示。

图5-59

（6）如果需要让图形在轨道中存在更长时间，那么可以用鼠标点中其末尾位置向右侧拖动，如图5-60所示。

图5-60

重点笔记

形状创建完成后，可以在"基本图形"面板中修改形状的"填充颜色""描边""描边宽度""投影"等。例如勾选"描边"，设置颜色和描边宽度，并勾选"阴影"，如图5-61所示。

此时出现了白色描边和深灰色阴影，如图5-62所示。

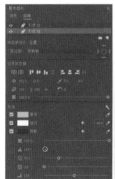 

图5-61　　　　　　图5-62

5.3.2　矩形工具

（1）取消选中任何轨道中的素材，然后鼠标左键长按"钢笔工具"按钮，选择"矩形工具"，如图5-63所示。

图5-63

（2）时间轴移动至第0帧位置，在节目监视器中拖曳并按住键盘Shift键绘制正方形，并在"基本图形"面板中设置填充颜色为蓝色，如图5-64所示。

图5-64

（3）选择视频轨道中刚创建的图形，并以同样的方式继续绘制多个正方形，并设置不同的颜色，如图5-65所示。

图5-65

（4）如果需要让图形在轨道中存在更长时间，那么可以用鼠标点中其末尾位置向右侧拖动，如图5-66所示。

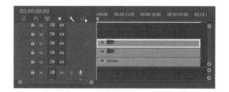

图5-66

5.3.3　椭圆工具

（1）取消选中任何轨道中的素材，然后鼠标左键长按"钢笔工具"按钮，选择"椭圆工具"，如图5-67所示。

快速入门篇

111

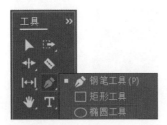

图 5-67

（2）时间轴移动至第0帧位置，绘制多个不同颜色的圆形，如图5-68所示。

图 5-68

（3）如果需要让图形在轨道中存在更长时间，那么可以用鼠标点中其末尾位置向右侧拖动，如图5-69所示。

图 5-69

 拓展笔记

"图形"和"蒙版"中的工具很像，但不要混淆。

1.图形。

（1）绘制"图形"时，需要使用"工具"面板中的"钢笔工具""矩形工具""椭圆工具"，如图5-70所示。

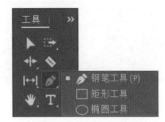

图 5-70

（2）在时间轴面板中可以看到"图形"是独立存在于不同视频轨道中的，和其他轨道素材无关联，如图5-71所示。

图 5-71

2.蒙版。

（1）绘制"蒙版"时，则需要选择相应的图层，进入"效果控件"面板，展开"不透明度"，并使用下方的"创建椭圆形蒙版" ⬤、"创建四点多边形蒙版" ▣、"自由绘制贝塞尔曲线" ✒ 工具，如图5-72所示。

图 5-72

（2）使用其中一个工具，在合成面板拖动鼠标左键绘制，可以看到刚才选择的轨道仅保留了绘制的范围，而其他部分变为透明，如图5-73所示。

图 5-73

（3）对蒙版的参数进行修改，如图5-74所示。

图 5-74

此时蒙版的边缘处产生了柔和的过渡效果，如图5-75所示。

图5-75

在时间轴面板中可以看到"蒙版"不是独立存在的，如图5-76所示。

图5-76

5.4 制作简单动画

在Premiere中可以使用关键帧快速制作动画，如位置、缩放、旋转、不透明度动画等，当然还可以对某些参数设置动画。

5.4.1 认识"关键帧动画"

 功能速查

"帧"是动画中最小的单位，可以简单理解为动画是由一张张图片快速播放组成的，其中的一张图片就是一帧。而关键帧指动画中起到关键作用的时刻，通过对这个时刻设置不同的属性，使其产生动画的变化。

（1）选择一个正方形，如图5-77所示。

图5-77

（2）将时间轴移动至第0帧，单击激活■（切换动画的旋转）按钮，并设置数值为0°，如图5-78所示。

（3）将时间轴移动至第58秒，设置旋转数值为2×0°，如图5-79所示。

图5-78

图5-79

（4）单击▶（播放）按钮，或按空格键进行播放，动画效果如图5-80所示。

图5-80

（5）继续制作位置动画。将时间轴移动至第0帧，单击激活■（切换动画的位置）按钮，并设置

113

数值为（3404.0，616.0），如图5-81所示。

（6）将时间轴移动至第58秒，设置位置数值为（3404.0，335.0），如图5-82所示。

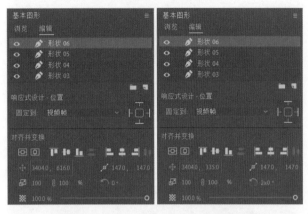

| 图5-81 | 图5-82 |

此时的正方形产生了缓慢上升并旋转的动画效果，如图5-83所示。

图5-83

（7）继续用同样的方法依次制作正方形和圆形的动画，并且可以设置它们合适的动画起始位置和结束位置，使其产生不同的旋转和位置的变化顺序，如图5-84所示。

图5-84

重点笔记

除了在"基本图形"设置动画外，还可以在"效果控件"中进行设置，方法和步骤几乎是一样的，如图5-85所示。

图5-85

5.4.2　实战：趣味产品展示动画

文件路径

实战素材/第5章

操作要点

使用"蒙版"工具与"关键帧"制作趣味产品展示动画

案例效果

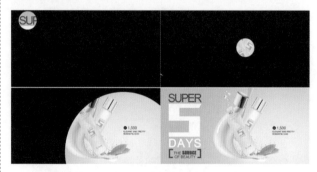

图5-86

操作步骤

（1）创建新项目，导入文件。执行"文件"/"新建"/"项目"命令，新建一个项目。执行"文件"/"新建"/"序列"命令。接着执行"文件"/"导入"命令，导入全部素材。在"项目"面板中将01.jpg素材拖曳到"时间轴"面板中的V1轨道上，此时在"项目"面板中自动生成一个与01.jpg素材文件等大的序列，如图5-87所示。

图 5-87

此时画面效果如图 5-88 所示。

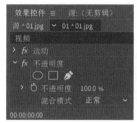

图 5-88

（2）在"时间轴"面板中选择 V1 轨道上的 01.jpg，在"效果控件"面板中展开"不透明度"，单击◯创建椭圆形蒙版，如图 5-89 所示。

（3）在"节目监视器"面板中调整椭圆形蒙版至合适的位置与大小，如图 5-90 所示。

图 5-89   图 5-90

 重点笔记

1.在"节目控制器"中绘制完蒙版后，选框内部为选区，外部为蒙版，可在"效果控件"中勾选已反转，此时画面如图 5-91 所示。

图 5-91

2.通常运用蒙版制作连续的转场效果。

（4）在"效果控件"面板中展开"不透明度"，将时间线滑动至起始时间位置处，单击"不透明度"前方的◔（切换动画）按钮，设置"蒙版羽化"为 0.0，如图 5-92 所示。

图 5-92

重点笔记

1.在 Premiere 中可以发现很多属性或参数的前方都有◔（时间变化秒表）按钮，该按钮是用于制作动画的工具。按钮默认为灰色时，表示该属性无动画。时间轴移动到某个位置时，若单击该按钮，则会变为彩色按钮◔，此时代表开始记录动画。

2.时间轴移动到某个位置时，会在时间轴面板左上角显示当前的时间。

（5）将时间线滑动至 1 秒位置处，在"节目监视器"面板中调整椭圆形蒙版至合适的位置与大小，如图 5-93 所示。

图 5-93

（6）将时间线滑动至 2 秒位置处，在"节目监视器"面板中调整椭圆形蒙版至合适的位置与大小，如图 5-94 所示。

图 5-94

滑动时间线画面效果如图 5-95 所示。

图 5-95

（7）将时间线滑动至3秒位置处，在"节目监视器"面板中调整椭圆形蒙版至合适的位置与大小，如图5-96所示。

图 5-96

（8）将时间线滑动至4秒位置处，在"节目监视器"面板中调整椭圆形蒙版至合适的位置与大小，如图5-97所示。

图 5-97

（9）将时间线滑动至4秒01帧位置处，在"节目监视器"面板中调整椭圆形蒙版至合适的位置与大小，如图5-98所示。

图 5-98

滑动时间线画面效果如图5-99所示。

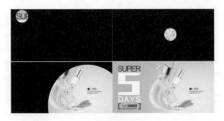

图 5-99

（10）在"项目"面板中将音乐.mp3素材拖曳到"时间轴"面板中的A1轨道上，如图5-100所示。

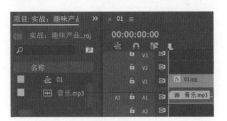

图 5-100

（11）在"时间轴"面板中选择A1轨道上的音乐.mp3素材，单击"工具"面板中 （剃刀工具）按钮，然后将时间线滑动到第12帧的位置，单击鼠标左键剪辑音乐.mp3素材文件，如图5-101所示。

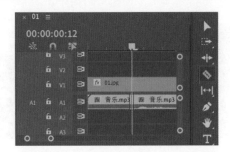

图 5-101

（12）单击"工具"面板中的 （选择工具）按钮。在"时间轴"面板中选中剪辑后的音乐.mp3素材文件前半部分，接着按下键盘上的Delete键进行删除，并拖曳到起始时间位置处，如图5-102所示。

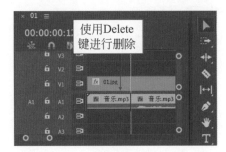

图 5-102

（13）在"时间轴"面板中选择A1轨道上的音

乐 .mp3 素材，单击"工具"面板中 ![剃刀工具]（剃刀工具）按钮，然后将时间线滑动到第 5 秒的位置，单击鼠标左键剪辑音乐 .mp3 素材文件，如图 5-103 所示。

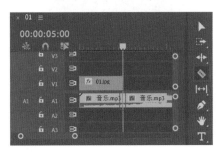

图 5-103

图 5-104

（14）单击"工具"面板中的 ![选择工具]（选择工具）按钮。在"时间轴"面板中选中剪辑后的音乐 .mp3 素材文件后部分，接着按下键盘上的 Delete 键进行删除，如图 5-104 所示。

本案例制作完成，滑动时间线效果如图 5-105 所示。

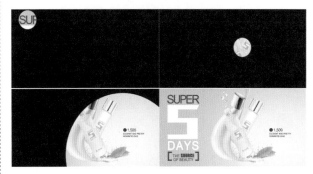

图 5-105

5.5　课后练习：三维金属质感文字效果

文件路径

实战素材/第5章

操作要点

使用"投影"和"斜面 Alpha"效果制作三维文字

案例效果

图 5-106

操作步骤

（1）新建序列。执行"文件"/"新建"/"项目"命令，新建一个项目。执行"文件"/"新建"/"序列"命令。在新建序列窗口中单击"设置"按钮，设置"编辑模式"为 HDV 1080p，设置"时基"为 29.97 帧/秒，设置"像素长宽比"为 HD 变形 1080

（1.333）。接着执行"文件"/"导入"命令，导入全部素材。在"项目"面板中将 01.jpg 素材拖曳到"时间轴"面板中的 V1 轨道上，如图 5-107 所示。

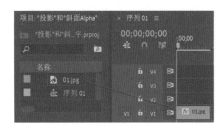

图 5-107

查看此时画面效果，如图 5-108 所示。

图 5-108

（2）新建文字。在"工具"面板中单击 ![文字工具]（文字工具），接着在"节目监视器"面板中合适的位置单击并输入合适的文字，如图5-109所示。

图 5-109

（3）在"时间轴"面板中选择V2轨道上的METAL文字，接着在"效果控件"面板中展开"文本（METAL）"，设置合适的"字体系列"和"字体样式"；设置"字体大小"为350；设置"对齐方式"为▤（左对齐）和▤（顶对齐）；点击▣（仿粗体）；设置"填充"为灰色；接着展开"变换"；设置"位置"为（268.9，622.9），如图5-110所示。

图 5-110

（4）制作浮雕效果。在"效果"面板中搜索"斜面 Alpha"，将该效果拖曳到V2轨道METAL文字上，如图5-111所示。

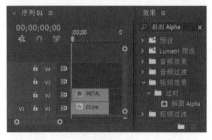

图 5-111

（5）在"时间轴"面板中选择V2轨道上的METAL文字，在"效果控件"面板中展开"斜面Alpha"，设置"边缘厚度"为12.00，如图5-112所示。

图 5-112

查看此时画面效果，如图5-113所示。

图 5-113

（6）在"时间轴"面板中选择V2轨道上METAL文字，接着使用Alt键拖曳到V3轨道上，如图5-114所示。

图 5-114

（7）制作投影效果。在"效果"面板中搜索"投影"，将该效果拖曳到V2轨道METAL文字上，如图5-115所示。

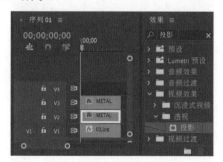

图 5-115

（8）在"时间轴"面板中选择V2轨道上的METAL文字，在"效果控件"面板中展开"投影"，设置"不透明度"为100%；"方向"为120.0°；"距离"为20.0；"柔和度"为20.0，如图5-116所示。

（9）在"时间轴"面板中选择V3轨道上的METAL文字，在"效果控件"面板中展开"不透明度"，点击▢（创建四点多边形蒙版），设置"蒙版羽化"为40.0，"不透明度"为100.0%，"混合模式"为线性减淡（添加），如图5-117所示。

 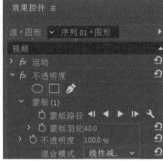

图5-116　　　　　　　图5-117

（10）在"节目监视器"面板中调整四点多边形蒙版到合适的位置，如图5-118所示。

图5-118

（11）在"时间轴"面板中选择V3轨道上的METAL文字，接着使用Alt键拖曳到V4轨道上，如图5-119所示。

图5-119

（12）选中"时间轴"面板V4轨道上的METAL

文字，在"效果控件"面板中展开"不透明度"，设置"不透明度"为30.0%，"混合模式"为颜色减淡，如图5-120所示。

图5-120

（13）选中蒙版（1），然后在"节目监视器"面板中调整蒙版位置，如图5-121所示。

图5-121

本案例制作完成，滑动时间线效果如图5-122所示。

图5-122

▦ 本章小结

本章学习了为画面添加元素的方法，包括新建纯色、添加文字、绘制形状、制作简单动画。通过对本章的学习，会了解如何将画面素材装饰得更加丰富。

Pr

高级拓展篇

第6章
高级调色技法

在 Premiere 中有多种用于调色的效果，除去前面章节学习过的几种简单调色命令外，本章还将系统学习剩余的调色命令。合适的色调可使画面效果更加突出。但调色是一把双刃剑，过度的调色会喧宾夺主，过淡的调色会平平无奇。我们也在日常生活中积累了对色彩的不同认知，所以调色不仅仅是考验对命令的熟练应用，还考验对色彩的感知。

学习
目标

了解色彩的基础知识
熟练掌握常用调色效果的使用方法

思维
导图

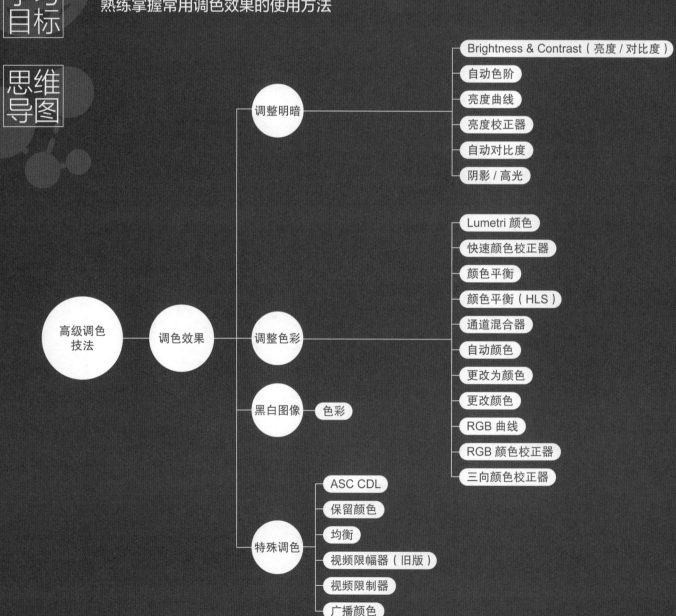

调整明暗
- Brightness & Contrast（亮度 / 对比度）
- 自动色阶
- 亮度曲线
- 亮度校正器
- 自动对比度
- 阴影 / 高光

高级调色
技法 — 调色效果

调整色彩
- Lumetri 颜色
- 快速颜色校正器
- 颜色平衡
- 颜色平衡（HLS）
- 通道混合器
- 自动颜色
- 更改为颜色
- 更改颜色
- RGB 曲线
- RGB 颜色校正器
- 三向颜色校正器

黑白图像 — 色彩

特殊调色
- ASC CDL
- 保留颜色
- 均衡
- 视频限幅器（旧版）
- 视频限制器
- 广播颜色

6.1　调色的基础知识

"调色"操作始终离不开对颜色属性的更改。所以在进行调色之前我们首先需要学习与色彩相关的一些知识。首先，构成色彩的基本要素是色相、明度和纯度。这三种属性以人类对颜色的感觉为基础，互相制约，共同构成人类视觉中完整的颜色表现。色彩对于图像而言是非常重要，Premiere Pro中提供了完善的色彩和色调调整功能，它不仅可以自动对图像进行调色，还可以根据自己的喜好或要求处理图像的色彩。

6.1.1　色彩的三大属性

色彩的三属性是指色彩具有的色相、明度、纯度三种属性。

1.色相

色相是色彩的外貌，是色彩的首要特征，例如红色、黄色、绿色。黑、白、灰三色属于"无彩色"，其他的任何色彩都属于"有彩色"，如图6-1所示。

图6-1

如表6-1所示，各种色彩都有着属于自己的特点，给人的感觉也都是不相同的，有的会让人兴奋，有的会让人忧伤，有的会让人感到充满活力，还有的则会让人感到神秘莫测。在调色之前要首先计划好画面要传达的情感。

表 6-1　不同色彩代表的特点

- 红：热情、欢乐、朝气、张扬、积极、警示
- 橙：兴奋、活跃、温暖、辉煌、活泼、健康
- 黄：阳光、活力、警告、快乐、开朗、吵闹
- 绿：健康、清新、和平、希望、新生、安稳
- 青：冰凉、清爽、理性、清洁、纯净、清冷
- 蓝：理性、专业、科技、现代、成熟、刻板
- 紫：浪漫、温柔、华丽、高贵、优雅、敏感

| 黄色的包装给人活力、鲜明的视觉感受 | 蓝灰色调的摄影作品给人神秘、冷峻的感觉 |

2.明度

物体的表面反射光的程度不同，色彩的明暗程度就会不同，这种色彩的明暗程度称为明度。

不同的颜色明度有差异。每一种纯色都有与其相应的明度。黄色明度最高，蓝紫色明度最低，红、绿色为中间明度。

相同的颜色也会有明度差异。同一种颜色根据其加入黑色或白色数量的多少，明度也会有所不同，如图6-2所示。

图6-2

3.纯度

颜色纯度用来表现色彩的鲜艳程度，也被称为饱和度。纯度最高的色彩就是原色，随着纯度的降低，色彩就会变淡。纯度降到最低就失去色相，变为无彩色，也就是黑色、白色和灰色，如图6-3所示为不同颜色添加同一种灰色后颜色纯度发生的变化。

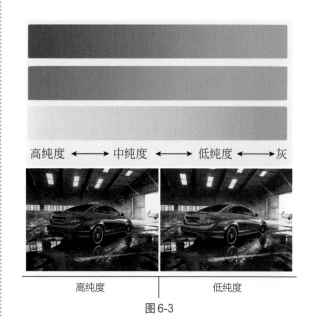

图6-3

高级拓展篇

6.1.2　基本调色原理

在进行视频调色之前，首先需要思考一下，为什么要调色？需要调色无非出于以下两种原因：一、视频色彩方面存在问题，需要解决；二、想要借助调色操作使视频更美观，或呈现出某种特殊的色彩。

1. 使用调色功能校正色彩错误

针对第一种情况，首先需要对视频存在的问题进行分析。可以从视频的明暗和色调两个方面来分析，画面是看起来太亮了？还是看起来太暗？画面色彩是否过于暗淡？本应是某种颜色的物体是否看起来颜色不同了？这些问题大多通过观察即可得出结论，而发现问题之后就可以有针对性地解决。表6-2列举几种常见的问题及解决办法。

表 6-2　照片调色常见问题及解决办法

常见问题	曝光不足，即画面过暗	曝光过度，即画面过亮	画面偏灰，整个画面对比度较低
解决办法	提高画面整体亮度	降低画面整体亮度	增强对比度，增强亮部区域与暗部区域的反差
常用命令	Brightness & Contrast、RGB 曲线、亮度曲线	Brightness & Contrast、RGB 曲线、亮度曲线	Brightness & Contrast、RGB 曲线、亮度曲线、色阶
对比效果			
常见问题	画面亮部区域过亮，导致亮部区域细节不明显	画面暗部区域过暗，导致画面暗部一片"死黑"，缺少细节	画面偏色。例如画面色调过于暖或过于冷，或偏红、偏绿
解决办法	单独降低亮部区域的明度，不可进行画面整体明度的调整	单独提升暗部区域的明度，不可进行画面整体明度的调整	分析画面颜色成分，减少过多的色彩，或增加其补色
常用命令	阴影 / 高光、Brightness & Contrast、Lumetri 颜色	阴影 / 高光、Lumetri 颜色	颜色平衡、颜色平衡 HLS、Lumetri 颜色、三向颜色校正器
对比效果			
常见问题	画面颜色感偏低，使图像看起来灰蒙蒙的		
解决办法	增强自然饱和度 / 饱和度		
常用命令	RGB 颜色校正器、Lumetri 颜色、色阶		
对比效果			

2.使用调色功能美化图像

解决了视频色彩方面的"错误"后，经常需要对视频进行美化。不同的色彩传达着不同的情感，想要画面主题突出，令人印象深刻，不仅需要画面内容饱满、生动，还可以通过色调烘托气氛。如图6-4和图6-5所示为传达不同情感主题的画面。

图6-4　　　　　　　　图6-5

6.2 "颜色校正"效果组

 功能速查

"颜色校正"效果组是用于视频调色的效果，包括色彩修正、色彩改变等多种类型的调色效果。

将素材图片打开，如图6-6所示。在"效果"面板中展开"视频效果"/"颜色校正"效果组，其中包括"ASC CDL""Brightness & Contrast""Lumetri颜色""广播颜色""色彩""视频限制器""颜色平衡"7种效果。展开"视频效果"/"过时"/"保留颜色""均衡""更改为颜色""更改颜色""颜色平衡（HLS）""通道混合器""RGB曲线""RGB颜色校正器""三向颜色校正器""亮度曲线""亮度校正器""快速颜色校正器""自动对比度""自动色阶""自动颜色""视频振幅器（旧版）""阴影/高光"17种效果，如图6-7所示。各种效果的功能见表6-3。

图6-6　　　　　　　　图6-7

表6-3　各种效果的功能

ASC CDL	Brightness & Contrast（亮度与对比度）	Lumetri 颜色
通过调整 RGB 通道与饱和度数值对颜色进行调整	通过设置合适的数值调整画面的亮度与对比度	通过设置合适的参数，可调整画面色相、色调、明暗等问题，是最常用也是最全的调色效果
广播颜色	色彩	视频限制器
可以自查看画面颜色在广播电视中不变的颜色	通过设置合适的参数与颜色，可在图像原有基础上覆盖颜色	可将素材在广播电视传播的区域划分出来

颜色平衡	保留颜色	均衡
通过设置画面阴影、高光、中间调的 RGB 轨道的数值，调整画面颜色	通过吸管工具吸取某一颜色进行保留，除保留颜色外其他颜色变为灰色	将素材文件的高光、阴影、中间调的颜色重新分布，调整均匀色块
更改为颜色	更改颜色	通道混合器
设置画面某一种颜色更换为另一种颜色的色相	通过设置合适的数值，修改画面中某一颜色的色相、亮度、饱和度	通过设置合适的数值，将素材文件的轨道颜色进行混合
颜色平衡（HLS）	RGB 曲线	RGB 颜色校正器
通过设置合适的数值，调整画面的色相、亮度、饱和度	通过修改曲线的位置，调整画面 RGB 通道的颜色	通过设置合适的数值，调整素材文件的色调、灰度、RGB 通道
三向颜色校正器	亮度曲线	亮度校正器
通过设置色轮的数值调整阴影、中间调、高光	通过调整曲线形状与位置，修改画面的亮度	通过设置合适的数值，调整画面的亮度、对比度等数值
快速颜色校正器	自动对比度	自动色阶
通过色线调整画面的色相、饱和度等数值	通过设置合适的数值，画面的对比度将会自动变化	通过设置合适的数值，画面的色相将会自动变化

续表

自动颜色	视频限幅器（旧版）	阴影/高光
通过设置合适的数值，画面的颜色将会自动变化	通过设置合适的数值，可以对素材的色值进行限幅调整	通过设置合适的数值调整画面的阴影和高光数量

6.3 视频调色效果应用实战

6.3.1 实战：只保留视频中的红色

文件路径

实战素材/第6章

操作要点

"保留颜色"效果

案例效果

图6-8

操作步骤

（1）新建项目、序列，制作背景。执行"文件"/"新建"/"项目"命令，新建一个项目。执行"文件"/"新建"/"序列"命令。在新建序列窗口中单击"设置"按钮，设置"编辑模式"为ARRI Cinema，设置"时基"为25.00帧/秒；设置"帧大小"为1920，水平为1080；设置"像素长宽比"为方行像素（1.0）；设置"场"为无场（逐行扫描）。接着执行"文件"/"导入"命令，导入01.mp4素材。在"项目"面板中将01.mp4素材拖曳到"时间轴"面板中的V1轨道上，如图6-9所示。

图6-9

此时画面效果如图6-10所示。

图6-10

（2）在"效果"面板中搜索"保留颜色"效果，将该效果拖曳到V1轨道的01.mp4素材上，如图6-11所示。

图6-11

高级拓展篇

127

高级拓展篇

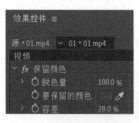

图6-12

（3）在"效果控件"面板中展开"保留颜色"，设置"脱色量"为100.0%；"要保留的颜色"为红色；"容差"为28.0%，如图6-12所示。

此时只保留了红色的部分，如图6-13所示。

图6-13

6.3.2　实战："快速颜色校正器"快速打造不同色调

文件路径

实战素材/第6章

操作要点

使用"快速颜色校正器"效果

案例效果

图6-14

操作步骤

（1）新建序列、导入文件。执行"文件"/"新建"/"项目"命令，新建一个项目。接着执行"文件"/"导入"命令，导入全部素材。在"项目"面板中将01.mp4素材拖曳到"时间轴"面板中的V1轨道上，此时在"项目"面板中自动生成一个与01.mp4素材文件等大的序列，如图6-15所示。

图6-15

滑动时间线画面效果如图6-16所示。

图6-16

（2）在"效果"面板中搜索"快速颜色校正器"，将该效果拖曳到"时间轴"面板V1轨道的01.mp4素材文件上，如图6-17所示。

图6-17

Part 01　暖色调

在"效果控件"面板中展开"快速颜色校正器"。设置"平衡数量级"为100.0；"平衡角度"为−142.4°，如图6-18所示。

图6-18

重点笔记

1."快速颜色校正器"效果中的色相平衡与角度可在色轮中进行调整,下方的"色相角度""平衡数值""平衡增益""平衡角度"会自动变化。调整数值后色相环也会进行相应的变换。

2.可通过色相环调整需要的大致色调后,在下方做精细化调整。

此时画面效果与之前对比如图6-19所示。

图6-19

Part 02　冷色调

在"效果控件"面板中展开"快速颜色校正器"。设置"平衡数量级"为100.0;"平衡角度"为34.8°,如图6-20所示。

图6-20

此时画面效果与之前对比如图6-21所示。

图6-21

两种调色对比效果,如图6-22所示。

图6-22

6.3.3　实战:"三向颜色校正器"打造蓝色清新色调

文件路径

实战素材/第6章

操作要点

使用"三向颜色校正器"制作蓝色清新色调

案例效果

图6-23

操作步骤

（1）新建序列、导入文件。执行"文件"/"新建"/"项目"命令，新建一个项目。接着执行"文件"/"导入"命令，导入全部素材。在"项目"面板中将01.mp4素材拖曳到"时间轴"面板中的V1轨道上，此时在"项目"面板中自动生成一个与01.mp4素材文件等大的序列，如图6-24所示。

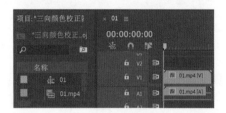

图6-24

滑动时间线画面效果如图6-25所示。

图6-25

（2）在"效果"面板中搜索"三向颜色校正器"，将该效果拖曳到"时间轴"面板V1轨道的01.mp4素材文件上，如图6-26所示。

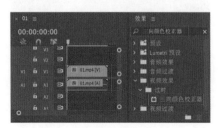

图6-26

（3）在"效果控件"面板中展开"三向颜色校正器"。将"阴影"的操纵杆适当地向右上角拖曳，接着将"中间调"的操纵杆适当地向右下角拖曳，如图6-27所示。

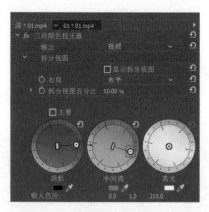

图6-27

（4）展开"阴影"，设置"阴影平衡数量级"为100.00，"阴影平衡角度"为–4.2°；展开"中间调"，设置"中间调平衡角度"为17.1°，如图6-28所示。

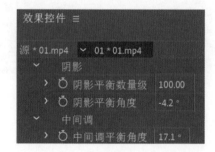

图6-28

此时画面效果与之前画面对比如图6-29所示。

图6-29

（5）展开"主色阶"，设置"主输出黑色阶"为35.00，如图6-30所示。

图 6-30

重点笔记

1. "三向颜色校正器"效果，主要用于调整画面中的中间色、阴影和高光，通过拖动操纵杆对画面颜色进行调整。

2. 多用于二次调整画面颜色或调整部分颜色。

本案例制作完成，滑动时间线效果如图6-31所示。

图 6-31

6.3.4 实战：打造浓郁色彩的画面

文件路径

实战素材/第6章

操作要点

"Lumetri 颜色"

案例效果

图 6-32

操作步骤

（1）执行"文件"/"新建"/"项目"命令，新建一个项目。执行"文件"/"新建"/"序列"命令。在新建序列窗口中单击"设置"按钮，设置"编辑模式"为 RED Cinema，设置"时基"为 25.00 帧/秒，设置"帧大小"为 3840，水平为 2160，设置"像素长宽比"为方行像素（1.0），设置"场"为无场（逐行扫描）。接着执行"文件"/"导入"命令，导入全部素材。在"项目"面板中将 01.mp4 素材拖曳到"时间轴"面板中的 V1 轨道上，如图6-33所示。

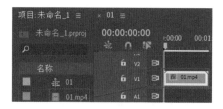

图 6-33

此时画面效果如图6-34所示。

图 6-34

（2）在"效果"面板中搜索"Lumetri 颜色"，将该效果拖曳到 V1 轨道的 01.mp4 素材上，如图6-35所示。

图 6-35

（3）在"时间轴"面板中单击 V1 轨道上的 01.mp4，在"效果控件"面板中展开"Lumetri颜色"/"创意"，设置"Look"为 Fuji ETERNA 250D Fuji 3510（by Adobe），如图6-36所示。

图 6-36

高级拓展篇

高级拓展篇

本案例制作完成，滑动时间线效果如图6-37所示。

图6-37

6.3.5　实战：复古电影胶片色调

文件路径

实战素材/第6章

操作要点

使用"Lumetri 颜色"效果调整淡化胶片，制作复古电影胶片色调

案例效果

图6-38

操作步骤

（1）新建项目、序列，制作背景。执行"文件"/"新建"/"项目"命令，新建一个项目。执行"文件"/"新建"/"序列"命令。在新建序列窗口中单击"设置"按钮，设置"编辑模式"为ARRI Cinema，设置"时基"为25.00帧/秒，设置"帧大小"为1920，水平为1080，设置"像素长宽比"为方行像素（1.0），设置"场"为无场（逐行扫描）。接着执行"文件"/"导入"命令，导入01.mp4素材。在"项目"面板中将01.mp4素材拖曳到"时间轴"面板中的V1轨道上，如图6-39所示。

图6-39

此时画面效果如图6-40所示。

图6-40

（2）调整画面颜色。在"效果"面板中搜索"Lumetri 颜色"，将该效果拖曳到V1轨道的01.mp4素材上，如图6-41所示。

图6-41

（3）在"时间轴"面板中单击V1轨道上的01.mp4，在"效果控件"面板中展开"Lumetri 颜色"/"创意"，设置"Look"为CineSpace2383sRGB6bit，接着展开"调整"，设置"淡化胶片"为100.0，如图6-42所示。

图6-42

本案例制作完成，滑动时间线效果如图6-43所示。

图6-43

6.3.6　实战：仅保留视频中的蓝色

文件路径

实战素材/第6章

操作要点

"Lumetri 颜色"

案例效果

图6-44

操作步骤

（1）导入文件、新建序列。执行"文件"/"新建"/"项目"命令，新建一个项目。接着执行"文件"/"导入"命令，导入全部素材。在"项目"面板中将01.mp4素材拖曳到"时间轴"面板中的V1轨道上，此时在"项目"面板中自动生成一个与01.mp4素材文件等大的序列，如图6-45所示。

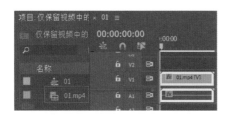

图6-45

此时画面效果如图6-46所示。

图6-46

（2）在"效果"面板中搜索"Lumetri 颜色"，将该效果拖曳到V1轨道的01.mp4素材上，如图6-47所示。

图6-47

（3）在"时间轴"面板中单击V1轨道上的01.mp4，在"效果控件"面板中展开"Lumetri 颜色"/"基本校正"/"色调"。设置"曝光"为0.1，"对比度"为30.0，"阴影"为7.5，设置"饱和度"为200.0，如图6-48所示。

（4）展开"曲线"/"色相饱和度曲线"/"色相与饱和度"，在曲线上单击添加控制点，调整曲线形状，如图6-49所示。

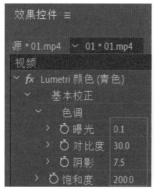 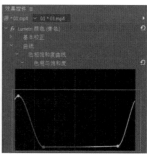

图6-48　　　　　　　　图6-49

本案例制作完成，滑动时间线效果如图6-50所示。

图6-50

高级拓展篇

重点笔记

1.当"时间轴"面板中有多个素材文件且颜色色调不同时，可在"Lumetri 颜色"/"色轮和匹配"应用"应用匹配"效果修改画面色相等，在使用该效果时，当"参考位置"的时间不同，素材文件修改的色相、明暗等都会不同。

2.如在"节目控制器"面板中将"参考位置"设置为6秒，如图6-51所示。

图 6-51

3.在"效果控件"面板中展开"Lumetri 颜色"/"色轮和匹配"。单击"应用匹配"按钮，如图6-52所示。

图 6-52

4.此时01.jpg素材文件颜色的色相已与6秒位置处的素材文件色相相同。此时画面效果与之前画面对比如图6-53所示。

图 6-53

6.3.7　实战：烈日骄阳色调

文件路径

实战素材/第6章

操作要点

使用"Lumetri 颜色"效果调整画面色温等

案例效果

图 6-54

操作步骤

（1）新建项目、序列，制作背景。执行"文件"/"新建"/"项目"命令，新建一个项目。执行"文件"/"新建"/"序列"命令。在新建序列窗口中单击"设置"按钮，设置"编辑模式"为 RED Cinema，设置"时基"为25.00帧/秒，设置"帧大小"为3840，水平为2160，设置"像素长宽比"为方行像素（1.0），设置"场"为无场（逐行扫描）。接着执行"文件"/"导入"命令，导入01.mp4素材。在"项目"面板中将01.mp4素材拖曳到"时间轴"面板中的V1轨道上，如图6-55所示。

图 6-55

此时画面效果如图6-56所示。

图6-56

（2）在"效果"面板中搜索"Lumetri 颜色"，将该效果拖曳到V1轨道的01.mp4素材上，如图6-57所示。

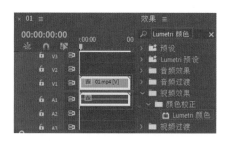

图6-57

（3）在"时间轴"面板中单击V1轨道上01.mp4，在"效果控件"面板中展开"Lumetri 颜色"/"基本校正"/"白平衡"，设置"色温"为50.0；接着展开"色调"，设置"曝光"为1.0，"对比度"为50.0，"高光"为–40.0，"阴影"为–10.0，"白色"为–30.0，"黑色"为–20.0，如图6-58所示。

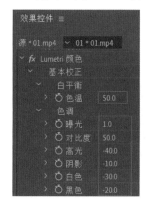

图6-58

此时画面效果与之前画面对比如图6-59所示。

图6-59

（4）展开"创意"/"调整"，设置"淡化胶片"为20.0，"锐化"为100.0，"自然饱和度"为50.0，如图6-60所示。

（5）展开"曲线"/"RGB 曲线"，首先将"通道"设置为RGB通道，在曲线上单击添加1个控制点并向左上角进行拖曳，接着再次添加1个控制点并向右下角进行拖曳。调整合适的曲线形状，如图6-61所示。

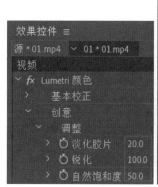

图6-60

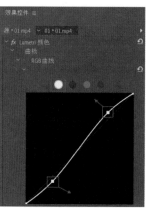

图6-61

此时画面效果如图6-62所示。

图6-62

（6）展开"晕影"，设置"数量"为–0.2，"中点"为46.5，"圆度"为0.5，"羽化"为57.8，如图6-63所示。

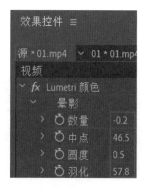

图6-63

本案例制作完成，滑动时间线效果如图6-64所示。

图6-64

6.3.8 实战：轻复古色调

文件路径

实战素材/第6章

操作要点

"Lumetri 颜色"效果

案例效果

图6-65

操作步骤

（1）导入文件、新建序列。执行"文件"/"新建"/"项目"命令，新建一个项目。接着执行"文件"/"导入"命令，导入全部素材。在"项目"面板中将01.mp4素材拖曳到"时间轴"面板中的V1轨道上，此时在"项目"面板中自动生成一个与01.mp4素材文件等大的序列，如图6-66所示。

图6-66

此时画面效果如图6-67所示。

图6-67

（2）在"效果"面板中搜索"Lumetri 颜色"，将该效果拖曳到V1轨道的01.mp4素材上，如图6-68所示。

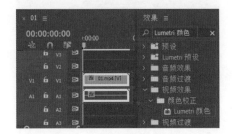

图6-68

（3）在"效果控件"面板中展开"Lumetri 颜色"/"基本校正"/"色调"，设置"曝光"为0.3，"高光"为–50.0，展开"创意"，设置"Look"为Romantic -Looks-03，如图6-69所示。

图6-69

本案例制作完成，滑动时间线效果如图6-70所示。

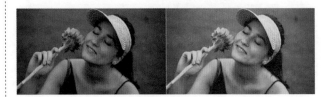

图6-70

6.3.9　实战："Lumetri颜色"效果更改画面某种颜色

文件路径

实战素材/第6章

操作要点

使用"Lumetri 颜色"效果更改画面颜色

案例效果

图 6-71

操作步骤

（1）新建序列、导入文件。执行"文件"/"新建"/"项目"命令，新建一个项目。接着执行"文件"/"导入"命令，导入全部素材。在"项目"面板中将01.mp4素材拖曳到"时间轴"面板中的V1轨道上，此时在"项目"面板中自动生成一个与01.mp4素材文件等大的序列，如图6-72所示。

图 6-72

滑动时间线画面效果如图6-73所示。

（2）在"效果"面板中搜索"Lumetri 颜色"，将该效果拖曳到"时间轴"面板V1轨道的01.mp4素材文件上，如图6-74所示。

图 6-73

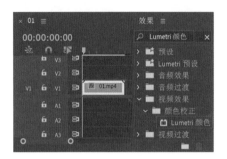

图 6-74

（3）在"效果控件"面板中展开"Lumetri 颜色"/"HSL辅助"/"键"。单击"设置颜色"后方的吸管，吸取树叶颜色。接着调整H、S、L合适的范围，如图6-75所示。

图 6-75

📝 重点笔记

1.运用吸管工具吸取需要修改的范围后，"H""S""L"会自动生成范围。

2."H"为选择颜色的色相范围；"S"为选择颜色的饱和度范围；"L"为选择颜色的亮度范围。

此时画面对比如图6-76所示。

（4）展开"更正"，将控制点适当向右进行拖曳，如图6-77所示。

图6-76

（5）单击（三个维度），将"中间调"的控制点向右拖曳。设置"对比度"为10.0；"锐化"为20.0；"饱和度"为150.0，如图6-78所示。

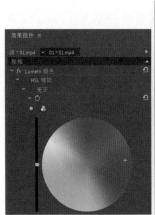 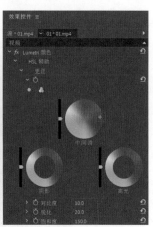

图6-77　　　　　　　图6-78

重点笔记

1．"Lumetri 颜色"效果中的"HSL 辅助"，"H"为色相；"S"为饱和度；"L"为明度。"HSL 辅助"分为"键""优化"和"更正"三个部分。

2．"键"是"优化"和"更正"的前提。

3．"键"运用吸管工具吸取需要修改的颜色范围，"优化"和"更正"用于对颜色范围内的颜色进行细化修改。

本案例制作完成，滑动时间线效果如图6-79所示。

图6-79

6.3.10　实战：一键颜色匹配多个视频

文件路径

实战素材/第6章

操作要点

使用"关键帧""基本3D"制作翻转动画效果，并使用文字工具制作主体文字及辅助文字

案例效果

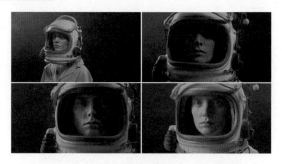

图6-80

操作步骤

（1）新建序列、导入文件。执行"文件"/"新建"/"项目"命令，新建一个项目。接着执行"文件"/"导入"命令，导入全部素材。在"项目"面板中将01.mpeg、02.mpeg素材拖曳到"时间轴"面板中的V1轨道上，此时在"项目"面板中自动生成一个与01.mpeg、02.mpeg素材文件等大的序列，如图6-81所示。

图 6-81

滑动时间线此时画面效果，如图 6-82 所示。

图 6-82

（2）在"效果"面板中搜索"Lumetri 颜色"，将该效果拖曳到"时间轴"面板 V1 轨道的 01.mpeg 素材文件上，如图 6-83 所示。

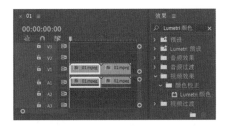

图 6-83

（3）在"效果控件"面板中展开"Lumetri 颜色" / "色轮和匹配"，单击"比较视图"按钮，如图 6-84 所示。

图 6-84

此时"节目控制器"面板如图 6-85 所示。

（4）在"节目控制器"中设置"参考位置"为 7 秒，如图 6-86 所示。

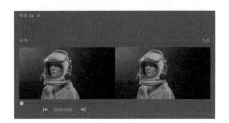

图 6-85

图 6-86

（5）在"效果控件"面板中展开"Lumetri 颜色" / "色轮和匹配"，单击"应用匹配"按钮，如图 6-87 所示。

图 6-87

此时 01.mpeg 素材文件颜色的色调已改变为 7 秒位置处的色调效果。此时画面效果与之前画面对比如图 6-88 所示。

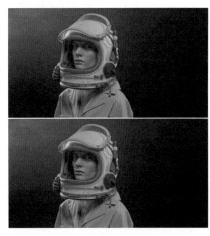

图 6-88

重点笔记

1.在"Lumetri 颜色"/"色轮和匹配"的"应用匹配"中，当"参考位置"的时间不同时，素材文件修改的色相、明暗等都会不同。如在"节目控制器"面板中将"参考位置"设置为14秒，如图6-89所示。

图6-89

2.在"效果控件"面板中展开"Lumetri 颜色"/"色轮和匹配"，单击"应用匹配"按钮，如图6-90所示。

图6-90

此时01.mpeg素材文件颜色的色相已与14秒位置处的色相相同。此时画面效果与之前画面对比如图6-91所示。

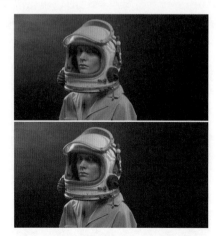

图6-91

（6）在"效果"面板中搜索"Lumetri 颜色"，将该效果拖曳到"时间轴"面板V1轨道的02.mpeg

素材文件上，如图6-92所示。

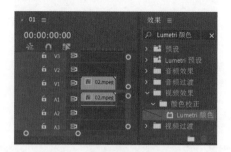

图6-92

（7）在"效果控件"面板中展开"Lumetri 颜色"/"色轮和匹配"，单击"比较视图"按钮，如图6-93所示。

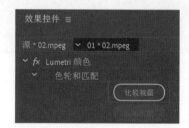

图6-93

（8）滑动时间线到10秒06帧的位置处，接着在"节目控制器"中设置"参考位置"为7秒，如图6-94所示。

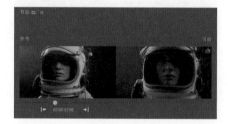

图6-94

（9）在"效果控件"面板中展开"Lumetri 颜色"/"色轮和匹配"，单击"应用匹配"按钮，如图6-95所示。

图6-95

（10）此时01.mpeg素材文件颜色的色调已改变为7秒位置处的色调效果。此时画面效果与之前画面对比如图6-96所示。

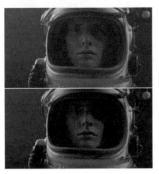

图6-96

本案例制作完成，滑动时间线效果如图6-97所示。

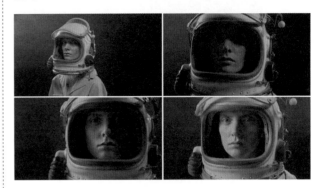

图6-97

6.4 课后练习：悬疑类型电影冷色调

文件路径

实战素材/第6章

操作要点

使用"Lumetri 颜色"效果调整画面颜色，使用"黑场过渡"效果制作画面过渡

案例效果

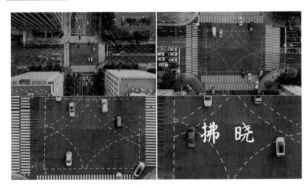

图6-98

操作步骤

（1）新建项目、序列。执行"文件"/"新建"/"项目"命令，新建一个项目。执行"文件"/"新建"/"序列"命令。在新建序列窗口中单击"设置"按钮，设置"编辑模式"为RED Cinema，设置"时基"为24.00帧/秒，设置"帧大小"为3840，水平为2160，设置"像素长宽比"为方行像素（1.0），设置"场"为无场（逐行扫描）。接着执行"文件"/"导入"命令，导入全部素材。在"项目"面板中将01.mp4素材拖曳到"时间轴"面板中的V1轨道上，如图6-99所示。

图6-99

此时视频效果如图6-100所示。

图6-100

（2）在"时间轴"面板中右键单击V1轨道上的01.mp4素材文件执行"取消链接"命令，如图6-101所示。

（3）单击"工具"面板中的 （选择工具）按钮。在"时间轴"面板中选中A1轨道上的素材文件，接着按下键盘上的Delete键进行删除。接着在"项目"面板中将02.mp3素材拖曳到"时间轴"面板中A1轨道上12秒10帧位置处，如图6-102所示。

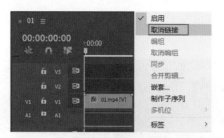

图 6-101

图 6-102

（4）在"时间轴"面板中选择01.mp4素材文件，在"效果控件"面板中展开"运动"。将时间线滑动至12秒16帧位置处，单击"缩放"前方的 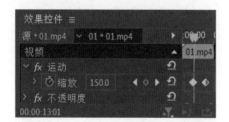（切换动画）按钮，设置"缩放"为100.0；接着将时间线滑动到13秒01帧位置处，设置"缩放"为150.0，见图6-103；将时间线滑动到26秒21帧位置处，设置"缩放"为150.0；将时间线滑动到27秒07帧位置处，设置"缩放"为200.0。

图 6-103

（5）在"效果"面板中搜索"Lumetri 颜色"，将该效果拖曳到V1轨道的01.mp4素材上。在"效果控件"面板中展开"Lumetri 颜色"/"创意"，设置"Look"为SL BLUE COLD，如图6-104所示。

图 6-104

滑动时间线画面效果如图6-105所示。

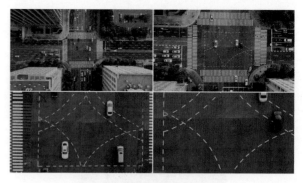

图 6-105

（6）在"效果"面板中搜索"黑场过渡"，将该效果拖曳到V1轨道的01.mp4素材的结束时间上，如图6-106所示。

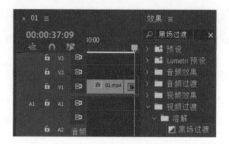

图 6-106

（7）在"时间轴"面板中选择A1轨道上的02.mp3素材，单击"工具"面板中 （剃刀工具）按钮，然后将时间线滑动到14秒06帧的位置，单击鼠标左键剪辑02.mp3素材文件，如图6-107所示。

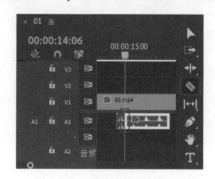

图 6-107

（8）单击"工具"面板中的 （选择工具）按钮。在"时间轴"面板中选中剪辑后的02.mp3素材文件后半部分，接着按下键盘上的Delete键进行删除，如图6-108所示。

（9）单击A1轨道上的02.mp3素材文件使用快捷键Alt进行复制，并拖曳到26秒20帧位置处，见图6-109；接着再次使用快捷键Alt进行复制，拖曳到32秒09帧位置处。

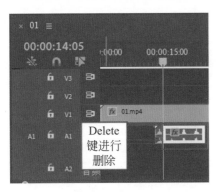

图6-108

图6-109

（10）在"项目"面板中将03.mp3素材拖曳到"时间轴"面板中的A2轨道上，在"时间轴"面板中选择A2轨道上03.mp3素材，单击"工具"面板中（剃刀工具）按钮，然后将时间线滑动到37秒11帧的位置，单击鼠标左键剪辑03.mp3素材文件。接着单击"工具"面板中的（选择工具）按钮，在"时间轴"面板中选中剪辑后的03.mp3素材文件后半部分，接着按下键盘上的Delete键进行删除，如图6-110所示。

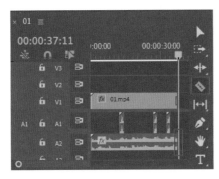

图6-110

（11）在"时间轴"面板中双击A1轨道的配乐.mp3素材文件的空白位置，此时A1轨道的03.mp3的时间滑块变宽；将时间线滑动到起始时间位置处，按住键盘中的Ctrl键，接着将鼠标移动到"时间轴"面板中A1轨道的03.mp4素材文件的中间线位置，将

时间线滑动到33秒13帧位置处，单击中间线，将时间线滑动到37秒09帧位置处，再次单击中间线，如图6-111所示。

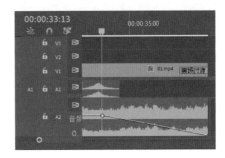

图6-111

（12）在"菜单栏"中执行"文件"/"新建"/"旧版标题"命令，在弹出的"新建字幕"窗口中单击"确定"按钮。在"字幕01"面板中选择（文字工具）；在工作区域中画面的合适位置输入文字内容。设置合适的"字体系列"和"字体样式"；设置"字体大小"为500.0；展开"填充"，设置"填充类型"为实底；"颜色"为白色。设置完成后，关闭"字幕：字幕01"面板，如图6-112所示。

图6-112

（13）在"项目"面板中将字幕01拖曳到"时间轴"面板中的V2轨道上32秒09帧位置处。在"时间轴"面板中选择V2轨道上的字幕01"效果控件"面板，展开"运动"，接着将时间线滑动至32秒09帧位置处。单击"缩放"前方的（切换动画）按钮，设置"缩放"为1300.0，见图6-113；接着将时间线滑动到第32秒29帧位置处，设置"缩放"为100.0。

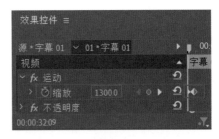

图6-113

高级拓展篇

滑动时间线画面效果如图6-114所示。

图6-114

（14）在"效果"面板中搜索"黑场过渡"，将该效果拖曳到V2轨道的字幕01结束时间上，如图6-115所示。

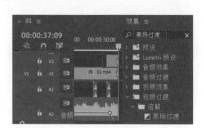

图6-115

本案例制作完成，滑动时间线效果如图6-116所示。

图6-116

本章小结

本章学习了色彩和调色的原理，还学习了通过为素材添加合适的效果，调整和校正素材的色调等。

第7章
视频效果

视频效果是 Premiere 的主要功能之一，又称为特效。电影、电视、广告、自媒体、短视频中，很大一部分的视频作品都运用到了特效技术。特效不仅仅能让整个视频文件看起来更加绚丽多彩，还可以简单、直观、具有冲击力地提升视频的主旨。在本章中，将学一些简单、有效的特效命令，用简单便捷的方式制作画面效果。

了解常用效果的使用方法
掌握视频效果的实战应用
掌握抠像效果的实战应用

学习目标

思维导图

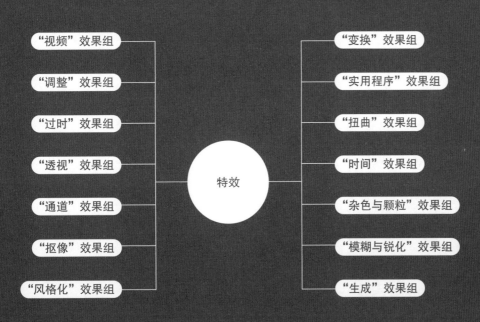

"视频"效果组

"调整"效果组

"过时"效果组

"透视"效果组

"通道"效果组

"抠像"效果组

"风格化"效果组

特效

"变换"效果组

"实用程序"效果组

"扭曲"效果组

"时间"效果组

"杂色与颗粒"效果组

"模糊与锐化"效果组

"生成"效果组

7.1 认识 Premiere 中的效果

在 Premiere 的软件中自带了几十种视频效果，可以为素材调色、变形、抠像和生成其他效果等。Premiere 中的效果全部储存于"效果"面板中，在"效果"面板的"视频效果"中包含了 19 种视频效果组，视频效果组如图 7-1 所示。

图 7-1

（1）将素材导入视频轨道中，如图 7-2 所示。

图 7-2

（2）在"效果"面板中展开"视频效果/风格化"，将"风格化"效果组中的"查找边缘"拖曳到"时间轴"面板 V1 轨道的 01.jpg 素材上，如图 7-3 所示。

图 7-3

（3）还可以在"效果"面板中搜索"查找边缘"，接着将该效果拖曳到"时间轴"面板 V1 轨道的 01.jpg 素材上，如图 7-4 所示。

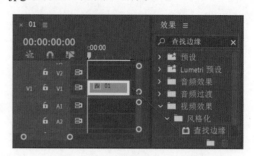

图 7-4

（4）在"时间轴"面板选中 V1 轨道上的 01.jpg 素材，在"效果控件"面板中展开"查找边缘"效果，设置"与原始图像混合"为 20%，如图 7-5 所示。

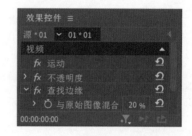

图 7-5

此时画面效果如图 7-6 所示。

图 7-6

7.1.1 "变换"效果组

 功能速查

"变换"效果组可以使图像产生变化。

图7-7

图7-8

将素材图片打开，如图7-7所示。在"效果"面板中展开"视频效果"/"变换"效果组，其中包括"垂直翻转""水平翻转""羽化边缘""自动重构""裁剪"5种效果，如图7-8所示。"变换"效果组功能见表7-1。

表 7-1　"变换"效果组功能

垂直翻转	水平翻转	羽化边缘
可以将图像进行上下翻转	可以将图像进行左右翻转	通过设置合适的参数，可以在图像边缘创建柔和的晕影效果
自动重构	裁剪	
可以自动识别图像中的长宽比，自动调整序列的分辨率	通过设置合适的参数，可以将图像进行水平和垂直的裁剪	

图7-9

图7-10

7.1.2　"实用程序"效果组

功能速查

"实用程序"效果组可以快速调整画面的明暗对比度。

将素材图片打开，如图7-9所示。在"效果"面板中展开"视频效果"/"实用程序"效果组，其中包括"Cineon 转换器"1种效果，如图7-10所示。该效果功能见表7-2。

表 7-2　Cineon 转换器功能

Cineon 转换器
通过设置合适的参数，可以将图像中的色彩进行转换，增强图像的明暗对比度

7.1.3 "扭曲"效果组

功能速查

"扭曲"效果组可以对图像进行规则和不规则扭曲变形。

将素材图片打开，如图7-11所示。在"效果"面板中展开"视频效果"/"扭曲"效果组，其中包括"Lens Distortion""偏移""变形稳定器""变换""放大""旋转扭曲""果冻效应修复""波形变形""湍流置换""球面化""边角定位""镜像"12种效果，如图7-12所示。"扭曲"效果组功能见表7-3。

图 7-11

图 7-12

表 7-3　"扭曲"效果组功能

Lens Distortion（镜头扭曲）	偏移	变换
通过设置合适的参数，可以将图像沿着水平或垂直方向进行扭曲变形，可以模拟透过扭曲镜头查看图像	通过设置合适的参数，可以将图像进行水平和垂直平移，脱离图像区域将在对面空缺区域出现	通过设置合适的参数，可以为图像再次添加运动固定效果
放大	旋转扭曲	波形变形
通过设置合适的参数，可以在保持分辨率不变的状态下，将图像指定区域进行复制并放大	可以将图像围绕指定角度和指定半径进行扭曲变形，使图像产生类似旋涡效果	通过设置合适的参数和指定的波形类型将图像进行移动扭曲变形

续表

湍流置换	球面化	边角定位
通过设置合适的参数和置换类型可以将图像进行不规则的湍流扭曲变形	通过设置合适的参数，可以在图像指定区域产生球面凸起的扭曲效果	通过设置图像四个角点位置，可以将图像进行延伸、收缩、倾斜或扭曲变形
镜像		
通过设置合适的参数，可以将图像沿着指定位置和方向进行拆分，并反射到另一面		

7.1.4 "时间"效果组

功能速查

"时间"效果组可以改变素材的速度产生重影效果。

将素材图片打开，如图7-13所示。在"效果"面板中展开"视频效果"/"时间"效果组，其中包括"像素运动模糊""时间扭曲""残影""色调分离时间"4种效果，如图7-14所示。"时间"效果组功能见表7-4。

图7-13

图7-14

表7-4 "时间"效果组功能

时间扭曲	残影	色调分离时间
通过设置合适的参数使素材产生重影效果	通过设置合适的参数使素材运动产生重影效果	通过设置合适的帧速率，抽出指定的帧数，使素材在保持时长不变的状态下产生慢放效果

高级拓展篇

7.1.5 "杂色与颗粒"效果组

⏱ **功能速查**

"杂色与颗粒"效果组是为图像添加杂色和去除杂色。

将素材图片打开，如图7-15所示。在"效果"面板中展开"视频效果"/"Obsolete"效果组，其中包括"Noise Alpha""Noise HLS""Noise HLS Auto"3种效果。展开"视频效果"/"杂色与颗粒"效果组，其中包括"杂色"1种效果。展开"视频效果"/"过时"效果组，其中包括"中间值（旧版）""蒙尘与划痕"2种效果，如图7-16所示。"杂色与颗粒"效果组功能见表7-5。

图 7-15　　　　　　　　图 7-16

表 7-5　"杂色与颗粒"效果组功能

Noise Alpha（杂色 Alpha）	Noise HLS（杂色 HLS）	Noise HLS Auto（杂色 HLS 自动）
通过设置合适的参数，可以为图像随机添加透明的噪点	通过设置合适的参数，可以为图像随机添加可调整的色相、亮度、饱和度的噪点	通过设置合适的参数，可以为图像随机添加运动噪点
杂色	中间值（旧版）	蒙尘与划痕
通过设置合适的参数，可以为图像随机添加噪点	通过设置合适的参数，模糊画面的细节，保留轮廓	调整画面颜色的半径，将画面颜色模糊化

7.1.6 "模糊与锐化"效果组

⏱ **功能速查**

"模糊与锐化"效果组是为画面制作模糊与锐化效果。

将素材图片打开，如图7-17所示。在"效果"面板中展开"视频效果"/"模糊与锐化"效果组，其中包括"Camera Blur""减少交错闪烁""方向模糊""钝化蒙版""锐化""高斯模糊"6种效果。展开"视频效果"/"过时"效果组，其中包括"复合模糊""通道模糊"2种效果，如图7-18所示。"模糊与锐化"效果组功能见表7-6。

图 7-17　　　　　　　　图 7-18

表 7-6 "模糊与锐化"效果组功能

Camera Blur（相机模糊）	减少交错闪烁	方向模糊
通过设置合适的参数，可以使图像模拟离开摄像机焦点范围的模糊效果	通过设置合适的参数，可以使图像减少扫描时的交错闪烁	通过设置合适的参数，可以将图像以指定方向和模糊长度进行模糊，使图像产生运动模糊效果
钝化蒙版	锐化	高斯模糊
通过设置合适的参数，可以将图像进行锐化，并增强图像颜色之间的对比度	通过设置合适的参数，可以增强图像的对比度，使画面更清晰	通过设置合适的参数，可以以指定的模糊尺寸，对图像进行柔化和均匀的模糊
复合模糊	通道模糊	
通过设置合适的参数，将素材文件的明度与像素进行模糊	通过设置合适的参数，将 RGB 通道与 Alpha 通道进行模糊	

7.1.7 "生成"效果组

功能速查

"生成"效果组可以在图像中创建自然视觉效果。

将素材图片打开，如图7-19所示。在"效果"面板中展开"视频效果"/"生成"效果组，其中包括"四色渐变""渐变""镜头光晕""闪电"4种效果。展开"视频效果"/"过时"效果组，其中包括"书写""单元格图案""吸管填充""圆形""棋盘""椭圆""油漆桶""网格"8种效果，如图7-20所示。"生成"效果组功能见表7-7。

图 7-19

图 7-20

151

高级拓展篇

表 7-7 "生成"效果组功能

四色渐变	渐变	镜头光晕
通过设置合适的位置和颜色并与图像混合，可以为图像添加渐变效果	通过设置合适的参数，可以为图像添加线性或径向渐变	通过设置合适的参数，可以在图像中创建强光照进摄像机镜头时产生的折射光晕效果
闪电	书写	单元格图案
通过设置合适的参数，可以在图像指定位置创建电化视觉效果	通过设置合适的参数与关键帧，在创建文字后可实现动态书法效果	通过设置合适的参数，给画面添加各种属性的单元格图案
吸管填充	圆形	棋盘
通过设置合适的参数，可以吸取采样点的颜色填充整个素材	通过设置合适的参数，创建一个合适的圆形与圆环	通过设置合适的参数，创建棋盘效果
椭圆	油漆桶	网格
通过设置合适的参数，创建一个镂空的椭圆形并可利用它做遮罩效果	通过设置合适的参数，将色彩相同与相连的区域填充相同的颜色	通过设置合适的参数，创建网格效果

7.1.8 "视频"效果组

 功能速查

"视频"效果组可以更加直观地观察视频基本素材内容。

将素材图片打开，如图7-21所示。在"效果"面板中展开"视频效果"/"视频"效果组，其中包括"SDR遵从情况""简单文本"2种效果。展开"视频效果"/"过时"效果组，其中包括"剪辑名称""时

间码"2种效果，如图7-22所示。"视频"效果组功能见表7-8。

图7-21　　　　　图7-22

表 7-8　"视频"效果组功能

SDR 遵从情况	简单文本
通过设置合适的参数，可以对 HDR 媒体转换为 SDR 时的画面细节及颜色进行调整	可以在画面指定位置添加指定的文本内容

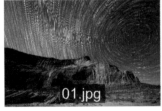

剪辑名称	时间码
可以在画面上显示素材名称和调整在画面的位置	可以在画面上显示时间线位置处的时间码

7.1.9 "调整"效果组

 功能速查

"调整"效果组可以通过调整图像的明暗和光照效果来调整画面颜色。

将素材图片打开，如图7-23所示。在"效果"面板中展开"视频效果"/"调整"效果组，其中包括"Extract""Levels""ProcAmp""光照效果"4种效果。展开"视频效果"/"过时"效果组，其中包

括"Convolution Kernel"1种效果，如图7-24所示。"调整"效果组功能见表7-9。

图7-23　　　　　图7-24

表 7-9　"调整"效果组功能

Extract（提取）	Levels（色阶）	ProcAmp
通过设置合适的参数，可以移除图像中的彩色，使图像产生黑白效果	通过设置合适的参数，可以增强图像的亮度和对比度	通过设置合适的亮度、对比度、色相和饱和度来调整画面颜色
光照效果	Convolution Kernel（卷积内核）	
通过设置合适的参数，可以为图像创建光照效果	通过设置合适的参数，可以调整图像的明暗及对比度	

7.1.10　"过时"效果组

 功能速查

　　"过时"效果组是为了与 Premiere 早期版本创建的项目兼容，因而保留了旧版类别的效果。

　　将素材图片打开，如图7-25所示。在"效果"面板中展开"视频效果"/"过时"效果组，其中包括"不透明度""快速模糊""百叶窗""矢量运动""运动"5种效果，如图7-26所示。"过时"效果

组功能见表7-10。

图 7-25　　　　　　　　　　图 7-26

表 7-10　"过时"效果组功能

不透明度	快速模糊
通过设置合适的参数，可以调整素材的不透明度，还可以与下方轨道的素材进行混合	通过设置合适的参数，可以模糊素材

百叶窗	运动
通过设置合适的参数，可以使素材产生条状百叶窗效果	通过设置合适的参数，可以将素材进行位置、缩放、旋转基本属性的变化

7.1.11 "透视"效果组

 功能速查

　　"透视"效果组是通过设置合适的参数，使物体产生立体空间效果。

　　将素材图片打开，如图7-27所示。在"效果"面板中展开"视频效果"/"透视"效果组，其中包括"基本3D""投影"2种效果。展开"过时"效果组，其中包括"斜面Alpha""边缘斜面""径向阴影"3种效果，如图7-28所示。"透视"效果组功能见表7-11。

图 7-27　　　　　　　　　　　　　　图 7-28

表 7-11 "透视"效果组功能

基本 3D	投影	斜面 Alpha
通过设置合适的参数，可以将图像沿着水平或垂直方向进行旋转和倾斜，制作简单的 3D 动画效果	通过设置合适的参数，可以模拟光线将物体投射到平面上的效果	通过设置合适的参数，可以通过模拟光线制作出立体效果

边缘斜面		
通过设置合适的参数，为图像边缘刻痕与明暗制作出 3D 效果		

7.1.12 "通道"效果组

功能速查

"通道"效果组是将两个素材进行融合从而产生的一种效果。

将素材图片打开，如图7-29所示。在"效果"面板中展开"视频效果"/"通道"效果组，其中包括"反转"1种效果。展开"过时"效果组，其中包括"计算""混合""算术""纯色合成""复合运算"5种效果，如图7-30所示。"通道"效果组功能

见表7-12。

图7-29

图7-30

表 7-12 "通道"效果组功能

反转	计算	混合
通过设置合适的通道类型，可以将图像中的色彩进行180°反转，产生新的图像色彩	通过设置合适的通道类型，可以将图像与另一个图像的通道进行混合	通过设置合适的数值，将一个轨道上的图像与其他图像进行混合
算术	纯色合成	复合运算
通过设置合适的运算符类型，对素材文件的红色、蓝色、绿色通道进行运算并重新着色	通过设置合适的混合类型与颜色，进行颜色混合	通过设置合适的数值，与其他轨道上的素材文件进行混合

7.1.13 "抠像"效果

功能速查

"抠像"效果是将图像中的特定颜色值或亮度值定义透明度。

将素材图片打开，如图7-31所示。在"效果"面板中展开"视频效果"/"过时"效果组，其中包括"16点无用信号遮罩""4点无用信号遮罩""8点无用信号遮罩""图像遮罩键""差值遮罩""RGB 差值键""移除遮罩""色度键""蒙版""蓝屏键""非

红色键"11种效果。展开"键控"效果组，其中包括"Alpha调整""亮度键""超级键""轨道遮罩键""颜色键"5种效果，如图7-32所示。"抠像"效果组功能见表7-13。

图7-31

图7-32

表 7-13　"抠像"效果组功能

16 点无用信号遮罩	4 点无用信号遮罩	8 点无用信号遮罩
可以通过调整 16 个顶点及切点位置为素材添加遮罩效果	可以通过调整 4 个顶点位置为素材添加遮罩效果	可以通过调整 8 个顶点及切点位置为素材添加遮罩效果
图像遮罩键	差值遮罩	RGB 差值键
根据静止图像剪辑（充当遮罩）的 Alpha 通道或亮度值来确定透明区域	通过设置插值图层轨道进行混合，在原本的轨道上显现具有差异的图像，无差异的颜色将被弱化	通过设置合适的颜色，可以去除画面中的指定颜色
色度键	蒙版	蓝屏键
通过设置合适的颜色和参数，可以去除画面中的指定颜色	可以为素材添加椭圆形蒙版、四点多边形蒙版，也可使用钢笔工具绘制蒙版	通过设置合适的阈值参数，去除画面中的蓝色调
非红色键	Alpha 调整	亮度键
通过设置合适的参数，可用于去除画面中的蓝色调与绿色调	通过对 Alpha 通道进行忽略、反转或仅用于蒙版，制作画面效果	通过对亮度的调节，设置阈值与屏蔽度进行图像混合
超级键	轨道遮罩键	颜色键
通过吸管工具吸取颜色后，设置合适的数值进行修改颜色与透明颜色	通过设置遮罩的轨道，选择亮度或 Alpha 遮罩进行素材融合。但素材需置于融合素材上方	通过吸管工具吸取颜色后，设置合适的数值对该素材中某一颜色与相近色进行去除

高级拓展篇

7.1.14 "风格化"效果组

功能速查

"风格化"效果组主要制作光线、纹理、色块等效果。

将素材图片打开，如图7-33所示。在"效果"面板中展开"视频效果"/"风格化"效果组，其中包括"Alpha 发光""Replicate""彩色浮雕""查找边缘""画笔描边""粗糙边缘""色调分离""闪光灯""马赛克"9种效果。展开"过时"效果组，其中包括"Solarize""浮雕""纹理"3种效果。展开"Obsolete"效果组，其中包括"Threshold"1种效果，如图7-34所示。"风格化"效果组功能见表7-14。

图7-33　　　　　　　　图7-34

表7-14　"风格化"效果组功能

Alpha 发光	Replicate（复制）	彩色浮雕
可对带有 Alpha 通道素材进行设置，使图像边缘产生发光效果	通过设置合适的参数，可以将素材文件进行复制并同时出现	通过设置合适的参数，可以使素材文件的轮廓产生立体效果
查找边缘	画笔描边	粗糙边缘
通过设置合适的参数，可以突出素材文件的轮廓线条，空余部分变为灰色	通过设置合适的参数，可将画面制作出粗糙绘画的效果	通过设置合适的参数，可以将素材文件的边框变得毛躁、粗糙
色调分离	闪光灯	马赛克
通过设置合适的参数，可以将画面的饱和度、亮度加深	通过设置合适的参数，可以制作闪光效果	通过设置合适的参数，可以将图像转换为纯色图像块，使画面呈现像素风

浮雕	纹理	Solarize（曝光度）
通过设置合适的参数，可以将素材文件变为灰色，并将画面的轮廓变清晰，制作出画面的立体效果	通过设置合适的参数，可以将指定轨道的图像纹理，叠加到当前图像上	通过设置合适的参数，可以将画面颜色制作出曝光效果

Threshold（阈值）		
通过设置合适的参数，可以将图像转换为高对比度的黑白图像		

7.2 视频效果应用实战

7.2.1 实战："百叶窗"效果制作视频片头

文件路径

实战素材/第7章

操作要点

使用"百叶窗"效果和蒙版制作出视频片头

案例效果

图7-35

操作步骤

（1）新建序列、导入文件。执行"文件"/"新建"/"项目"命令，新建一个项目。接着执行"文件"/"导入"命令，导入全部素材。在"项目"面板中将01.mp4素材拖曳到"时间轴"面板中的V1轨道上，此时在"项目"面板中自动生成一个与01.mp4素材文件等大的序列，如图7-36所示。

图7-36

此时画面效果如图7-37所示。

高级拓展篇

159

图 7-37

（2）在"项目"面板中空白位置处单击右键，在弹出的快捷菜单中执行"新建项目/颜色遮罩"命令，如图 7-38 所示。

图 7-38

（3）在弹出的"新建颜色遮罩"窗口中单击"确定"按钮，如图 7-39 所示。

图 7-39

（4）在弹出的"拾色器"窗口中选择白色，接着单击"确定"按钮，如图 7-40 所示。

图 7-40

（5）在"项目"面板中将"颜色遮罩"拖曳到"时间轴"面板中的 V2 轨道上，如图 7-41 所示。

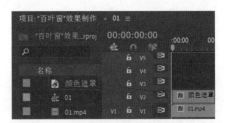

图 7-41

（6）设置"时间轴"面板颜色遮罩的结束时间为 5 秒 16 帧，如图 7-42 所示。

图 7-42

（7）在"时间轴"面板中选择 V2 轨道上的颜色遮罩，在"效果控件"面板中展开"不透明度"，接着单击"创建四点多边形蒙版"，如图 7-43 所示。

图 7-43

（8）滑动时间线至起始时间位置处，接着在"效果控件"面板中展开"蒙版（1）"，单击"蒙版路径"前方的 ⏱（切换动画）按钮。设置"蒙版羽化"为 100.0，勾选"已反转"，如图 7-44 所示。

图 7-44

（9）在"节目"面板中设置"四点多边形蒙版"合适的位置，如图7-45所示。

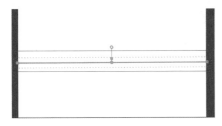

图7-45

（10）将时间线滑动至3秒位置处，再次在"节目"面板中设置"四点多边形蒙版"合适的位置，如图7-46所示。

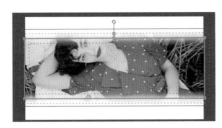

图7-46

滑动时间线画面效果如图7-47所示。

图7-47

（11）在"效果"面板中搜索"百叶窗"，将该效果拖曳到"时间轴"面板V2轨道的颜色遮罩上，如图7-48所示。

图7-48

（12）在"时间轴"面板中选择V2轨道上的颜色遮罩，在"效果控件"面板中展开"百叶窗"，接

着设置"过渡完成"为70%，"方向"为50.0°，如图7-49所示。

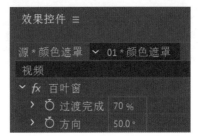

图7-49

滑动时间线画面效果如图7-50所示。

图7-50

（13）在"项目"面板中空白位置处单击右键，在弹出的快捷菜单中执行"新建项目/颜色遮罩"命令，如图7-51所示。

图7-51

（14）在弹出的"新建颜色遮罩"窗口中单击"确定"按钮。在弹出的"拾色器"窗口中选择红色，接着单击"确定"按钮，如图7-52所示。

图7-52

（15）在"项目"面板中将"颜色遮罩"拖曳到"时间轴"面板中的V3轨道上，如图7-53所示。

161

图 7-53

（16）设置"时间轴"面板颜色遮罩的结束时间为 5 秒 16 帧，如图 7-54 所示。

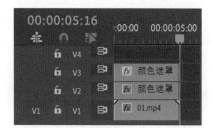

图 7-54

（17）在"时间轴"面板中选择 V3 轨道上的颜色遮罩，在"效果控件"面板中展开"不透明度"，接着单击"自由绘制贝塞尔曲线"。设置"蒙版羽化"为 0.0，如图 7-55 所示。

图 7-55

（18）在"节目"面板中画面的左上角绘制一个三角形，如图 7-56 所示。

图 7-56

（19）将刚刚新建的"颜色遮罩"拖曳到"时间轴"面板中的 V4 轨道上，如图 7-57 所示。

图 7-57

（20）设置"时间轴"面板颜色遮罩的结束时间为 5 秒 16 帧，如图 7-58 所示。

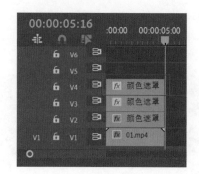

图 7-58

（21）在"时间轴"面板中选择 V4 轨道上的颜色遮罩，在"效果控件"面板中展开"不透明度"，接着单击"自由绘制贝塞尔曲线"，设置"蒙版羽化"为 0.0，如图 7-59 所示。

图 7-59

（22）在"节目"面板中画面的右下角绘制一个三角形，如图 7-60 所示。

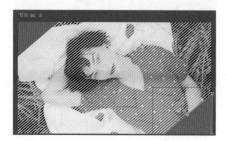

图 7-60

滑动时间线画面效果如图7-61所示。

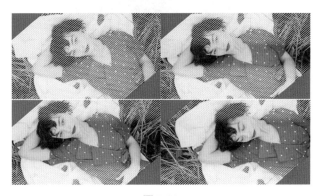

图7-61

（23）在"工具"面板中单击 **T**（文字工具），接着在"节目监视器"面板中合适的位置单击并输入合适的文字，如图7-62所示。

图7-62

（24）在"效果控件"面板中展开"文本（Fresh）"，设置合适的"字体系列"和"字体样式"；设置"字体大小"为100；设置"对齐方式"为▤（左对齐）和▤（顶对齐）；设置"填充"为白色；展开"变换"；设置"位置"为（60.0，223.5）；"旋转"为–40.0°，如图7-63所示。

此时文本效果如图7-64所示。

图7-63　　　　　图7-64

（25）在"工具"面板中单击 **T**（文字工具），接着在"节目监视器"面板中合适的位置单击并输入合适的文字，如图7-65所示。

图7-65

（26）在"效果控件"面板中展开"文本（feeling）"，设置合适的"字体系列"和"字体样式"；设置"字体大小"为100；设置"对齐方式"为▤（左对齐）和▤（顶对齐）；设置"填充"为白色；展开"变换"；设置"位置"为（1675.0，1034.0）；"旋转"为–40.0°，如图7-66所示。

图7-66

本案例制作完成，滑动时间线效果如图7-67所示。

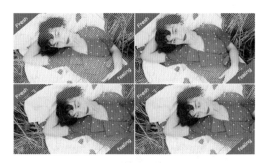

图7-67

7.2.2 实战："波形变形""湍流置换"效果制作背景

文件路径

实战素材/第7章

操作要点

使用"颜色遮罩"制作底色，使用"湍流置换""波形变形""四色渐变"效果和"混色模式"制作背景

案例效果

图 7-68

操作步骤

（1）新建序列、导入文件。执行"文件"/"新建"/"项目"命令，新建一个项目。接着执行"文件"/"导入"命令，导入全部素材。在"项目"面板中将01.png素材拖曳到"时间轴"面板中的V1轨道上，此时在"项目"面板中自动生成一个与01.png素材文件等大的序列，如图7-69所示。

图 7-69

此时画面效果如图7-70所示。

图 7-70

（2）在"时间轴"面板中将V1轨道的01.png素材图层拖曳到V5轨道上，如图7-71所示。

（3）制作颜色遮罩。在"项目"面板中空白位置处单击右键，在弹出的快捷菜单中执行"新建项目/颜色遮罩"命令，如图7-72所示。

图 7-71

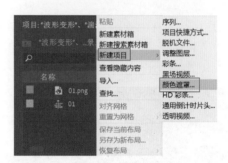

图 7-72

（4）在弹出的"新建颜色遮罩"窗口中单击"确定"按钮。在弹出的"拾色器"窗口中选择天蓝色，接着单击"确定"按钮，如图7-73所示。

图 7-73

（5）在"项目"面板中将"颜色遮罩"拖曳到"时间轴"面板中的V1轨道上，如图7-74所示。

图 7-74

此时画面效果如图7-75所示。

图 7-75

（6）新建图形。在"工具"面板中单击 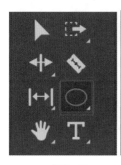（椭圆工具）按钮，如图 7-76 所示。

（7）在"节目"面板中心位置绘制一个椭圆，如图 7-77 所示。

图 7-76　　　　　　　　图 7-77

（8）在"时间轴"面板中选择 V2 轨道上的形状，在"效果控件"面板中展开"形状（形状 01）/变换"，设置"位置"为（1745.8，1224.4），"锚点"为（1535.0，1110.5），如图 7-78 所示。

图 7-78

（9）制作效果。在"效果"面板中搜索"湍流置换"，将该效果拖曳到 V2 轨道的形状位置上，如图 7-79 所示。

图 7-79

（10）在"时间轴"面板中选择 V2 轨道上的形状，在"效果控件"面板中展开"湍流置换"，设置"数量"为 100.0，如图 7-80 所示。

（11）制作变形效果。在"效果"面板中搜索"波形变形"，将该效果拖曳到 V2 轨道的形状图层上，如图 7-81 所示。

图 7-80

图 7-81

（12）在"时间轴"面板中选择 V2 轨道上的形状，在"效果控件"面板中展开"波形变形"，设置"波形高度"为 402，"波形宽度"为 1821，如图 7-82所示。

此时画面效果如图 7-83 所示。

图 7-82　　　　　　　　图 7-83

（13）制作渐变效果。在"效果"面板中搜索"四色渐变"，将该效果拖曳到 V2 轨道的形状位置上，如图 7-84 所示。

图 7-84

（14）在"时间轴"面板中选择V2轨道上的形状，在"效果控件"面板中展开"四色渐变/位置和颜色"。设置"点1"为（1328.8，248.0），"颜色1"为蓝绿色；"点2"为（2818.2，248.0），"颜色2"为蓝绿色；"点3"为（1609.8，2232.0），"颜色3"为淡粉色；"点4"为（2930.2，2232.0），"颜色4"为粉色，如图7-85所示。

图7-85

此时画面效果如图7-86所示。

图7-86

（15）在"时间轴"面板中选择V2轨道上的图形，接着长按Alt键并使用鼠标左键拖曳到V3轨道上进行复制，如图7-87所示。

图7-87

（16）在"时间轴"面板中选择V3轨道上的形状，在"效果控件"面板中展开"波形变形"，设置"波形类型"为圆形，修改"波形高度"为200，"波形宽度"为500，如图7-88所示。

（17）在"效果控件"面板中展开"四色渐变/位置和颜色"。修改"颜色1"为淡粉色；"颜色2"为淡粉色；"点3"为（1518.4，2260.3）；"颜色3"为藕荷色；"颜色4"为藕荷色。如图7-89所示。

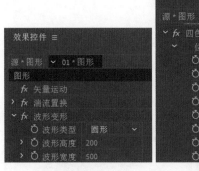

图7-88　　　　　　　　图7-89

（18）展开"运动"，设置"位置"为（2164.0，1240.0）；"锚点"为（821.0，2527.0）。接着展开"不透明度"；设置"混合模式"为颜色加深，如图7-90所示。

此时画面效果如图7-91所示。

图7-90　　　　　　　　图7-91

（19）在"时间轴"面板中选择V2轨道上的图形，接着长按Alt键并使用鼠标左键拖曳到V4轨道上进行复制，如图7-92所示。

图7-92

（20）在"时间轴"面板中选择V4轨道上的形

状，在"效果控件"面板中展开"波形变形"，设置"波形类型"为圆形，修改"波形高度"为150，"波形宽度"为400，如图7-93所示。

（21）在"效果控件"面板中展开"四色渐变/位置和颜色"。修改"颜色1"为蓝色；"颜色2"为蓝色；"点3"为（1518.4，2260.3）；"颜色3"为淡蓝色；"颜色4"为淡蓝色；设置"不透明度"为80.0%。如图7-94所示。

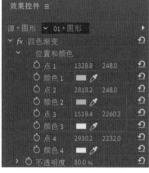

图 7-93　　　　　　　　图 7-94

（22）在"时间轴"面板中选择V4轨道上的形状，在"效果控件"面板中展开"运动"，设置"位置"为（-1040.0，1807.0），"锚点"为（821.0，2527.0）。接着展开"不透明度"，设置"混合模式"为颜色加深，如图7-95所示。

本案例制作完成，如图7-96所示。

图 7-95　　　　　　　　图 7-96

7.2.3 实战："复合模糊"效果制作模糊水雾

文件路径

实战素材/第7章

操作要点

使用"复合模糊""亮度曲线""径向模糊"效果制作模糊水雾

案例效果

图 7-97

操作步骤

（1）新建序列、导入文件。执行"文件"/"新建"/"项目"命令，新建一个项目。接着执行"文件"/"导入"命令，导入全部素材。在"项目"面板中将01.jpg素材拖曳到"时间轴"面板中的V1轨道上，此时在"项目"面板中自动生成一个与01.jpg素材文件等大的序列。接着将02.mp4素材文件拖曳到V2轨道上，如图7-98所示。

图 7-98

此时画面效果如图7-99所示。

图 7-99

（2）修剪视频时间。设置"时间轴"面板02.mp4的结束时间为5秒，如图7-100所示。

（3）制作模糊效果。在"效果"面板中搜索"复合模糊"效果，将该效果拖曳到V2轨道的02.mp4素材文件上，如图7-101所示。

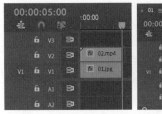 

图 7-100　　　　　图 7-101

（4）在"时间轴"面板中选择V2轨道上的02.mp4素材文件，在"效果控件"面板中展开"复合模糊"，设置"模糊图层"为视频1；将时间线滑动至起始时间位置处，单击"最大模糊"前方的 ⏱（切换动画）按钮，设置"最大模糊"为150.0；接着将时间线滑动到结束时间位置处，设置"最大模糊"为20.0；取消勾选"伸缩对应图以适应"；勾选"反转模糊"，如图7-102所示。

图 7-102

滑动时间线画面效果如图7-103所示。

图 7-103

（5）调整画面亮度。在"效果"面板中搜索"亮度曲线"，将该效果拖曳到V2轨道的02.mp4素材文件上，如图7-104所示。

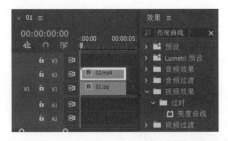

图 7-104

（6）在"时间轴"面板中选择V2轨道上的02.mp4素材文件，在"效果控件"面板中展开"亮度曲线"，将"亮度波形"的曲线添加一个锚点并向左上角进行拖曳，接着再次添加一个锚点并向右下角进行拖曳，如图7-105所示。

图 7-105

（7）制作模糊效果。在"效果"面板中搜索"径向擦除"，将该效果拖曳到V2轨道的02.mp4素材文件上，如图7-106所示。

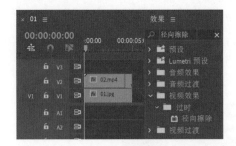

图 7-106

本案例制作完成，滑动时间线效果如图7-107所示。

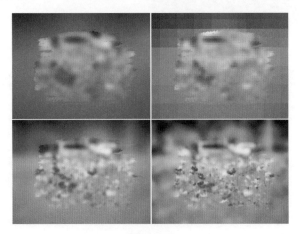

图 7-107

7.2.4 实战："画笔描边""彩色浮雕"制作油画质感

文件路径

实战素材/第7章

操作要点

使用"画笔描边""彩色浮雕"效果制作油画质感

案例效果

图7-108

操作步骤

（1）新建序列、导入文件。执行"文件"/"新建"/"项目"命令，新建一个项目。接着执行"文件"/"导入"命令，导入全部素材。在"项目"面板中将01.mp4素材拖曳到"时间轴"面板中的V1轨道上，此时在"项目"面板中自动生成一个与01.mp4素材文件等大的序列，如图7-109所示。

图7-109

此时画面效果如图7-110所示。

图7-110

（2）在"时间轴"面板中选择V1轨道上的

01.mp4素材文件，在"效果控件"面板中展开"运动"，设置"缩放"为105.0，如图7-111所示。

（3）制作浮雕效果。在"效果"面板中搜索"彩色浮雕"，将该效果拖曳到V1轨道的01.mp4素材文件上，如图7-112所示。

图7-111

（4）在"时间轴"面板中选择V1轨道上的01.mp4素材文件，在"效果控件"面板中展开"彩色浮雕"，设置"起伏"为20.00，"对比度"为40，如图7-113所示。

图7-112　　　　图7-113

滑动时间线画面效果如图7-114所示。

图7-114

（5）制作油画效果。在"效果"面板中搜索"画笔描边"，将该效果拖曳到V1轨道的01.mp4素材文件上，如图7-115所示。

图7-115

高级拓展篇

169

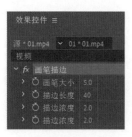

图 7-116

（6）在"时间轴"面板中选择V1轨道上的01.mp4素材文件，在"效果控件"面板中展开"画笔描边"，设置"画笔大小"为5.0，"描边长度"为40，"描边浓度"为2.0，"描边浓度"为2.0，如图7-116所示。

本案例制作完成，滑动时间线效果如图7-117所示。

图 7-117

7.2.5 实战："镜头扭曲"制作急速行驶

文件路径

实战素材/第7章

操作要点

使用"镜头扭曲"效果制作急速行驶

案例效果

图 7-118

操作步骤

（1）新建序列、导入文件。执行"文件"/"新建"/"项目"命令，新建一个项目。接着执行"文件"/"导入"命令，导入全部素材。在"项目"面板中将01.mp4素材拖曳到"时间轴"面板中的V1轨道上，此时在"项目"面板中自动生成一个与

01.mp4素材文件等大的序列，如图7-119所示。

图 7-119

此时画面效果如图7-120所示。

图 7-120

（2）制作高速效果。在"效果"面板中搜索"镜头扭曲"效果，将该效果拖曳到V1轨道的01.mp4素材文件上，如图7-121所示。

图 7-121

（3）在"时间轴"面板中选择V1轨道上的01.mp4素材文件，在"效果控件"面板中展开"镜头扭曲"。将时间线滑动到第6帧位置处。单击"曲率""水平棱镜效果"前方的 ◎ （切换动画）按钮，设置"曲率""水平棱镜效果"为0；接着将时间线滑动到第18帧位置处，设置"曲率"为–60；接着将时间线滑动到第19帧位置处，设置"水平棱镜效果"为–50，如图7-122所示。

图 7-122

本案例制作完成，滑动时间线效果如图 7-123 所示。

图 7-123

7.2.6 实战："马赛克"制作彩色流动背景

文件路径

实战素材/第 7 章

操作要点

使用"马赛克"效果制作彩色流动背景

案例效果

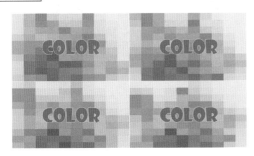

图 7-124

操作步骤

（1）新建序列、导入文件。执行"文件"/"新建"/"项目"命令，新建一个项目。执行"文件"/"新建"/"序列"命令。接着执行"文件"/"导入"命令，导入全部素材。在"项目"面板中将 01.mp4 素材拖曳到"时间轴"面板中的 V1 轨道上，此时在"项目"面板中自动生成一个与 01.mp4 素材文件等大的序列，如图 7-125 所示。

图 7-125

此时画面效果如图 7-126 所示。

图 7-126

（2）制作马赛克效果。在"效果"面板中搜索"马赛克"，将该效果拖曳到 V1 轨道的 01.mp4 素材文件上，如图 7-127 所示。

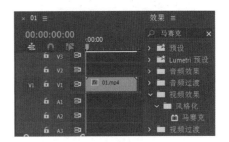

图 7-127

此时画面效果如图 7-128 所示。

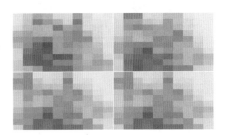

图 7-128

（3）将时间线滑动到起始位置，在"工具"面板中单击 T （文字工具），接着在"节目监视器"面板中合适的位置单击并输入合适的文字，如图 7-129 所示。

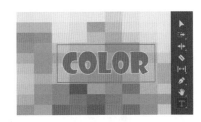

图 7-129

（4）在"效果控件"面板中展开"文本（COLOR）/源文本"，设置合适的"字体系列"和

"字体样式"；设置"字体大小"为395；设置"对齐方式"为██（左对齐）和██（顶对齐）；设置"填充"橘黄色；勾选描边，并设置"描边"为米色；"描边宽度"为10.0。接着展开"变换"；设置"位置"为（660.0，861.0），如图7-130所示。

图7-130

（5）在"时间轴"面板中设置文本图层的结束时间与01.mp4素材文件相同，如图7-131所示。

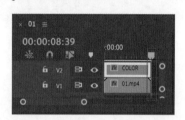

图7-131

本案例制作完成，滑动时间线效果如图7-132所示。

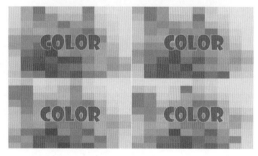

图7-132

7.2.7 实战："光照效果"制作炫彩大片

文件路径

实战素材/第7章

操作要点

使用"光照效果"制作炫彩大片

案例效果

图7-133

操作步骤

（1）新建序列、导入文件。执行"文件"/"新建"/"项目"命令，新建一个项目。接着执行"文件"/"导入"命令，导入全部素材。在"项目"面板中将01.mp4素材拖曳到"时间轴"面板中的V1轨道上，此时在"项目"面板中自动生成一个与01.mp4素材文件等大的序列，如图7-134所示。

图7-134

此时画面效果如图7-135所示。

图7-135

（2）制作大片效果。在"效果"面板中搜索"光照效果"，将该效果拖曳到V1轨道的01.mp4素材文件上，如图7-136所示。

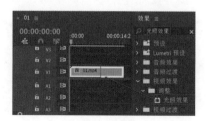

图7-136

172

（3）在"时间轴"面板中选择V1轨道上的01.mp4素材文件，在"效果控件"面板中展开"光照效果/光照1"；设置"光照颜色"为红色；"中央"为（500.0，500.0）；"角度"为230.0°；"强度"为90.0；"聚焦"为40.0。展开"光照2"；设置"光照类型"为点光源；"光照颜色"为蓝色；"中央"为（1600.0，500.0）；"角度"为330.0°，如图7-137所示。

图7-137

此时画面光照效果如图7-138所示。

图7-138

（4）展开"光照3"；设置"光照类型"为点光源；"光照颜色"为紫色；"中央"为（2000.0，1000.0）；"角度"为（2×60.0°）。展开"光照4"；设置"光照类型"为点光源；"光照颜色"为深紫色；"中央"为（765.0，1392.0）。如图7-139所示。

图7-139

此时画面光照效果如图7-140所示。

图7-140

（5）最后设置"环境光照强度"为25.0；"表面光泽"为30.0；"曝光"为20.0，如图7-141所示。

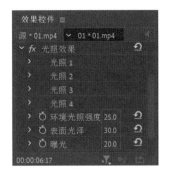

图7-141

本案例制作完成，滑动时间线效果如图7-142所示。

图7-142

7.2.8 实战："偏移"效果制作视频滑动

文件路径

实战素材/第7章

操作要点

使用"偏移""方向模糊"效果制作视频滑动

案例效果

图 7-143

操作步骤

（1）新建序列、导入文件。执行"文件"/"新建"/"项目"命令，新建一个项目。接着执行"文件"/"导入"命令，导入全部素材。在"项目"面板中将01.mp4素材拖曳到"时间轴"面板中的V1轨道上，此时在"项目"面板中自动生成一个与01.mp4素材文件等大的序列，如图7-144所示。

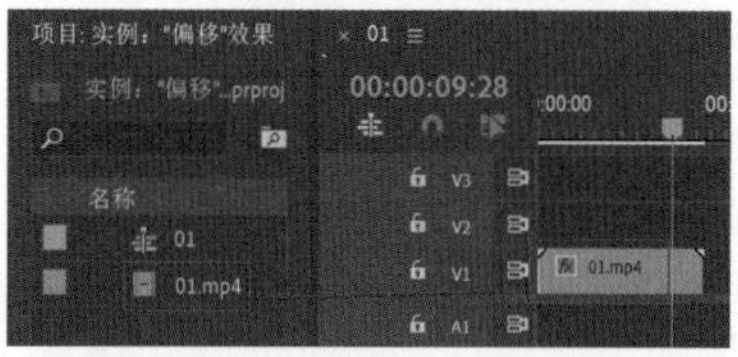

图 7-144

此时画面效果如图7-145所示。

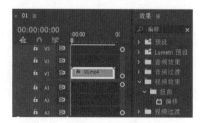

图 7-145

（2）制作偏移效果。在"效果"面板中搜索"偏移"，将该效果拖曳到V1轨道的01.mp4素材文件上，如图7-146所示。

图 7-146

（3）在"时间轴"面板中选择V1轨道上的01.mp4素材文件，在"效果控件"面板中展开"偏移"；将时间线滑动到起始时间位置处；单击"将中心移位至"前方的 ⏱ （切换动画）按钮，设置"将中心移位至"为（1280.0，720.0），如图7-147所示；接着将时间线滑动到1秒15帧位置处，设置"将中心移位至"为（16641.0，3601.0）。

图 7-147

滑动时间线画面效果如图7-148所示。

图 7-148

（4）制作模糊效果。在"效果"面板中搜索"方向模糊"，将该效果拖曳到V1轨道的01.mp4素材文件上，如图7-149所示。

图 7-149

（5）在"时间轴"面板中选择V1轨道上的01.mp4素材文件，在"效果控件"面板中展开"方向模糊"；设置"方向"为300.0°。将时间线滑动到起始时间位置处；单击"模糊长度"前方的 ⏱ （切换动画）按钮，设置"模糊长度"为100.0，如图7-150所示；接着将时间线滑动到1秒01帧位置处，设置"模糊长度"为0.0。

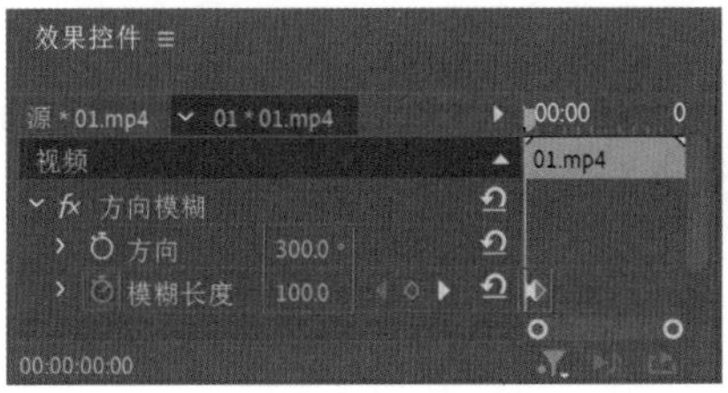

图7-150

本案例制作完成，滑动时间线效果如图7-151所示。

图7-151

7.2.9 实战："四色渐变"制作四色炫光

文件路径

实战素材/第7章

操作要点

使用"四色渐变"制作朦胧感效果

案例效果

图7-152

操作步骤

（1）新建序列、导入文件。执行"文件"/"新建"/"项目"命令，新建一个项目。接着执行"文件"/"导入"命令，导入全部素材。在"项目"面板中将01.mp4素材拖曳到"时间轴"面板中的V1

轨道上，此时在"项目"面板中自动生成一个与01.mp4素材文件等大的序列。接着将02.mp4素材文件拖曳到"时间轴"面板中的V2轨道上，如图7-153所示。

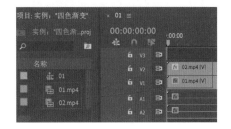

图7-153

此时画面效果如图7-154所示。

图7-154

（2）在"时间轴"面板中选择V2轨道上的02.mp4素材文件，在"效果控件"面板中展开"不透明度"，设置"混合模式"为滤色，如图7-155所示。

图7-155

滑动时间线画面效果如图7-156所示。

图7-156

（3）制作四色渐变效果。在"效果"面板中搜索"四色渐变"，将该效果拖曳到V1轨道的01.mp4素材文件上，如图7-157所示。

图 7-157

（4）在"时间轴"面板中选择V1轨道上的01.mp4素材文件，在"效果控件"面板中展开"四色渐变"，设置"不透明度"为70.0%，设置"混合模式"为滤色，如图7-158所示。

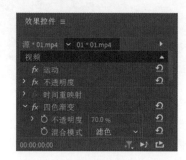

图 7-158

本案例制作完成，滑动时间线效果如图7-159所示。

图 7-159

7.2.10 实战："Threshold"制作漫画感

文件路径

实战素材/第7章

操作要点

使用"Threshold"效果制作漫画感

案例效果

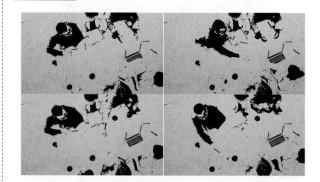

图 7-160

操作步骤

（1）新建序列、导入文件。执行"文件"/"新建"/"项目"命令，新建一个项目。接着执行"文件"/"导入"命令，导入全部素材。在"项目"面板中将01.mp4素材拖曳到"时间轴"面板中的V1轨道上，此时在"项目"面板中自动生成一个与01.mp4素材文件等大的序列。接着将02.mp4素材文件拖曳到"时间轴"面板中的V2轨道上，如图7-161所示。

图 7-161

此时画面效果如图7-162所示。

（2）将"时间轴"面板中的V2轨道上的02.jpg结束时间设置为18秒02帧，如图7-163所示。

图 7-162　　　　　　图 7-163

（3）在"时间轴"面板中选择V2轨道上的02.jpg素材文件，在"效果控件"面板中展开"运动"，设置"缩放"为205.0，接着展开"不透明度"，设置"混合模式"为变暗，如图7-164所示。

图 7-164

此时画面效果如图7-165所示。

图 7-165

（4）制作漫画效果。在"效果"面板中搜索"Threshold"，将该效果拖曳到V1轨道的01.mp4素材文件上，如图7-166所示。

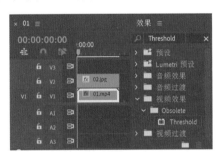

图 7-166

（5）在"时间轴"面板中选择V1轨道上的01.mp4素材文件，在"效果控件"面板中展开"Threshold"，设置"级别"为0.4，如图7-167所示。

图 7-167

本案例制作完成，滑动时间线效果如图7-168所示。

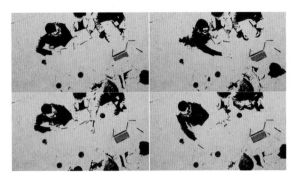

图 7-168

7.2.11 实战：使用"镜像"制作海天一色

文件路径

实战素材/第7章

操作要点

"镜像"效果

案例效果

图 7-169

操作步骤

（1）新建序列、导入文件。执行"文件"/"新建"/"项目"命令，新建一个项目。接着执行"文件"/"导入"命令，导入全部素材。在"项目"面板中将01.mp4素材拖曳到"时间轴"面板中的V1轨道上，此时在"项目"面板中自动生成一个与01.mp4素材文件等大的序列，如图7-170所示。

图 7-170

此时画面效果如图7-171所示。

图 7-171

（2）制作镜像效果。在"效果"面板中搜索"镜像"，将该效果拖曳到V1轨道的01.mp4素材文件上，如图7-172所示。

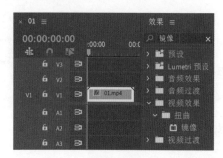

图 7-172

（3）在"时间轴"面板中选择V1轨道上的01.mp4素材文件，在"效果控件"面板中展开"镜像"，设置"反射中心"为（2560.0，1080.0），"反射角度"为90.0°，如图7-173所示。

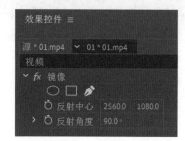

图 7-173

本案例制作完成，滑动时间线效果如图7-174所示。

图 7-174

7.2.12 实战：为视频添加镜头光晕

文件路径

实战素材/第7章

操作要点

"镜头光晕"效果

案例效果

图 7-175

操作步骤

（1）新建序列、导入文件。执行"文件"/"新建"/"项目"命令，新建一个项目。接着执行"文件"/"导入"命令，导入全部素材。在"项目"面板中将01.mp4素材拖曳到"时间轴"面板中的V1轨道上，此时在"项目"面板中自动生成一个与01.mp4素材文件等大的序列，如图7-176所示。

图 7-176

此时画面效果如图7-177所示。

图 7-177

（2）制作镜像效果。在"效果"面板中搜索"镜头光晕"，将该效果拖曳到V1轨道的01.mp4素材文件上，如图7-178所示。

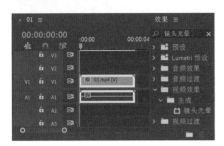

图7-178

（3）在"时间轴"面板中选择V1轨道上的01.mp4素材文件，在"效果控件"面板中展开"镜头光晕"；将时间线滑动至起始时间位置处；单击"镜头光晕"前方的 🕐（切换动画）按钮，设置"光晕中心"为（−70.0，1044.0）；接着将时间线滑动到1秒03帧位置处，设置"光晕中心"为（−213.0，1337.0）；接着将时间线滑动到4秒11帧位置处，设置"光晕中心"为（52.0，744.0）；设置"光晕亮度"为115%。如图7-179所示。

图7-179

本案例制作完成，滑动时间线效果如图7-180所示。

图7-180

7.2.13 实战：使用"Alpha 发光"效果制作霓虹灯

文件路径

实战素材/第7章

操作要点

"Alpha发光""高斯模糊"效果

案例效果

图7-181

操作步骤

（1）新建序列。执行"文件"/"新建"/"项目"命令，新建一个项目。执行"文件"/"新建"/"序列"命令。在新建序列窗口中单击"设置"按钮，设置"编辑模式"为HDV 1080P；设置"时基"为23.976帧/秒，设置"像素长宽比"为HD变形1080（1.333）。接着执行"文件"/"导入"命令，导入全部素材。接着在"项目"面板中将背景.jpg素材文件拖曳到"时间轴"面板中的V1轨道上，如图7-182所示。

图7-182

此时画面效果如图7-183所示。

图7-183

（2）修剪时间。在"时间轴"面板中设置V1轨道上的背景.jpg素材文件的结束时间为1秒，如图7-184所示。

高级拓展篇

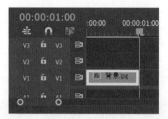

图7-184

（3）在"时间轴"面板中选择V1轨道上的背景.jpg素材文件，在"效果控件"面板中展开"运动"，设置"缩放"为38.0，如图7-185所示。

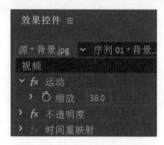

图7-185

此时画面效果如图7-186所示。

图7-186

（4）执行"文件"/"新建"/"旧版标题"命令，即可打开"字幕"面板，如图7-187所示。

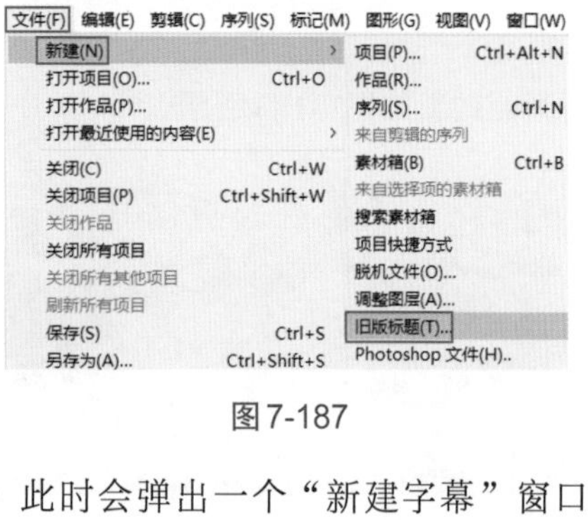

图7-187

（5）此时会弹出一个"新建字幕"窗口，设置"名称"为"字幕01"，然后单击确定按钮。在"字幕01"面板中选择 T（文字工具），在工作区域中画面的底部位置输入文字内容。设置"对齐方式"为 ▤（左对齐）；设置合适的"字体系列"和"字体样式"；设置"字体大小"为300.0；"填充类型"为实底；"颜色"为白色。如图7-188所示。

图7-188

（6）在"项目"面板中将字幕01文件拖曳到"时间轴"面板中的V2轨道上，并设置结束时间为1秒，如图7-189所示。

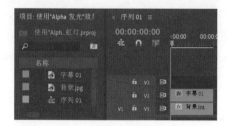

图7-189

（7）制作发光字效果。在"效果"面板中搜索"Alpha 发光"，将该效果拖曳到V2轨道的字幕01上，如图7-190所示。

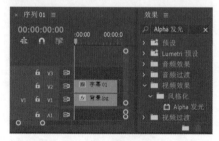

图7-190

（8）在"时间轴"面板中选择V2轨道上的字幕01，在"效果控件"面板中展开"Alpha发光"，设置"发光"为100，"起始颜色"为橘色，"结束颜色"为肉色，如图7-191所示。

图7-191

此时画面效果如图7-192所示。

图7-192

（9）复制素材。在"时间轴"面板中选择V2轨道上的字幕01向上拖曳并使用快捷键Alt进行复制，如图7-193所示。

图7-193

（10）制作模糊效果。在"效果"面板中搜索"高斯模糊"，将该效果拖曳到V3轨道的字幕01复制01上，如图7-194所示。

（11）在"时间轴"面板中选择V3轨道上的字幕01复制01，在"效果控件"面板中删除"Alpha 发光"，展开"高斯模糊"，设置"模糊度"为43.0，如图7-195所示。

图7-194

图7-195

本案例制作完成，此时画面效果如图7-196所示。

图7-196

7.3 抠像效果应用实战

7.3.1 实战：更换显示器视频

文件路径

实战素材/第7章

操作要点

使用"超级键"效果更换显示器视频

案例效果

图7-197

操作步骤

（1）新建序列。执行"文件"/"新建"/"项目"命令，新建一个项目。执行"文件"/"新建"/"序列"命令。在新建序列窗口中单击"设置"按钮，设置"编辑模式"为自定义；设置"时基"为50.00帧/秒，设置"帧大小"为1080，"水平"为2048；设置"像素长宽比"为方形像素（1.0）。接着执行"文件"/"导入"命令，导入全部素材。接着在"项目"面板中将01.mp4、02.mp4素材文件拖曳到"时间轴"面板中的V1、V2轨道上，如图7-198所示。

查看此时画面效果，如图7-199所示。

高级拓展篇

181

图7-198

（2）在"时间轴"面板中选择V1轨道上的02.mp4，在"效果控件"面板中展开"运动"，设置"位置"为（509.3，778.4），"缩放"为53.0，如图7-200所示。

图7-199　　　　　图7-200

（3）在"效果"面板中搜索"超级键"，将该效果拖曳到"时间轴"面板V2轨道的01.mp4素材文件上，如图7-201所示。

图7-201

（4）在"时间轴"面板中选择V2轨道上的01.mp4，在"效果控件"面板中展开"超级键"，设置"主要颜色"，点击✔。在"节目：控制器"中吸取电脑中颜色，如图7-202所示。

图7-202

本案例制作完成，滑动时间线效果如图7-203所示。

图7-203

7.3.2　实战：使用蒙版融合两张照片

文件路径

实战素材/第7章

操作要点

使用"颜色遮罩"效果制作背景，并使用蒙版融合两张照片

案例效果

图7-204

操作步骤

（1）新建项目。执行"文件"/"新建"/"项目"命令，新建一个项目。执行"文件"/"新建"/"序列"

命令。在新建序列窗口中单击"设置"按钮，设置"编辑模式"为自定义；设置"时基"为29.97帧/秒；设置"帧大小"为2000，"水平"为2913；设置"像素长宽比"为方形像素（1.0）。接着执行"文件"/"导入"命令，导入全部素材。然后在"项目"面板中右键单击执行"新建项目/颜色遮罩"命令，如图7-205所示。

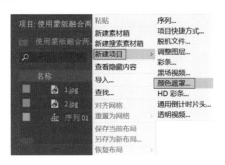

图 7-205

（2）在弹出的"新建颜色遮罩"窗口中，单击"确定"按钮。接着在弹出的"拾色器"中选择蓝色，单击"确定"按钮，并拖曳到"时间轴"面板V1轨道上，如图7-206所示。

图 7-206

查看此时画面效果，如图7-207所示。

图 7-207

（3）在"项目"面板中将01.jpg、02.jpg素材文件分别拖曳到"时间轴"面板中的V1、V2轨道上，

如图7-208所示。

此时画面效果如图7-209所示。

图 7-208　　　　　　　图 7-209

（4）在"时间轴"面板选中V2轨道上的01.jpg素材文件，在效果控件面板中展开"运动"，设置"位置"为（1001.6，2244.3），"缩放"为105.0，如图7-210所示。

（5）在"时间轴"面板选中V3轨道上的02.jpg素材文件，在效果控件面板中展开"运动"，设置"位置"为（1001.2，885.7），如图7-211所示。

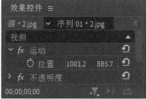

图 7-210　　　　　　　图 7-211

此时画面效果如图7-212所示。

图 7-212

（6）在"时间轴"面板选中V3轨道上的02.jpg素材文件，在效果控件面板中展开"不透明度"，单

183

击下方的"创建4点多边形蒙版"，如图7-213所示。

（7）在"节目监视器"面板中调整蒙版形状，如图7-214所示。

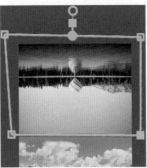

图 7-213　　　　　　图 7-214

（8）在"效果控件"面板中展开"不透明度/蒙版（1）"，设置"蒙版羽化"为150.0，如图7-215所示。

此时画面效果如图7-216所示。

图 7-215　　　　　　图 7-216

（9）在"时间轴"面板选中V2轨道上的01.jpg素材文件，在效果控件面板中展开"不透明度"，单击下方的"创建4点多边形蒙版"，接着设置"蒙版羽化"为55.0，勾选"已反转"如图7-217所示。

图 7-217

（10）然后在"节目监视器"面板中调整蒙版形状，如图7-218所示。

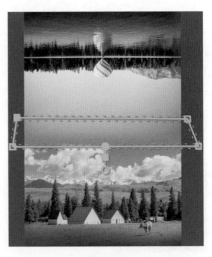

图 7-218

本案例制作完成，滑动时间线效果如图7-219所示。

图 7-219

7.3.3　实战："蒙版"制作"魔镜"特效

文件路径

实战素材/第7章

操作要点

使用"蒙版"与"Lumetri 颜色"效果，调整画面颜色并制作"魔镜"特效

案例效果

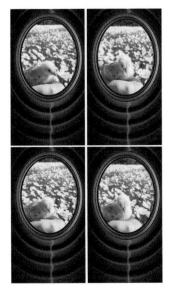

图7-220

操作步骤

（1）新建序列、导入文件。执行"文件"/"新建"/"项目"命令，新建一个项目。接着执行"文件"/"导入"命令，导入全部素材。在"项目"面板中将01.mp4素材拖曳到"时间轴"面板中的V1轨道上，此时在"项目"面板中自动生成一个与01.mp4素材文件等大的序列。接着将背景.jpg素材文件拖曳到V2轨道上，如图7-221所示。

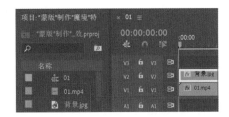

图7-221

查看此时画面效果，如图7-222所示。

图7-222

（2）在"时间轴"面板中选择V2轨道上的背景.jpg，在"效果控件"面板中展开"运动"，设置"位置"为（692.0，1476.0），"缩放"为76.0，如图7-223所示。

（3）展开"不透明度"，单击◯创建椭圆形蒙版，如图7-224所示。

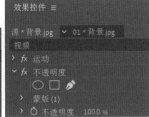

图7-223 　　　　　　　图7-224

（4）在"节目监视器"面板中调整椭圆形蒙版至合适的位置与大小，如图7-225所示。

（5）在"时间轴"面板中设置V2轨道上背景.jpg素材文件的结束时间为3秒14帧，如图7-226所示。

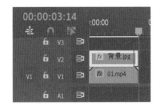

图7-225 　　　　　　　图7-226

查看此时画面效果，如图7-227所示。

（6）在"时间轴"面板中选择V1轨道上的01.mp4素材文件，在"效果控件"面板中展开"运动"，设置"位置"为（720.0，1130.0），"缩放"为79.0，如图7-228所示。

图7-227 　　　　　　　图7-228

高级拓展篇

185

（7）在"效果"面板中搜索"Lumetri 颜色"，将该效果拖曳到"时间轴"面板V1轨道的01.mp4素材文件上，如图7-229所示。

图 7-229

（8）在"时间轴"面板中选择V1轨道上的01.mp4素材文件，在"效果控件"面板中展开"Lumetri 颜色/基本校正/白平衡"，设置"色温"为–44.0；接着展开"色调"，设置"曝光"为0.8，"对比度"为14.0，如图7-230所示。

图 7-230

本案例制作完成，滑动时间线效果如图7-231所示。

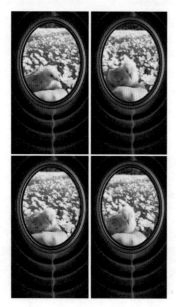

图 7-231

7.3.4　实战：抠像并合成电影特效

文件路径

实战素材/第7章

操作要点

"Alpha发光""超级键""Lumetri 颜色"效果

案例效果

图 7-232

操作步骤

（1）新建项目、序列。执行"文件"/"新建"/"项目"命令，新建一个项目。执行"文件"/"新建"/"序列"命令。在新建序列窗口中单击"设置"按钮，设置"编辑模式"为自定义，设置"时基"为23.976帧/秒，设置"帧大小"为1920，"水平"为1080，设置"像素长宽比"为方形像素（1.0）。接着执行"文件"/"导入"命令，导入全部素材。并在"项目"面板中单击右键执行"新建项目/颜色遮罩"命令，如图7-233所示。

图 7-233

（2）在弹出的"新建颜色遮罩"窗口中，单击"确定"按钮。接着在弹出的"拾色器"中选择白色，单击"确定"按钮，并拖曳到"时间轴"面板V1轨道上，如图7-234所示。

图 7-234

查看此时画面效果，如图 7-235 所示。

图 7-235

（3）在"时间轴"面板中设置 V1 轨道上颜色遮罩的结束时间为 6 秒 01 帧，如图 7-236 所示。

图 7-236

（4）将 02.mp4 素材文件拖曳到"时间轴"面板中的 V2 轨道上，如图 7-237 所示。

图 7-237

（5）在"时间轴"面板中设置 V2 轨道上 02.mp4 素材文件的结束时间为 6 秒 01 帧，如图 7-238 所示。

图 7-238

查看此时画面效果，如图 7-239 所示。

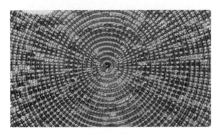

图 7-239

（6）将 03.avi 素材文件拖曳到"时间轴"面板中的 V3 轨道上，如图 7-240 所示。

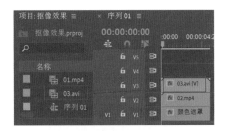

图 7-240

（7）在"时间轴"面板中右键单击 03.avi 素材文件，在弹出的快捷菜单中执行"取消链接"命令，如图 7-241 所示。

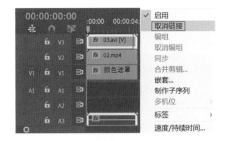

图 7-241

（8）在 A3 轨道上选择 03.avi 素材文件的配乐，并在键盘中按 Delete 键进行删除，如图 7-242 所示。

图 7-242

（9）在"效果"面板中搜索"超级键"，将该效果拖曳到"时间轴"面板 V3 轨道的 03.avi 素材文件上，如图 7-243 所示。

高级拓展篇

图 7-243

（10）在"时间轴"面板中选择V3轨道上的03.avi，在"效果控件"面板中展开"超级键"，设置"主要颜色"，点击🖊️，在"节目：控制器"中吸取绿色，如图7-244所示。

图 7-244

（11）在"效果"面板中搜索"Alpha 发光"，将该效果拖曳到"时间轴"面板V3轨道的03.avi素材文件上，如图7-245所示。

图 7-245

（12）在"时间轴"面板中选择V3轨道上的03.avi，在"效果控件"面板中展开"Alpha 发光"，设置"发光"为12，"亮度"为209，"起始颜色"为白色，"结束颜色"为黑色，如图7-246所示。

图 7-246

滑动时间线画面效果如图7-247所示。

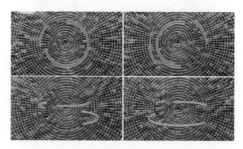

图 7-247

（13）将01.mp4素材文件拖曳到"时间轴"面板中V4轨道上，如图7-248所示。

图 7-248

（14）在"时间轴"面板中右键单击01.mp4素材文件，在弹出的快捷菜单中执行"取消链接"命令，如图7-249所示。

图 7-249

（15）在"时间轴"面板中选择V4轨道上的01.mp4，在"效果控件"面板中展开"运动"，设置"位置"为（777.9，534.5），如图7-250所示。

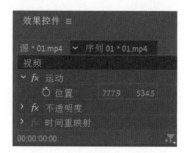

图 7-250

（16）在"效果"面板中搜索"超级键"，将该效果拖曳到"时间轴"面板V4轨道的01.mp4素材文件上，如图7-251所示。

图 7-251

（17）在"时间轴"面板中选择V4轨道上的01.mp4，在"效果控件"面板中展开"超级键"，设置"主要颜色"，点击 🖊，在"节目：控制器"中吸取绿色，如图7-252所示。

图 7-252

滑动时间线画面效果如图7-253所示。

图 7-253

（18）在"项目"面板中右键单击空白位置执行"新建项目/调整图层"命令，如图7-254所示。

图 7-254

（19）在弹出的"调整图层"窗口单击"确定"按钮，并在"项目"面板中将调整图层拖曳到"时间轴"面板中的V5轨道上，如图7-255所示。

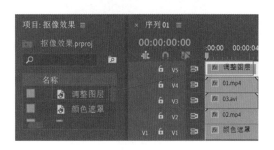

图 7-255

（20）在"时间轴"面板中设置V5轨道上调整图层的结束时间为6秒01帧，如图7-256所示。

图 7-256

（21）在"效果"面板中搜索"Lumetri颜色"，将该效果拖曳到"时间轴"面板V5轨道的调整图层上，如图7-257所示。

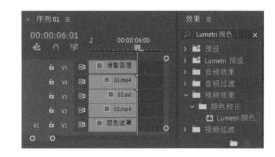

图 7-257

（22）在"时间轴"面板中选择V5轨道上的调整图层。在"效果控件"面板中展开"Lumetri 颜色/基本校正/白平衡"，设置"色温"为-130.0。接着展开"色调"；设置"曝光"为0.1；"对比度"为50.0；"高光"为-50.0；"阴影"为130.0；"白色"为10.0；"黑色"为-30.0，如图7-258所示。

图 7-258

本案例制作完成，滑动时间线效果如图7-259所示。

图 7-259

7.4　课后练习：震撼翻转镜像世界

文件路径

实战素材/第7章

操作要点

"垂直翻转""Lumetri颜色""镜头光晕"效果

案例效果

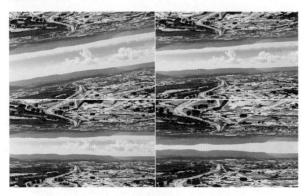

图 7-260

操作步骤

（1）新建序列、导入文件。执行"文件"/"新建"/"项目"命令，新建一个项目。接着执行"文件"/"导入"命令，导入全部素材。在"项目"面板中将01.mp4素材拖曳到"时间轴"面板中的V1轨道上，此时在"项目"面板中自动生成一个与01.mp4素材文件等大的序列，如图7-261所示。

此时画面效果如图7-262所示。

图 7-261

图 7-262

（2）修剪时间。在"时间轴"面板中右键选择V1轨道上的01.mp4素材文件，在弹出的快捷菜单中执行"速度/持续时间"命令，如图7-263所示。

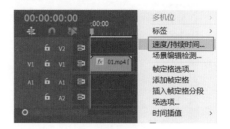

图 7-263

（3）在弹出的"剪辑速度/持续时间"窗口中，设置"速度"为311.66%，"持续时间"为10秒，如图7-264所示。

图7-264

（4）在"时间轴"面板中选择V1轨道上的01.mp4素材文件，在"效果控件"面板中展开"运动"；将时间线滑动至5秒位置处；单击"位置"前方的 ⊘（切换动画）按钮，设置"位置"为（1280.0，1200.0），如图7-265所示；接着将时间线滑动到9秒23帧位置处，设置"位置"为（1280.0，1099.0）。

图7-265

（5）复制素材。在"时间轴"面板中选择V1轨道上的01.mp4素材文件向上拖曳并使用快捷键Alt进行复制，如图7-266所示。

图7-266

（6）在"时间轴"面板中选择V2轨道上的01.mp4素材文件，在"效果控件"面板中展开"运动"；将时间线滑动至5秒位置处；修改"位置"为（1280.0，300.0），如图7-267所示；接着将时间线滑动到9秒23帧位置处，设置"位置"为（1280.0，425.0）。

图7-267

滑动时间线画面效果如图7-268所示。

图7-268

（7）在"时间轴"面板中选择V2轨道上的01.mp4素材文件，在"效果控件"面板中展开"不透明度"；接着单击"四点多边形蒙版"。设置"蒙版羽化"为50.0，并勾选"已反转"；设置"不透明度"为100.0%，如图7-269所示。

图7-269

（8）在"节目控制器中"为"四点多边形蒙版"设置合适的位置和大小，如图7-270所示。

图7-270

（9）制作镜像效果。在"效果"面板中搜索"垂直翻转"，将该效果拖曳到V2轨道的01.mp4素材文件上，如图7-271所示。

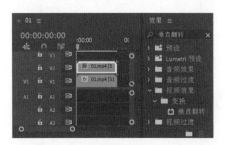

图7-271

滑动时间线画面效果如图7-272所示。

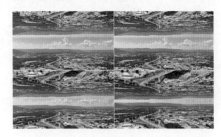

图7-272

（10）在"时间轴"面板中框选所有素材文件，接着单击右键，在弹出的快捷菜单中执行"嵌套"命令，如图7-273所示。

图7-273

（11）在"时间轴"面板中选择V1轨道上的嵌套序列01，在"效果控件"面板中展开"运动"。将时间线滑动至起始时间位置处，单击"缩放""旋转"前方的 ⓞ（切换动画）按钮，设置"缩放"为125.0，设置"旋转"为–8.0°，如图7-274所示。接着将时间线滑动到5秒位置处，设置"缩放"为100.0，"旋转"为0.0°。接着将时间线滑动到9秒23帧位置处，设置"缩放"为150.0。

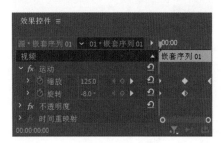

图7-274

（12）调整画面颜色。在"效果"面板中搜索"Lumetri 颜色"，将该效果拖曳到V1轨道的嵌套序列01上，如图7-275所示。

图7-275

（13）在"时间轴"面板中选择V1轨道上的嵌套序列01，在"效果控件"面板中展开"Lumetri 颜色"，展开"创意"。设置Look为"CineSpace2383sRGB6bit"，设置"强度"为50.0，如图7-276所示。

图7-276

滑动时间线画面效果如图7-277所示。

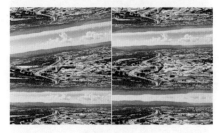

图7-277

（14）制作镜头光晕。在"效果"面板中搜索"镜头光晕"，将该效果拖曳到V1轨道的嵌套序列01上，如图7-278所示。

图7-278

（15）在"时间轴"面板中选择V1轨道上的嵌套序列01，在"效果控件"面板中展开"镜头光晕"。将时间线滑动至起始时间位置处，单击"镜头光晕"前方的 ⏱（切换动画）按钮，设置"光晕中心"为（302.0，856.8），如图7-279所示。接着将时间线滑动到3秒18帧位置处，设置"光晕中心"为（2357.0，965.8）。接着将时间线滑动到3秒19帧位置处，设置"光晕中心"为（2475.0，942.8）。将时间线滑动到9秒23帧位置处，设置"光晕中心"为（2167.0，732.8）。

图7-279

（16）在"项目"面板中将配乐.mp3素材拖曳到"时间轴"面板中的A1轨道上，如图7-280所示。

图7-280

（17）在"时间轴"面板中设置配乐.mp3素材文件的结束时间为10秒，如图7-281所示。

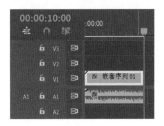

图7-281

本案例制作完成，滑动时间线效果如图7-282所示。

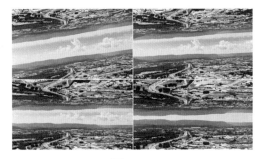

图7-282

本章小结

本章认识了视频效果组的效果以及如何使用效果。通过为素材添加合适的效果，可以将素材变形以及合成制作自然视觉效果，还可以通过添加的效果对素材进行抠像处理。

高级拓展篇

第8章
文字的高级应用

文字是设计作品中非常常见的元素，可帮助丰富画面效果，也可以点明主题突出画面效果。在之前的章节中学习了如何创建基本的文字，但文字不仅仅只起装饰作用，还可以制作许多有趣的动态效果。在本章中会学习文字的高级应用，包括旧版标题、基本图形、字幕面板等。

学习目标

"文字工具"创建文字。
"旧版标题"创建文字。
"基本图形"面板创建文字。
"字幕"面板创建文字。

思维导图

```
                                          "文字工具"创建文字

                                          "旧版标题"创建文字

                                          "基本图形"面板创建文字
                        文字的
                        高级应用
                                          "字幕"面板

                                          制作不规则的文字效果

                                          制作文字动画
```

8.1 "文字工具"创建文字

Premiere中的"文字工具"是用于快速创建文字的工具，该工具在"工具"面板中。

8.1.1 使用"文字工具"创建文字

（1）将素材导入视频轨道中，如图8-1所示。

图8-1

（2）在"工具"面板中选择"文字工具" T，然后在"节目监视器"面板中单击鼠标左键，此时输入文本，如图8-2所示。

图8-2

重点笔记

在第5章中讲解过创建文字工具、垂直文字工具、区域文字的不同方法。

8.1.2 修改"文本"的参数

（1）创建完成文字后，可以对文字进行修改。可以在"效果控件"面板/"图形"/"文本"中设置参数，如图8-3所示。

（2）还可以在"基本图形"面板中设置参数，如图8-4所示。

图8-3   图8-4

1. "基本"参数

（1）在"效果控件"面板中设置合适的"字体"和"字体大小"，如图8-5所示。

图8-5

此时文字效果如图8-6所示。

图8-6

（2）还可以设置合适的"字距调整"参数，如图8-7所示。

高级拓展篇

图 8-7

此时文字效果如图 8-8 所示。

图 8-8

2."外观"参数

（1）在"外观"参数中设置适合的"填充"颜色，如图 8-9 所示。

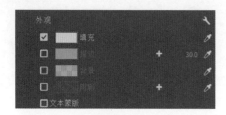

图 8-9

此时位置效果如图 8-10 所示。

图 8-10

（2）勾选"描边"，设置适合的"描边"颜色，设置后方的"描边宽度"为 30.0，如图 8-11 所示。

图 8-11

此时文字四周产生了一圈描边，如图 8-12 所示。

图 8-12

（3）勾选"背景"，设置"不透明度"为 40%，"大小"为 60.0，"角半径"为 50，如图 8-13 所示。

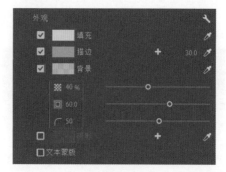

图 8-13

此时文字后方产生了背景效果，如图 8-14 所示。

图 8-14

3."变换"参数

展开"变换"，设置合适的"位置""缩放""旋转"等参数，如图 8-15 所示。

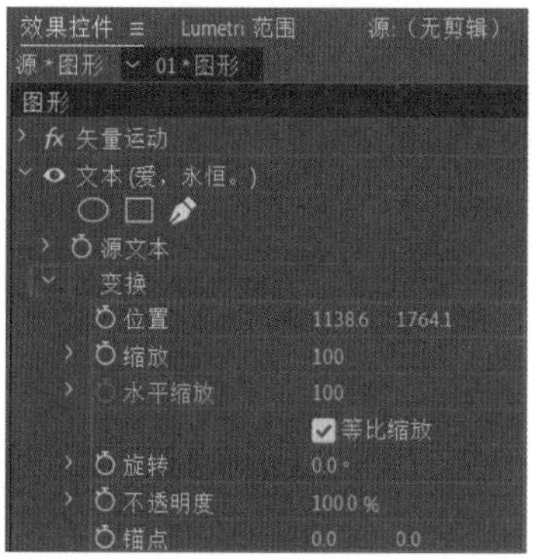

图8-15

参数文字效果如图8-16所示。

图8-16

4."对齐并变换"参数

在"基本图形"面板中，设置文字的对齐和分布方式。单击"垂直居中分布"按钮，即可将文字垂直居中于画面中，如图8-17所示。

图8-17

此时文字效果如图8-18所示。

图8-18

重点笔记

"对齐并变换"有多个参数，包括文字的对齐方式、切换等，如图8-19所示。

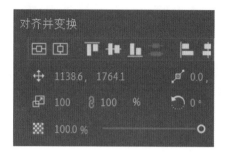

图8-19

1. （垂直居中对齐）是指文字在视频文件画面中左右居中对齐，如图8-20所示。

图8-20

2. （水平居中对齐）是指文字在视频文件画面中上下居中对齐，如图8-21所示。

图8-21

3. （顶对齐）是指文字与视频文件的顶部边缘对齐，如图8-22所示。

图8-22

高级拓展篇

4. ■（垂直对齐）是指文字与视频文件中心对齐，如图8-23所示。

图 8-23

5. ■（底对齐）是指文字与视频文件底部边缘对齐，如图8-24所示。

图 8-24

6. ■（左对齐）是指文字与视频文件左边边缘对齐，如图8-25所示。

图 8-25

7. ■（水平对齐）是指文字在视频文件中居中对齐，如图8-26所示。

图 8-26

8. ■（右对齐）是指文字与视频文件右边边缘对齐，如图8-27所示。

图 8-27

9. ■（切换动画的位置）是指调整画面文字位置，如图8-28所示。

图 8-28

10. ■（切换动画的锚点）是指调整画面文字的锚点，如图8-29所示。

图 8-29

11. ■（切换动画的比例）是指调整画面文字的大小，如图8-30所示。

图 8-30

12. ↻（切换动画的旋转）是指调整画面文字旋转角度，如图8-31所示。

图8-31

13. ▒（切换动画的不透明度）是指调整画面文字不透明度，如图8-32所示。

图8-32

8.2 "旧版标题"创建文字

"旧版标题"是Premiere中较为老旧的文字创建工具，但是功能依然很强大、丰富。

8.2.1 认识"旧版标题"

（1）导入一张素材，如图8-33所示。

图8-33

（2）菜单栏中执行"文件"/"新建"/"旧版标题"，如图8-34所示。

图8-34

（3）在弹出的对话框中单击"确定"，如图8-35所示。

（4）单击左侧的"文字工具" T 按钮，并在画布中单击鼠标左键输入文字，如图8-36所示。

图8-35

图8-36

（5）在右侧"旧版标题属性"中设置适合的"字体系列""字体大小""字符间距""颜色"参数，如图8-37所示。

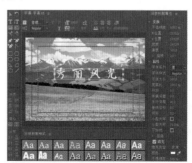

图8-37

高级拓展篇

199

（6）单击左侧的 ⬭（圆角矩形工具）按钮，在画布中拖动绘制一个圆角矩形，并在"旧版标题属性"中修改适合的"颜色"，如图8-38所示。

图8-38

（7）设置合适的"旋转"参数，使其产生倾斜效果，但是此时文字被遮挡住了，如图8-39所示。

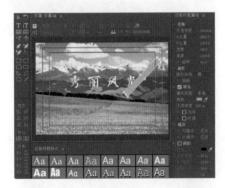

图8-39

（8）对刚才绘制完成的圆角矩形，单击右键执行"排列"/"移到最后"，如图8-40所示。

图8-40

（9）此时圆角矩形在文字的后方，如图8-41所示。

（10）选择圆角矩形，按快捷键Ctrl+C复制，Ctrl+V粘贴，并移动摆放至合适位置，也将其设置为"移到最后"，最后设置合适的"颜色"，如图8-42所示。

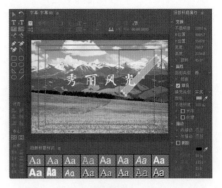

图8-41

图8-42

（11）同样的方式制作完成剩余的部分，而且可以调整矩形至合适的尺寸，如图8-43所示。

图8-43

（12）单击左侧的 ✎（钢笔工具）按钮，在画布中多次单击绘制一个三角形，并在"旧版标题属性"中设置"图形类型"为"填充贝塞尔曲线"，"填充类型"为"实底"，设置适合的"颜色"，如图8-44所示。

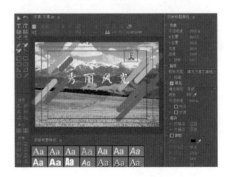

图8-44

（13）同样的方法复制或创建更多不同颜色的三角形，旋转并调整位置，如图8-45所示。

图8-45

（14）绘制完成后，单击当前界面右上角的"关闭"按钮 ✕ 。最后将项目面板中的"字幕01"拖曳至视频轨道V2中，如图8-46所示。

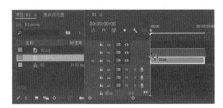

图8-46

最终效果如图8-47所示。

图8-47

 重点笔记

还可以为文字设置"旧版标题样式"。"旧版标题样式"其实就是预设了一些设置好的"旧版标题属性"参数。只需要选择文字，并单击选择一个适合的样式图案即可，如图8-48所示。

图8-48

此时文字可能出现字体缺失或字体颜色不适合等现象，那么还需要在"旧版标题属性"中重新进行修改，如图8-49所示。

图8-49

8.2.2 实战：发光文字

文件路径

实战素材/第8章

操作要点

使用"旧版标题"效果创建文字，并勾选阴影制作发光字效果

案例效果

图8-50

操作步骤

（1）新建项目、序列，导入文件。执行"文件"/"新建"/"项目"命令，接着执行"文件"/"导入"命令，导入全部素材。在"项目"面板中将01.jpg素材拖曳到"时间轴"面板中的V1轨道上，此时在"项目"面板中自动生成一个与01.jpg素材文件等大的序列，如图8-51所示。

图8-51

201

查看此时画面效果，如图 8-52 所示。

图 8-52

（2）创建文字。执行"文件"/"新建"/"旧版标题"命令，即可打开"字幕"面板，如图 8-53 所示。

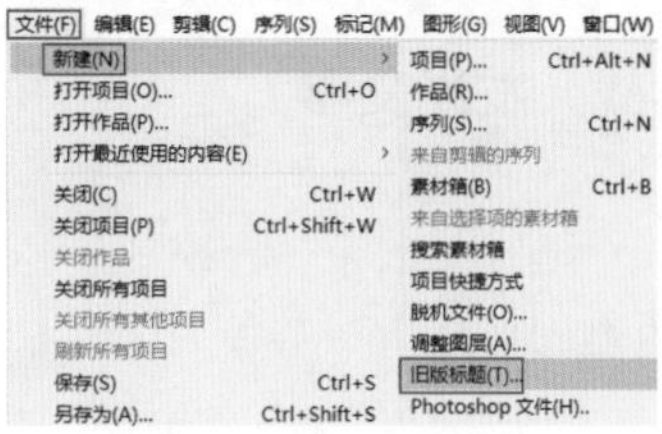

图 8-53

（3）此时会弹出一个"新建字幕"窗口，设置"名称"为"字幕 01"。在"字幕 01"面板中选择 **T**（文字工具），在工作区域中合适的位置输入文字内容。设置"对齐方式"为 **≡**（左对齐）；设置合适的"字体系列"和"字体样式"；设置"字体大小"为310.0；展开"填充"；"填充类型"为实底；"颜色"为黄色。接着勾选并展开"阴影"；设置"颜色"为柠檬黄；"不透明度"为 40%；"角度"为 135.0°；"距离"为 10.0；"大小"为 50.0；"扩展"为 100.0。设

置完成后，关闭"字幕 01"面板，如图 8-54 所示。

图 8-54

（4）在"项目"面板中将字幕 01 拖曳到"时间轴"面板中的 V2 轨道上，如图 8-55 所示。

图 8-55

本案例制作完成，滑动时间线效果如图 8-56 所示。

图 8-56

8.3 "基本图形"面板创建文字

在 Premiere Pro 的"图形工作区"和"基本图形"面板中可以创建字幕、图形和动画。

8.3.1 认识"基本图形"

（1）导入一张素材，如图 8-57 所示。

图 8-57

（2）创建文字。在"工具箱"中单击 **T**（文字工具），接着在"节目监视器"面板中合适的位置单击并输入合适的文字，如图 8-58 所示。

图 8-58

（3）在"时间轴"面板中单击 V2 轨道上的文字，如图 8-59 所示。

（4）在"基本图形"面板"对齐与变换"中，设置✛（切换动画的位置）为（2227.0，579.6），如图8-60所示。

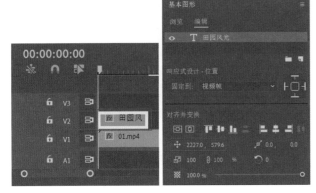

图8-59　　　　　　　　图8-60

（5）在"文字"中设置合适的"字体系列"和"字体样式"，"文字大小"为400，设置▤左对齐文本与▤顶对齐文本。在"外观"下设置"填充"为白色，如图8-61所示。

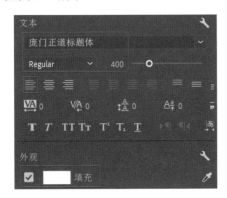

图8-61

最终完成效果如图8-62所示。

图8-62

重点笔记

1.可在"基本图形"面板中搜索"影片网络字幕"，将其拖曳到"时间轴"面板V3轨道上，如图8-63所示。

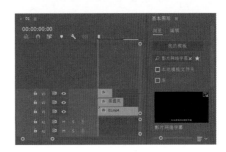

图8-63

2.在"基本图形"面板中输入合适的文字，如图8-64所示。

图8-64

3.在"文本"中设置合适的"字体系列"和"字体样式"，"文字大小"为158，接着取消勾选"阴影"，如图8-65所示。

图8-65

4.最终画面效果如图8-66所示。

图8-66

8.3.2 实战：使用基本图形的模板制作文字动画

文件路径

实战素材/第8章

操作要点

使用"基本图形"模板制作文字动画

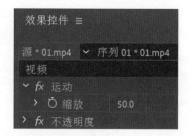

案例效果

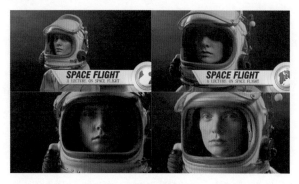

图8-67

操作步骤

（1）创建新项目，导入文件。执行"文件"/"新建"/"项目"命令，新建一个项目。接着新建序列，设置序列的"编辑模式"为"自定义"，"帧大小"为1920，水平为1080。执行"文件"/"导入"命令，导入全部素材。将01.mp4素材拖曳到"时间轴"面板中的V1轨道上，如图8-68所示。

图8-68

滑动时间线画面效果如图8-69所示。

图8-69

（2）在"时间轴"面板中选择V1轨道上的01.mp4素材文件，在"效果控件"面板中展开"运动"，设置"缩放"为50.0，如图8-70所示。

图8-70

（3）在"菜单栏"面板中，单击"窗口"按钮，在弹出的快捷菜单中，执行"基本图形"命令，如图8-71所示。

图8-71

此时Premiere Pro界面效果中，"基本图形"面板在界面右侧，如图8-72所示。

图8-72

（4）在"基本图形"面板中搜索"新闻下方三分之一靠右"模板，将该模板拖曳到"时间轴"面板V2轨道上，如图8-73所示。

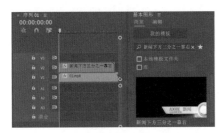

图8-73

重点笔记

1. "基本图形"面板中的模板为动态模板，可以在Premiere中快速实现After Effects中的动态图形效果。

2. 不同的模板生成的选项也不同，需要根据模板进行设置。

（5）在"时间轴"面板中单击V2轨道上的"新闻下方三分之一靠左"模板，接着在基本图形面板中选择"编辑"，在"主标题"和"次标题"中输入合适的文字。分别设置合适的"字体系列"和"字体样式"；设置主标题"字体大小"为125；次标题"字体大小"为60，并设置 TT 全部大写，如图8-74所示。

图8-74

本案例制作完成，滑动时间线效果如图8-75所示。

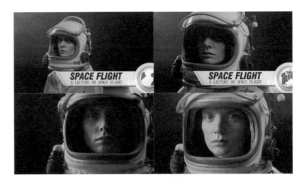

图8-75

8.4 "字幕"面板

"字幕"面板是Premiere中强大的面板，适合用于为视频配字幕，效率更高。

8.4.1 认识"字幕"面板

（1）单击Premiere界面顶部的"字幕"，切换至字幕相关的界面布局。单击进入"文本"，下方即可看到"字幕"面板，如图8-76所示。

图8-76

（2）将素材导入视频轨道中，如图8-77所示。

（3）在"文本"面板中单击"创建新字幕轨"按钮，如图8-78所示。

图8-77

图8-78

（4）在弹出的"新字幕轨道"面板中单击"确定"按钮，如图8-79所示。

（5）在"时间轴"面板中出现C1轨道副标题，如图8-80所示。

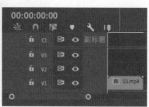

图8-79　　　　　图8-80

1. 创建轨道文字

（1）滑动时间线到合适的位置，在"文字"面板中选择"字幕"，单击 ▉▉，单击"添加新字幕分段"，如图8-81所示。

（2）在"文本"面板中的1轨道播放，输入合适的文字，如图8-82所示。

图8-81　　　　　图8-82

此时起始时间与3秒时间内文字效果如图8-83所示。

图8-83

2. 拆分轨道文字

（1）在"文本"面板中单击第一个轨道后，单击 ▉▉，单击"拆分字幕"，如图8-84所示。

（2）将时间线滑动到3秒后，在"文字"面板中选择"字幕"，单击 ▉▉，单击"添加新字幕分段"，如图8-85所示。

图8-84　　　　　图8-85

此时在"文本"面板中1轨道为起始时间到1秒12帧，2轨道为1秒12帧到3秒，如图8-86所示。

（3）单击2轨道上的文字，修改文字，如图8-87所示。

图8-86　　　　　图8-87

滑动时间线，此时文字效果如图8-88所示。

图8-88

3. 新添加轨道文字

（1）右键单击2轨道上的文字，在弹出的快捷菜单中执行"在之后添加字幕"，如图8-89所示。

（2）在3轨道输入合适的文字，如图8-90所示。

图8-89

图8-90

滑动时间线，此时文字效果如图8-91所示。

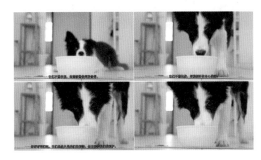
图8-91

（3）在"时间轴"面板中框选C1轨道上的文字，在"基本图形"面板中设置合适的"字体系列"和"字体样式"，"文字大小"为48，单击▤（左对齐文本）与▤（顶对齐文本）。在"外观"，取消勾选"阴影"，如图8-92所示。

图8-92

滑动时间线，最终完成效果如图8-93所示。

图8-93

重点笔记

在"文本"面板中创建轨道文字，多用于输入大量文字创建时间字幕轨。

8.4.2　实战：使用"字幕"面板手动输入字幕

文件路径

实战素材/第8章

操作要点

使用"字幕"面板中的命令快速制作文字

案例效果

图8-94

操作步骤

（1）创建新项目，导入文件。执行"文件"/"新建"/"项目"命令，新建一个项目。接着执行"文件"/"导入"命令，导入全部素材。在"项目"面板中将01.mp4素材拖曳到"时间轴"面板中的V1轨道上，此时在"项目"面板中自动生成一个与01.mp4素材文件等大的序列，如图8-95所示。

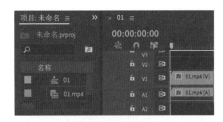
图8-95

滑动时间线画面效果如图8-96所示。

（2）在"工作栏"中单击"字幕"进入"字幕"面板。此时默认打开"文本"和"基本图形"面板，如图8-97所示。

图 8-96

图 8-97

（3）在"文本"面板中单击"创建新字幕轨"，如图 8-98 所示。

（4）在弹出的"新字幕轨道"窗口中单击"确定"按钮，如图 8-99 所示。

图 8-98

图 8-99

此时"时间轴"面板中自动弹出字幕轨道，如图 8-100 所示。

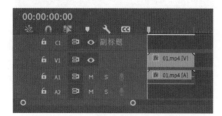

图 8-100

（5）在"文本"面板中单击 ⋯ 按钮，在弹出的快捷菜单中执行"添加新字幕分段"命令，如图 8-101 所示。

（6）在"文本"面板中双击文字并输入合适的文字，如图 8-102 所示。

图 8-101

图 8-102

（7）将"时间码"设置为 3 秒。继续在"文本"面板中单击 ⋯ 按钮，在弹出的快捷菜单中执行"添加新字幕分段"命令，如图 8-103 所示。

（8）在"文本"面板中双击文字并输入合适的文字，如图 8-104 所示。

图 8-103

图 8-104

（9）将"时间码"设置为 5 秒 23 帧。继续在"文本"面板中单击 ⋯ 按钮，在弹出的快捷菜单中执行"添加新字幕分段"命令，如图 8-105 所示。

（10）在"文本"面板中双击文字并输入合适的文字，如图 8-106 所示。

图 8-105　　　　　　　图 8-106

滑动时间线画面效果如图 8-107 所示。

图 8-107

（11）在"时间轴"面板中框选C1字幕轨道上的文字，如图8-108所示。

（12）在"基本图形"面板中设置合适的"字体系列"和"字体样式"，设置主标题"字体大小"为50，设置居中对齐文本▤和底对齐文本▤，如图8-109所示。

重点笔记

1."添加新字幕分段"效果，需Premiere Pro 2021以上版本。

2.此方法相较于其他方法适用于大批量设置文字字幕。

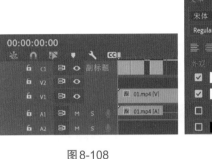

图 8-108　　　　　　　　图 8-109

本案例制作完成，滑动时间线效果如图8-110所示。

图 8-110

8.5　制作不规则的文字效果

在本节中将会学习创建路径文字、变形文字，其功能见表8-1。

表 8-1　路径文字、变形文字功能

功能名称	功能简介	图示
路径文字	路径文字是一种依附于路径并且可以按路径走向排列的文字行	
变形文字	变形文字可以为文字添加"效果"，使其外形产生变形	

8.5.1　实战：路径文字

文件路径

实战素材/第8章

操作要点

使用"旧版标题"创建路径文字，并使用"蒙版"制作文字消失效果

案例效果

图 8-111

操作步骤

（1）新建项目、序列，导入文件。执行"文件"/"新建"/"项目"命令，新建一个项目。接着执行"文件"/"导入"命令，导入全部素材。在"项目"面板中将01.mp4素材拖曳到"时间轴"面板中的V1轨道上，此时在"项目"面板中自动生成一个与01.mp4素材文件等大的序列，如图8-112所示。

图8-112

查看此时画面效果，如图8-113所示。

图8-113

（2）创建文字。执行"文件"/"新建"/"旧版标题"命令，即可打开"字幕"面板，如图8-114所示。

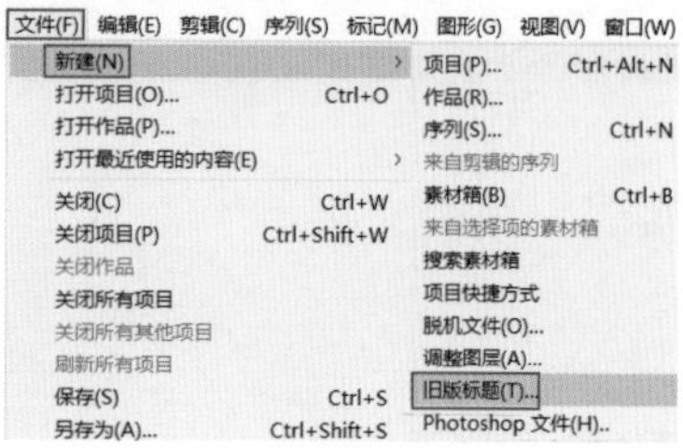

图8-114

（3）此时会弹出一个"新建字幕"窗口，设置"名称"为"字幕01"，然后单击"确定"按钮。在"字幕01"面板中选择（路径文字工具），在工作区域中人物的位置周围绘制一个图形，如图8-115所示。

图8-115

（4）再次选择（路径文字工具），在工作区域中人物的位置周围绘制一个图形，如图8-116所示。

图8-116

（5）在"字幕01"面板中选择（文字工具），在工作区域中刚绘制的路径上输入合适的文字。设置合适的"字体系列"和"字体样式"；设置"字体大小"为48.0；展开"填充"；"填充类型"为实底；"颜色"为白色。设置完成后，关闭"字幕01"面板，如图8-117所示。

图8-117

（6）在"项目"面板中将字幕01拖曳到"时间轴"面板中的V2轨道上，并设置结束时间为12秒01帧，如图8-118所示。

图8-118

滑动时间线查看此时画面效果，如图8-119所示。

图8-119

（7）在"时间轴"面板中选择V2轨道上的字幕01，在"效果控件"面板中展开"不透明度"，点击▣（创建四点多边形蒙版），将时间线滑动至起始时间位置处，单击"蒙版路径"前方的⏱（切换动画）按钮，设置"蒙版羽化"为0.0，如图8-120所示。

图8-120

（8）在"节目监视器"面板中调整▣（创建四点多边形蒙版）的大小为整个画面，如图8-121所示。

图8-121

（9）将时间线滑动至12秒位置处，在"节目监视器"面板中调整▣（创建四点多边形蒙版）到画面的顶端，如图8-122所示。

图8-122

本案例制作完成，画面效果如图8-123所示。

图8-123

8.5.2　变形文字

可以为文字添加"效果"，使其产生变形。常用的文字变形"效果"，主要存在于"效果"面板中的"扭曲"效果组，如"湍流置换""波形变形""旋转扭曲"等。

（1）创建一组文字，如图8-124所示。

图8-124

（2）为文字添加"湍流置换"效果，并设置合适参数及关键帧动画，则会出现文字的变形效果，如图8-125所示。

图8-125

（3）为文字添加"波形变形"效果，使文字产生波纹效果，如图8-126所示。

图8-126

（4）为文字添加"旋转扭曲"效果，使文字产生旋转效果，如图8-127所示。

图 8-127

（5）为文字添加"球面化"效果，并设置合适参数，使其产生变形，如图8-128所示。

图 8-128

8.6　制作文字动画

在本节中将会学习关键帧动画、文字动画预设，其功能见表8-2。

表 8-2　文字动画功能

功能名称	功能简介	图示
关键帧动画	使用关键帧动画，可以为文字设置常见的动画效果，如位置动画、旋转动画、缩放动画、不透明度动画等	
文字动画预设	"文字动画预设"可以为文字设置软件自带的预设动画，可以快速制作复杂的、趣味的动画效果	
基本图形	在"基本图形"面板中，有软件自带的动态图形模板，可以快速制作动画效果	

8.6.1　实战：Vlog片头手写文字

文件路径

实战素材/第8章

操作要点

使用"高斯模糊"效果制作模糊感视频，使用"书写"效

果制作Vlog片头手写文字

案例效果

图 8-129

操作步骤

（1）新建项目、序列，导入文件。执行"文件"/"新建"/"项目"命令，新建一个项目。接着执行"文件"/"导入"命令，导入全部素材。在"项目"面板中将01.mp4素材拖曳到"时间轴"面板中的V1轨道上，此时在"项目"面板中自动生成一个与01.mp4素材文件等大的序列。接着将配乐.mp3素材文件拖曳到A1轨道上，如图8-130所示。

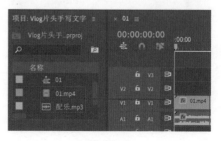

图 8-130

查看此时画面效果，如图8-131所示。

图8-131

（2）制作模糊效果。在"效果"面板中搜索"高斯模糊"，将该效果拖曳到V1轨道的01.mp4素材文件上，如图8-132所示。

图8-132

（3）在"时间轴"面板中选择V1轨道上的01.mp4素材文件，在"效果控件"面板中展开"高斯模糊"，将时间线滑动至18秒15帧位置处，单击"模糊度"前方的（切换动画）按钮，设置"模糊度"为0.0；时间线滑动到结束时间位置处，设置"模糊度"为100.0。勾选"重复边缘像素"，如图8-133所示。

图8-133

（4）创建文字。执行"文件"/"新建"/"旧版标题"命令，即可打开"字幕"面板，如图8-134所示。

图8-134

（5）此时会弹出一个"新建字幕"窗口，设置"名称"为"字幕01"。在"字幕01"面板中选择（文字工具），在工作区域中合适的位置输入文字内容。设置"对齐方式"为（左对齐）；设置合适的"字体系列"和"字体样式"；设置"字体大小"为500.0；"填充类型"为实底；"颜色"为白色。设置完成后，关闭"字幕01"面板，如图8-135所示。

图8-135

（6）在"项目"面板中将字幕01拖曳到"时间轴"面板中的V2轨道上18秒15帧位置处，如图8-136所示。

图8-136

滑动时间线画面效果如图8-137所示。

图8-137

（7）在"时间轴"面板中右键单击V2轨道上的字幕01，在弹出的快捷菜单中执行"嵌套"命令，如图8-138所示。

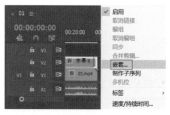

图8-138

高级拓展篇

（8）制作手写字效果。在"效果"面板中搜索"书写"，将该效果拖曳到V2轨道的嵌套序列01上，如图8-139所示。

图 8-139

（9）在"时间轴"面板中选择V2轨道上的嵌套序列01，在"效果控件"面板中展开"书写"，将时间线滑动至18秒15帧位置处，单击"画笔位置"前方的 ⏱ （切换动画）按钮，设置"画笔位置"为（1029.0，615.0），设置"画笔大小"为40.0，"绘制样式"为在原始图像上，如图8-140所示。

图 8-140

查看此时"节目监视器"面板中画笔位置，如图8-141所示。

图 8-141

（10）将时间线滑动至18秒17帧位置处，接着在"节目监视器"面板中调整画笔位置，如图8-142所示。

（11）将时间线滑动至18秒19帧位置处，接着在"节目监视器"面板中调整画笔位置，如图8-143所示。

图 8-142

图 8-143

（12）将时间线滑动至18秒21帧位置处，接着在"节目监视器"面板中调整画笔位置，如图8-144所示。

图 8-144

（13）将时间线滑动至18秒23帧位置处，接着在"节目监视器"面板中调整画笔位置，如图8-145所示。

图 8-145

（14）将时间线滑动至19秒位置处，接着在"节目监视器"面板中调整画笔位置，如图8-146所示。

（15）将时间线滑动至19秒02帧位置处，接着在"节目监视器"面板中调整画笔位置，如图8-147所示。

图 8-146

图 8-147

（16）将时间线滑动至19秒04帧位置处，接着在"节目监视器"面板中调整画笔位置，如图8-148所示。

图 8-148

（17）将时间线滑动至19秒06帧位置处，接着在"节目监视器"面板中调整画笔位置，如图8-149所示。

图 8-149

（18）将时间线滑动至19秒08帧位置处，接着在"节目监视器"面板中调整画笔位置，如图8-150所示。

（19）在"时间轴"面板中选择V2轨道上的嵌套序列01，在"效果控件"面板中展开"书写"，接着设置"绘制样式"为显示原始图像，如图8-151所示。

图 8-150

图 8-151

滑动时间线画面效果如图8-152所示。

图 8-152

（20）以同样的方式制作剩余的字母，制作书写效果（在绘制完成后可以调整控制杆的位置）。

本案例制作完成，滑动时间线效果如图8-153所示。

图 8-153

8.6.2 实战：视频配弹出字幕动画

文件路径

实战素材/第8章

操作要点

使用旧版标题制作主体文字，并使用"快速模糊入点"制作文字效果

案例效果

图 8-154

操作步骤

（1）新建序列、导入文件。执行"文件"/"新建"/"项目"命令，新建一个项目。接着执行"文件"/"导入"命令，导入全部素材。在"项目"面板中将01.mp4素材拖曳到"时间轴"面板中的V1轨道上，此时在"项目"面板中自动生成一个与01.mp4素材文件等大的序列，如图8-155所示。

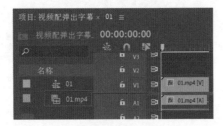

图 8-155

滑动时间线画面效果如图8-156所示。

图 8-156

（2）在"时间轴"面板中选择V1轨道上的01.mp4素材，单击"工具箱"中 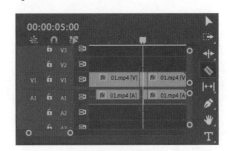（剃刀工具）按钮，然后将时间线滑动到5秒的位置，单击鼠标左键剪辑01.mp4素材文件，如图8-157所示。

图 8-157

（3）单击"工具箱"中的 （选择工具）按钮。在"时间轴"面板中选中剪辑后的01.mp4素材文件后半部分，接着按下键盘上的Delete键进行删除，如图8-158所示。

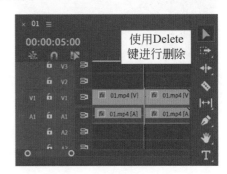

图 8-158

（4）在"项目"面板中单击右键执行"新建项目"/"颜色遮罩"命令，如图8-159所示。

图 8-159

（5）在弹出的"新建颜色遮罩"窗口中，单击"确定"按钮。在弹出的"拾色器"中选择深绿色，如图8-160所示。

图 8-160

（6）在"项目"面板中将颜色遮罩拖曳到"时间轴"面板中V2轨道上，如图8-161所示。

图 8-161

此时画面效果如图8-162所示。

图 8-162

（7）在"时间轴"面板中单击V2轨道中的颜色遮罩，接着打开"效果"面板展开"运动"，设置"位置"为（540.0，343.0），取消勾选"等比缩放"，"缩放"为18.0，如图8-163所示。

图 8-163

此时画面效果如图8-164所示。

图 8-164

（8）在"时间轴"面板中选择V2轨道上的颜色遮罩，在"效果控件"面板中展开"不透明度"，将时间线滑动至起始时间位置处，单击"不透明度"前方的 ○（切换动画）按钮，设置"不透明度"为0.0%，如图8-165所示；接着将时间线滑动到15帧位置处，设置"不透明度"为70.0%。

图 8-165

滑动时间线画面效果如图8-166所示。

图 8-166

（9）创建文字。执行"文件"/"新建"/"旧版标题"
命令，即可打开"字幕"面板，如图8-167所示。

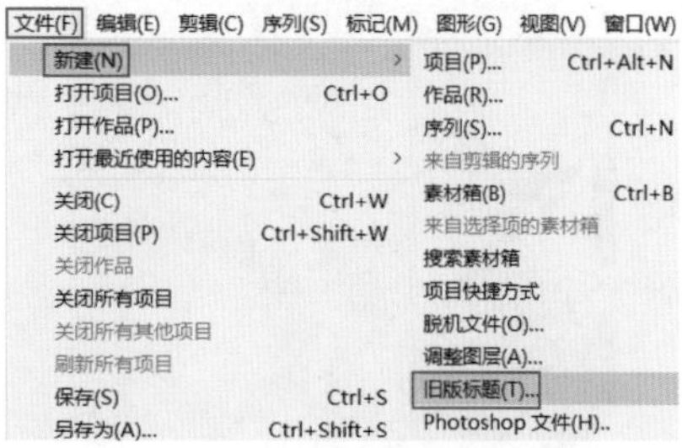

图 8-167

（10）在"字幕01"面板中选择 🅃（文字工具），
在工作区域中合适的位置输入文字内容。设置合适
的"字体系列"和"字体样式"；设置"字体大小"
为100.0；展开"填充"；"填充类型"为实底；"颜色"
为白色。设置完成后，关闭"字幕01"面板，如图
8-168所示。

图 8-168

（11）在"项目"面板中将字幕01拖曳到"时间
轴"面板中的V4轨道上09帧位置处，如图8-169所示。

图 8-169

设置"时间轴"面板中字幕01文件的结束时间
为5秒，如图8-170所示。

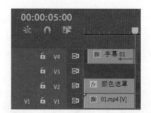

图 8-170

（12）将时间线滑动至09帧位置处，在"效
果"面板中搜索"快速模糊入点"，将该效果拖曳到
"时间轴"面板V4轨道的字幕01素材文件上，如图
8-171所示。

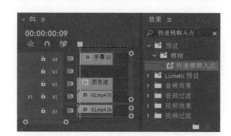

图 8-171

滑动时间线画面效果如图8-172所示。

图 8-172

218

（13）创建文字。执行"文件"/"新建"/"旧版标题"命令，即可打开"字幕"面板，如图8-173所示。

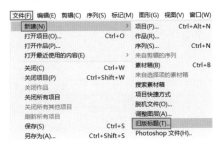

图8-173

（14）在"字幕02"面板中选择 ⊤（文字工具），在工作区域中合适的位置输入文字内容。设置合适的"字体系列"和"字体样式"；设置"字体大小"为100.0；展开"填充"；"填充类型"为实底；"颜色"为白色。设置完成后，关闭"字幕02"面板，如图8-174所示。

图8-174

（15）在"项目"面板中将字幕02拖曳到"时间轴"面板中的V3轨道上1秒位置处，如图8-175所示。

图8-175

（16）设置"时间轴"面板中字幕02文件的结束时间为5秒，如图8-176所示。

（17）将时间线滑动至1秒位置处，在"效果"面板中搜索"快速模糊入点"，将该效果拖曳到"时间轴"面板V3轨道的字幕02素材文件上，如图8-177所示。

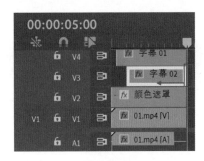

图8-176

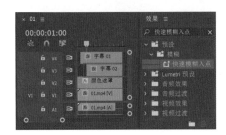

图8-177

本案例制作完成，滑动时间线效果如图8-178所示。

图8-178

8.6.3 实战：为短视频配字幕

文件路径

实战素材/第8章

操作要点

使用旧版标题制作主体文字，并使用"黑场过渡"制作文字效果

案例效果

图 8-179

操作步骤

（1）新建序列。执行"文件"/"新建"/"项目"命令，新建一个项目。执行"文件"/"新建"/"序列"命令。在新建序列窗口中单击"设置"按钮，设置"编辑模式"为自定义；设置"时基"为25.00帧/秒，设置"帧大小"为1920，"水平"为1080；设置"像素长宽比"为方形像素（1.0）。接着执行"文件"/"导入"命令，导入全部素材。在"项目"面板中将春.mp4拖曳到"时间轴"面板中V1轨道上。在弹出的"剪辑不匹配警告"窗口中单击"保持现有设置"按钮，如图8-180所示。

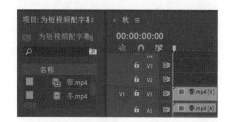

图 8-180

滑动时间线画面效果如图8-181所示。

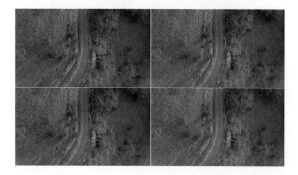

图 8-181

（2）在"时间轴"面板中选择V1轨道上的春.mp4素材，单击"工具箱"中 （剃刀工具）按

钮，然后将时间线滑动到16秒的位置，单击鼠标左键剪辑春.mp4素材文件，如图8-182所示。

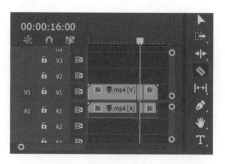

图 8-182

（3）单击"工具箱"中的 （选择工具）按钮。在"时间轴"面板中选中剪辑后的春.mp4素材文件后半部分，接着按下键盘上的Delete键进行删除，如图8-183所示。

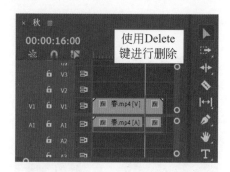

图 8-183

（4）在"时间轴"面板中右键单击V1轨道春.mp4素材文件，在弹出的快捷菜单中执行"取消链接"命令，如图8-184所示。

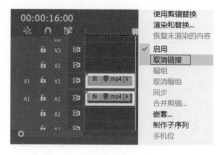

图 8-184

（5）在"时间轴"面板中选择A1轨道上的春.mp4素材文件的音频，使用Delete键进行删除，如图8-185所示。

（6）在"时间轴"面板中单击V1轨道中的春.mp4素材文件，接着打开"效果"面板展开"运动"，设置"缩放"为75.0，如图8-186所示。

图8-185

图8-186

（7）在"效果"面板中搜索"黑场过渡"，将该效果拖曳到"时间轴"面板V1轨道的春.mp4素材文件的起始时间位置处，如图8-187所示。

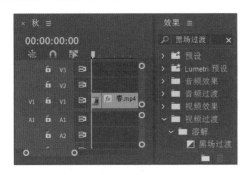

图8-187

 重点笔记

1."黑场过渡"效果也拖曳到两个视频中间的位置，使两个视频过渡效果更自然。

2."黑场过渡"效果在效果控件面板中可控制整体的持续时间，如设置"持续时间"为17帧，如图8-188所示。

图8-188

滑动时间线画面效果如图8-189所示。

（8）创建文字。执行"文件"/"新建"/"旧版标题"命令，即可打开"字幕"面板，如图8-190所示。

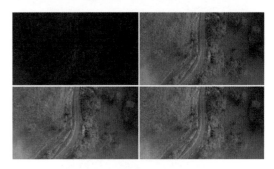

图8-189

图8-190

（9）在"字幕01"面板中选择 **T**（文字工具），在工作区域中合适的位置输入文字内容。设置合适的"字体系列"和"字体样式"；设置"字体大小"为80.0；展开"填充"；"填充类型"为实底；"颜色"为白色。设置完成后，关闭"字幕01"面板，如图8-191所示。

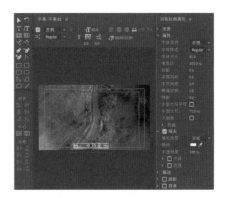

图8-191

（10）在"项目"面板中将字幕01拖曳到"时间轴"面板中的V2轨道上，如图8-192所示。

图8-192

（11）设置"时间轴"面板中字幕01文件的结束时间为3秒24帧，如图8-193所示。

图8-193

（12）在"效果"面板中搜索"黑场过渡"，将该效果拖曳到"时间轴"面板V2轨道的字幕01素材文件上，如图8-194所示。

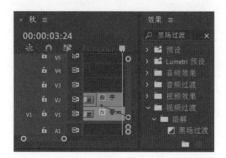

图8-194

（13）在"项目"面板中将夏.mp4拖曳到"时间轴"面板中V2轨道上4秒位置处，如图8-195所示。

图8-195

（14）在"时间轴"面板中选择V2轨道上的夏.mp4素材，单击"工具箱"中 （剃刀工具）按钮，然后将时间线滑动到16秒的位置，单击鼠标左键剪辑夏.mp4素材文件，如图8-196所示。

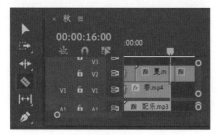

图8-196

（15）单击"工具箱"中的 （选择工具）按钮。在"时间轴"面板中选中剪辑后的夏.mp4素材文件后半部分，接着按下键盘上的Delete键进行删除，如图8-197所示。

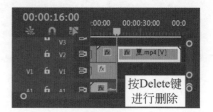

图8-197

（16）在"时间轴"面板中单击V1轨道中的夏.mp4素材文件，接着打开"效果"面板展开"运动"，设置"缩放"为76.0，如图8-198所示。

图8-198

滑动时间线画面效果如图8-199所示。

图8-199

（17）创建文字。执行"文件"/"新建"/"旧版标题"命令，即可打开"字幕"面板。在"字幕02"面板中选择 （文字工具），在工作区域中合适的位置输入文字内容。设置合适的"字体系列"和"字体样式"；设置"字体大小"为80.0；展开"填充"；"填充类型"为实底；"颜色"为白色。设置完成后，关闭"字幕02"面板，如图8-200所示。

（18）在"项目"面板中将字幕02拖曳到"时间轴"面板中V2轨道上4秒位置处，如图8-201所示。

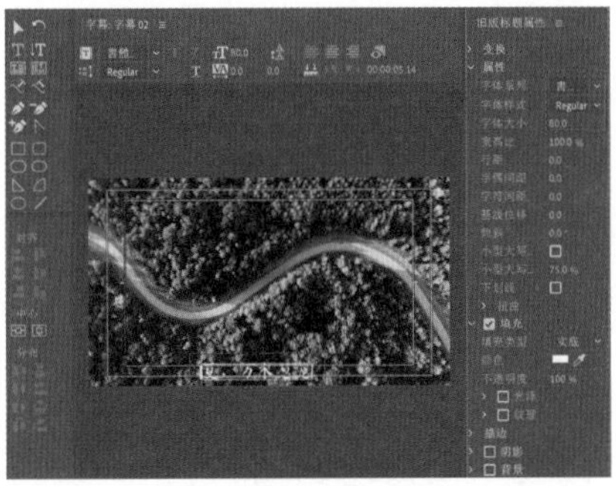

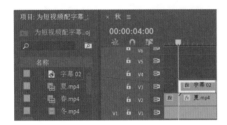

图 8-200

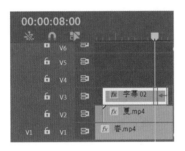

图 8-201

（19）设置"时间轴"面板中字幕 02 文件的结束时间为 8 秒，如图 8-202 所示。

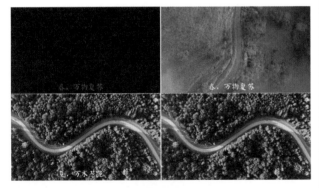

图 8-202

滑动时间线画面效果如图 8-203 所示。

图 8-203

（20）使用同样的方法分别将秋.mp4、冬.mp4 拖曳到 V3、V4 轨道上 8 秒、12 秒位置处，并设置结束时间为 16 秒，如图 8-204 所示。

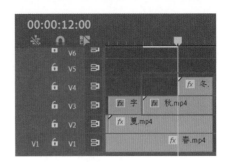

图 8-204

滑动时间线画面效果如图 8-205 所示。

图 8-205

（21）使用同样的方法创建合适的"字体系列"和"字体样式"与大小，并拖曳到"时间轴"面板上设置合适的起始时间与结束时间。

滑动时间线画面效果如图 8-206 所示。

图 8-206

本案例制作完成，滑动时间线效果如图 8-207 所示。

图 8-207

高级拓展篇

223

高级拓展篇

8.6.4 实战：短视频片尾演职人员字幕

文件路径

实战素材/第8章

操作要点

使用旧版标题制作主体滚动文字，并使用"白场过渡""黑场过渡""快速模糊入点"效果制作片尾字幕

案例效果

图 8-208

操作步骤

Part 01

（1）创建新项目，导入文件。执行"文件"/"新建"/"项目"命令，新建一个项目。接着执行"文件"/"导入"命令，导入全部素材。在"项目"面板中将01.mp4素材拖曳到"时间轴"面板中的V1轨道上，此时在"项目"面板中自动生成一个与01.mp4素材文件等大的序列，如图8-209所示。

图 8-209

滑动时间线画面效果如图8-210所示。

图 8-210

（2）在"效果"面板中搜索"高斯模糊"，将该效果拖曳到"时间轴"面板V1轨道的01.mp4素材文件上，如图8-211所示。

图 8-211

（3）在"时间轴"面板中单击V1轨道中的01.mp4素材文件，接着打开"效果"面板，展开"高斯模糊"，设置"模糊度"为200.0，勾选"重复边缘像素"，如图8-212所示。

此时画面效果如图8-213所示。

图 8-212　　　　　　　图 8-213

（4）创建文字。执行"文件"/"新建"/"旧版标题"命令，即可打开"字幕"面板，如图8-214所示。

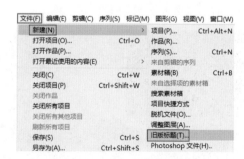

图 8-214

（5）在"字幕01"面板中选择 T（文字工具），在工作区域中合适的位置输入文字内容。设置合适的"字体系列"和"字体样式"；设置"字体大小"为50.0；展开"填充"；"填充类型"为实底；"颜色"为白色。设置完成后，关闭"字幕01"面板，如图8-215所示。

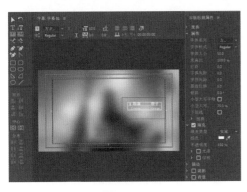

图 8-215

（6）在"项目"面板中将字幕01素材拖曳到"时间轴"面板中的V2轨道上，如图8-216所示。

图 8-216

（7）设置"时间轴"面板中字幕01文件的结束时间为2秒，如图8-217所示。

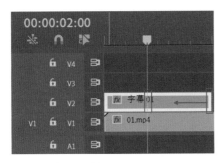

图 8-217

（8）在"效果"面板中搜索"快速模糊入点"，将该效果拖曳到"时间轴"面板V2轨道的字幕01文件上，如图8-218所示。

图 8-218

滑动时间线画面效果如图8-219所示。

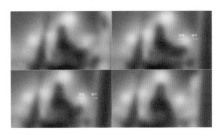

图 8-219

（9）创建文字。执行"文件"/"新建"/"旧版标题"命令，即可打开"字幕"面板，如图8-220所示。

图 8-220

（10）在"字幕02"面板中选择 🅣（文字工具），在工作区域中合适的位置输入文字内容。设置合适的"字体系列"和"字体样式"；设置"字体大小"为55.0；展开"填充"；"填充类型"为实底；"颜色"为白色。设置完成后，关闭"字幕02"面板，如图8-221所示。

图 8-221

（11）在"项目"面板中将字幕02素材拖曳到"时间轴"面板中的V2轨道上2秒位置处，如图8-222所示。

图 8-222

（12）设置"时间轴"面板中字幕02文件的结束时间为4秒，如图8-223所示。

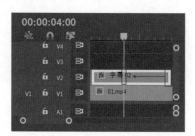

图 8-223

（13）在"效果"面板中搜索"快速模糊入点"，将该效果拖曳到"时间轴"面板V2轨道的字幕02文件上，如图8-224所示。

图 8-224

滑动时间线画面效果如图8-225所示。

图 8-225

（14）使用同样的方法创建文字，并制作同样的文字动画效果，拖曳到"时间轴"面板中V2轨道上字幕02后方，分别设置结束时间为6秒、11秒。

滑动时间线画面效果如图8-226所示。

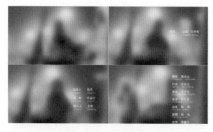

图 8-226

（15）在"时间轴"面板中双击V2轨道的字幕04素材文件，在弹出的"字幕04"窗口中单击"滚动/游动选项"，如图8-227所示。

图 8-227

（16）在弹出的"滚动/游动选项"窗口，单击选择"滚动"，接着单击"确定"按钮，关闭"字幕04"，如图8-228所示。

图 8-228

（17）在"时间轴"面板中框选V2轨道上的所有文件，单击右键，在弹出的快捷菜单中执行"嵌套"命令，如图8-229所示。

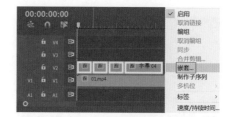

图 8-229

（18）在弹出的"嵌套序列名称"窗口，单击"确定"按钮，如图8-230所示。

图 8-230

📝 **重点笔记**

1."嵌套序列"可对素材文件整体进行快速处理与修改。

2.当"时间轴"轨道素材文件过多时，"嵌套序列"便于剪辑和管理，使"时间轴"面板更简洁。

（19）在"效果"面板中搜索"白场过渡"，将该效果拖曳到"时间轴"面板V2轨道的嵌套序列01起始时间上，如图8-231所示。

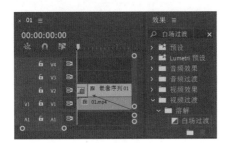

图8-231

（20）在"效果"面板中搜索"黑场过渡"，将该效果拖曳到"时间轴"面板V2轨道的嵌套序列01结束时间上，如图8-232所示。

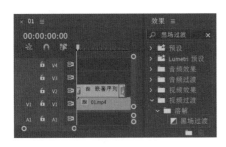

图8-232

滑动时间线画面效果如图8-233所示。

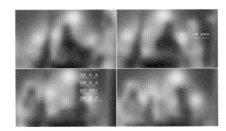

图8-233

Part 02

（1）在"项目"面板中将01.mp4素材拖曳到"时间轴"面板中的V3轨道上，如图8-234所示。

图8-234

（2）在"时间轴"面板中选择V3轨道上的

01.mp4素材文件，在"效果控件"面板中展开"运动"，将时间线滑动至13帧位置处，单击"位置""缩放"前方的 ⊘（切换动画）按钮，设置"位置"为（960.0，540.0），"缩放"为100.0，如图8-235所示。接着将时间线滑动到1秒05帧位置处，设置"位置"为（401.0，540.0），"缩放"为50.0。

图8-235

（3）在"项目"面板中右键单击执行"新建项目"/"颜色遮罩"命令，如图8-236所示。

图8-236

（4）在弹出的"新建颜色遮罩"窗口中，单击"确定"按钮。在弹出的"拾色器"中选择黑色，如图8-237所示。

图8-237

（5）在"项目"面板中将颜色遮罩拖曳到"时间轴"面板中的V4轨道上，如图8-238所示。

（6）设置"时间轴"面板中颜色遮罩的结束时间为11秒13帧，如图8-239所示。

高级拓展篇

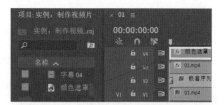

图 8-238

图 8-239

（7）在"时间轴"面板中选择 V4 轨道上的颜色遮罩，在"效果控件"面板中展开"运动"，将时间线滑动至 1 秒 06 帧位置处，单击"位置"前方的 ⏱ （切换动画）按钮，设置"位置"为（−660.0，540.0），如图 8-240 所示。接着将时间线滑动到 2 秒 05 帧位置处，设置"位置"为（1724.0，540.0），设置"缩放"为 67.0。

（8）在"时间轴"面板中选择 V4 轨道上的颜色遮罩，在"效果控件"面板中展开"不透明度"，设置"不透明度"为 50.0%，如图 8-241 所示。

图 8-240   图 8-241

（9）在"项目"面板中将配乐.mp3 拖曳到"时间轴"面板中 A1 轨道上，如图 8-242 所示。

图 8-242

本案例制作完成，滑动时间线效果如图 8-243 所示。

图 8-243

8.6.5　实战：快速批量语音转字幕

文件路径

实战素材/第8章

操作要点

使用"基本图形"模板和"网易见外工作台"快速批量语音转字幕

案例效果

图 8-244

操作步骤

（1）创建新项目，导入文件。执行"文件"/"新建"/"项目"命令，新建一个项目。接着执行"文件"/"导入"命令，导入全部素材。在"项目"面板中将 01.mp4 素材拖曳到"时间轴"面板中的 V1 轨道上，此时在"项目"面板中自动生成一个与 01.mp4 素材文件等大的序列，如图 8-245 所示。

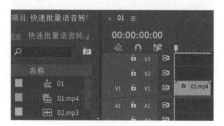

图 8-245

滑动时间线画面效果如图8-246所示。

图 8-246

（2）在"项目"面板中将02.mp3素材拖曳到"时间轴"面板中的A1轨道上，如图8-247所示。

图 8-247

（3）在"时间轴"面板中右键单击01.mp4，在弹出的快捷菜单中执行"速度/持续时间"命令，如图8-248所示。

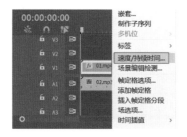

图 8-248

（4）在弹出的"剪辑速度/持续时间"窗口中设置"速度"为83.19%，"持续时间"为24秒01帧，如图8-249所示。

图 8-249

（5）在浏览器中搜索"网易见外工作台"，打开网易见外工作台，在网易工作台中如未有网易邮箱，先注册后登录，如图8-250所示。

图 8-250

（6）登录过后，单击"新建"按钮，如图8-251所示。

图 8-251

（7）在弹出的"新建项目"窗口中单击"语音转写"按钮，如图8-252所示。

图 8-252

（8）在弹出的"语音转写"窗口中，设置"项目"名称为字幕，"文件语言"为中文，"出稿类型"为字幕，如图8-253所示。

图 8-253

（9）单击"上传文件"后方的"添加音频"，在弹出的"打开"窗口中，单击选择02.mp3人声素材文件后，单击"打开"按钮，如图8-254所示。

图 8-254

（10）在"语音转写"窗口中，单击"提交"按钮，如图8-255所示。

图 8-255

（11）此时网易见外工作台中出现刚刚提交的文件，需等待一段时间后，刷新网站，如图8-256所示。

图 8-256

（12）单击"字幕"项目，在弹出的"字幕"面板中播放音频，可修改已有的文字。修改好后单击"导出"按钮，如图8-257所示。

图 8-257

（13）在弹出的"新建下载任务"窗口中设置合适的保存路径与文件名称。接着单击"下载"按钮，如图8-258所示。

图 8-258

重点笔记

目前常用的音频转文字的软件有许多，如网易见外工作台、讯飞、Arctime、剪映等。网易见外工作台是免费的，也更加便捷。

（14）在Premiere Pro "项目"面板中将CHS_字幕.srt素材拖曳到"时间轴"面板中的C1轨道上，如图8-259所示。

（15）在拖曳的过程中，在弹出的"新字幕轨道"窗口中单击"确定"按钮，如图8-260所示。

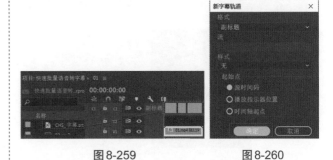

图 8-259　　　　　图 8-260

滑动时间线画面效果如图8-261所示。

图 8-261

（16）在"时间轴"面板框选C1轨道上的素材文件，在"基本图形"面板中单击"编辑"，单击取消勾选"阴影"，如图8-262所示。

图8-262

本案例制作完成，滑动时间线效果如图8-263所示。

图8-263

8.7 课后练习：文字浪漫波浪动画

文件路径

实战素材/第8章

操作要点

使用"旧版标题"创建文字，使用"胶片溶解"制作文字过渡效果，并使用"蒙版"与"混合模式"制作文字浪漫波浪动画

案例效果

图8-264

操作步骤

（1）新建项目、序列，导入文件。执行"文件"/"新建"/"项目"命令，新建一个项目。接着执行"文件"/"导入"命令，导入全部素材。在"项目"面板中将01.mp4素材拖曳到"时间轴"面板中的V1轨道上，此时在"项目"面板中自动生成一个与01.mp4素材文件等大的序列，如图8-265所示。

查看此时画面效果，如图8-266所示。

图8-265

图8-266

（2）创建文字。执行"文件"/"新建"/"旧版标题"命令，即可打开"字幕"面板，如图8-267所示。

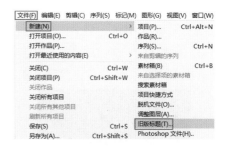

图8-267

（3）在"字幕01"面板中选择■（文字工具），在工作区域中合适的位置输入文字内容。设置合适

的"字体系列"和"字体样式"；设置"字体大小"为600.0；展开"填充"；"填充类型"为实底；"颜色"为淡紫色。设置完成后，关闭"字幕01"面板，如图8-268所示。

图 8-268

（4）在"项目"面板中将字幕01拖曳到"时间轴"面板中的V3轨道3秒位置处，如图8-269所示。

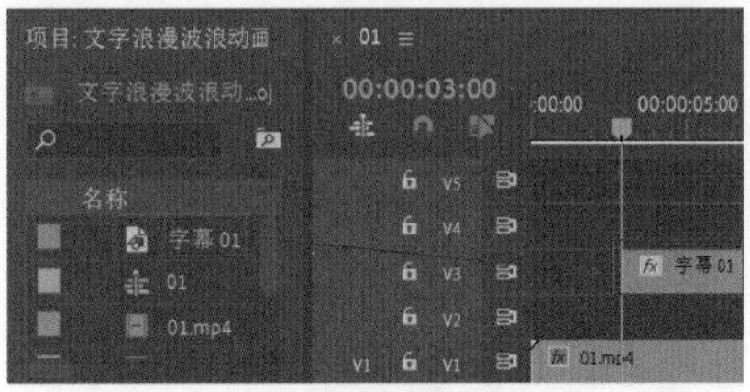

图 8-269

（5）在"时间轴"面板中的V3轨道上设置字幕01结束时间为7秒21帧，如图8-270所示。

图 8-270

（6）在"时间轴"面板中选择V3轨道上的字幕01，在"效果控件"面板中展开"不透明度"，点击 🖋 （自由绘制贝塞尔曲线），将时间线滑动至3秒位置处，单击"蒙版路径"前方的 ⏱ （切换动画）按钮，设置"蒙版羽化"为0.0，如图8-271所示。

图 8-271

（7）在"节目监视器"面板中绘制贝塞尔曲线合适的大小与图形，如图8-272所示。

图 8-272

（8）将时间线滑动至3秒16帧位置处，在"节目监视器"面板中调整贝塞尔曲线到合适的位置与大小，如图8-273所示。

图 8-273

（9）将时间线滑动至4秒19帧位置处，在"节目监视器"面板中调整贝塞尔曲线到合适的位置与大小，如图8-274所示。

图 8-274

（10）将时间线滑动至5秒10帧位置处，在"节目监视器"面板中调整贝塞尔曲线到合适的位置与大小，如图8-275所示。

图 8-275

（11）将时间线滑动至6秒06帧位置处，在"节目监视器"面板中调整贝塞尔曲线到合适的位置与大小，如图8-276所示。

图8-276

（12）将时间线滑动至7秒03帧位置处，在"节目监视器"面板中调整贝塞尔曲线到合适的位置与大小，如图8-277所示。

图8-277

滑动时间线查看此时画面效果，如图8-278所示。

图8-278

（13）在"时间轴"面板中选择V3轨道上字幕01，使用Alt键拖曳到V2轨道上3秒位置，如图8-279所示。

图8-279

（14）在"时间轴"面板中选择V2轨道上的字幕01复制01，在"效果控件"面板中展开"不透明度"，选择"蒙版（1）"，使用Delete键进行删除，如图8-280所示。

图8-280

（15）在"时间轴"面板中选择V2轨道上字幕01复制01，设置起始时间为1秒21帧，如图8-281所示。

图8-281

（16）在"时间轴"面板中双击V2轨道上字幕01复制01，此时进入字幕面板中，在"旧版标题属性"中取消勾选"填充"，展开"描边"/"外描边"，单击"外描边"后方的添加，接着设置"类型"为边缘，"大小"为5.0，"填充"类型为实底，"颜色"为白色。设置完成后关闭字幕面板，如图8-282所示。

图8-282

（17）制作过渡效果。在"效果"面板中搜索"Film Dissolve"，将该效果拖曳到V2轨道上字幕01复制01结束时间位置处，如图8-283所示。

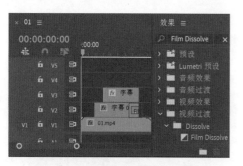

图 8-283

（18）制作过渡效果。在"效果"面板中搜索
"Film Dissolve"效果，将该效果拖曳到 V2 轨道上字
幕 01 复制 01 起始时间位置处，如图 8-284 所示。

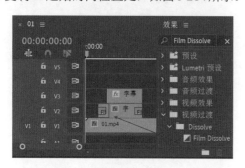

图 8-284

（19）在"项目"面板中将 02.mp4 素材文件拖曳
到"时间轴"面板中的 V4 轨道上 1 秒 21 帧位置处，
如图 8-285 所示。

图 8-285

（20）在"时间轴"面板中右键单击 02.mp4 素材
文件，在弹出的快捷菜单中执行"取消链接"命令，
如图 8-286 所示。

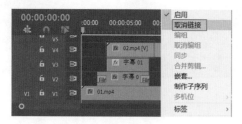

图 8-286

（21）在 A4 轨道上选择 02.mp4 配乐并在键盘中

点击 Delete 键进行删除，如图 8-287 所示。

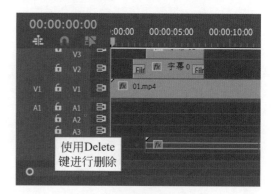

图 8-287

（22）在"时间轴"面板中选择 V4 轨道上的
02.mp4 素材文件，在"效果控件"面板中展开"运
动"，设置"缩放"为 146.0，接着展开"不透明度"，
设置"混合模式"为线性减淡（添加），如图 8-288
所示。

图 8-288

滑动时间线查看此时画面效果，如图 8-289 所示。

图 8-289

（23）在"项目"面板中将 03.mov 素材文件拖曳
到"时间轴"面板中 V5 轨道上 1 秒 21 帧位置处，如
图 8-290 所示。

（24）在"时间轴"面板中选择 V5 轨道上的
03.mov 素材文件，在"效果控件"面板中展开"运
动"，设置"缩放"为 135.0，如图 8-291 所示。

图 8-290

图 8-291

此时画面效果如图 8-292 所示。

图 8-292

（25）在"时间轴"面板中选择 V5 轨道上的 03.mov 素材文件，在"效果控件"面板中展开"不透明度"，点击 ✎ （自由绘制贝塞尔曲线），将时间线滑动至 3 秒 04 帧位置处，设置"混合模式"为叠加，如图 8-293 所示。

图 8-293

（26）在"节目监视器"面板中使用 ✎ （自由绘制贝塞尔曲线）绘制单词 R 的外围，如图 8-294 所示。

图 8-294

滑动时间线画面效果如图 8-295 所示。

图 8-295

（27）以同样的方法继续添加蒙版绘制剩余字母。本案例制作完成，画面效果如图 8-296 所示。

图 8-296

 **本章小结**

　　本章认识了文本工具，学习了如何创建文本、修改文本属性以及创建文本动画的多种方法。

高级拓展篇

第9章
震撼的转场效果

转场效果是Premiere效果中的一种，非常实用。在对素材进行剪辑之后，视频与视频直接过渡会非常突兀和僵硬，这时就需要借助转场效果，使得视频过渡更符合镜头语言的感觉。除了添加内置的转场效果外，还可以为视频添加效果并设置关键帧动画制作更炫酷的转场效果。

学习目标

了解各类转场效果组的类型
掌握为视频添加效果，并设置关键帧动画制作转场

思维导图

震撼的转场效果

- "3D Motion（3D 运动）"效果组
- "Dissolve（溶解）"效果组
- "Iris（划像）"效果组
- "Page Peel（页面剥落）"效果组
- "Slide（滑动）"效果组
- "Wipe"效果组
- "Zoom"效果组
- "关键帧动画"制作转场效果

9.1 "3D Motion（3D 运动）"效果组

 功能速查

"3D Motion（3D 运动）"效果组可以制作立体的过渡效果。

将素材图片打开，如图9-1所示。在"效果"面板中展开"视频过渡"/"3D Motion"效果组，其中包括"Cube Spin""Flip Over"2种效果，如图9-2所示。其功能见表9-1。

图9-1　　　　　　　　　　　　　　　　　图9-2

表 9-1　"3D Motion"效果组功能

Cube Spin（立方体旋转）	Flip Over（翻转）
制作出素材 A 到素材 B 的 3D 立方体翻转效果	制作出素材 A 到素材 B 以画面中心位置为中心的翻转效果

9.2 "Dissolve（溶解）"效果组

 功能速查

"Dissolve（溶解）"效果组可以制作溶解的过渡效果。

将素材图片打开，如图9-3所示。在"效果"面板中展开"视频过渡"/"Dissolve"效果组，其中包括"Additive Dissolve""Film Dissolve""Non-Additive Dissolve"3种效果。展开"视频过渡"/"溶解"效果组，其中包括"MorphCut""交叉溶解""白场过渡""黑场过渡"4种效果，如图9-4所示。"Dissolve"效果组功能见表9-2。

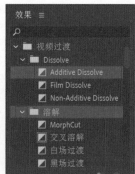

图9-3   图9-4

表 9-2   "Dissolve" 效果组功能

Additive Dissolve（叠加溶解）	Film Dissolve（胶片溶解）
素材 A 的结束时间颜色将会变亮后减淡颜色与素材 B 的起始时间进行叠加	素材 A 的结束时间减淡颜色透明度与素材 B 的起始时间进行叠加

Non-Additive Dissolve（非叠加溶解）	交叉溶解
将素材 B 的亮度与素材文件 A 进行叠加过渡	素材 B 的淡入与素材 A 淡出进行过渡
白场过渡	黑场过渡
素材 A 画面颜色变亮到白色再由白色减淡到素材 B 的过渡	素材 A 画面颜色变暗到黑色再由黑色变亮到素材 B 的过渡

9.3　"Iris（划像）"效果组

 功能速查

"Iris（划像）"效果组可以制作由中心位置进行擦除的过渡效果。

将素材图片打开，如图9-5所示。在"效果"面板中展开"视频过渡"/"Iris"效果组，其中包括"Iris Box""Iris Cross""Iris Diamond""Iris Round"4种效果，如图9-6所示。"Iris"效果组功能见表9-3。

图9-5　　　　　　　　　　　　　　　图9-6

表 9-3　"Iris"效果组功能

Iris Box（盒形划像）	Iris Cross（交叉划像）
素材 B 画面由素材 A 画面中心矩形由小到大进行擦除	素材 A 画面由中间位置十字形由小到大过渡到素材 B

Iris Diamond（菱形划像）	Iris Round（圆划像）
素材 B 画面由素材 A 画面中心菱形由小到大进行擦除	素材 B 画面由素材 A 画面中心圆形由小到大进行擦除

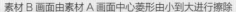

高级拓展篇

9.4 "Page Peel（页面剥落）"效果组

 功能速查

"Page Peel（页面剥落）"效果组可以制作翻页的过渡效果。

将素材图片打开，如图9-7所示。在"效果"面板中展开"视频过渡"/"Page Peel"效果组，其中包括"Page Peel""Page Turn"2种效果，如图9-8所示。"Page Peel"效果组功能见表9-4。

图9-7   图9-8

表 9-4 "Page Peel"效果组功能

Page Peel（页面剥落）	Page Turn（翻页）
素材A以真实立体的翻页效果翻开（背面为灰色），过渡到素材B	素材A以平面的翻页效果翻开（背面为与正面一致的颜色），过渡到素材B

9.5 "Slide（滑动）"效果组

 功能速查

"Slide（滑动）"效果组是将素材通过各种滑动效果显示后的素材。

将素材图片打开，如图9-9所示。在"效果"面板中展开"视频过渡"/"Slide"效果组，其中包括"Band Slide""Center Split""Push""Slide""Split"5种效果，展开"视频效果"/"内滑"效果组，其中包括"急摇"1种效果，如图9-10所示。"Slide"效果组功能见表9-5。

图9-9   图9-10

表 9-5 "Slide" 效果组功能

Band Slide（带状内滑）	Center Split（中心拆分）
素材 B 以条状由两边向中间滑动覆盖素材 A	素材 A 以中心向四角移动，素材 B 将出现
Push（推）	Slide（内滑）
素材 B 将素材 A 向一侧推动	素材 B 向右滑动覆盖素材 A
Split（拆分）	急摇
素材 A 以中心向两侧推动，出现素材 B	素材 A 与素材 B 快速左右推动进行过渡

9.6 "Wipe"效果组

功能速查

"Wipe"效果组可以制作多种擦除效果。

　　将素材图片打开，如图9-11所示。在"效果"面板中展开"视频过渡"/"Wipe"效果组，其中包括"Band Wipe""Barn Doors""Checker Wipe""CheckerBoard""Clock Wipe""Gradient Wipe""Inset""Paint Splatter""Pinwheel""Radial Wipe""Random Blocks""Random Wipe""Spiral Boxes""Venetian Blinds""Wedge Wipe""Wipe""Zig-Zag Blocks"17种效果，如图9-12所示。"Wipe"效果组功能见表9-6。

图9-11　　　　　　　　　　　　　　　　　图9-12

表 9-6　"Wipe"效果组功能

Band Wipe（带状擦除）	Barn Doors（双侧平推门）
素材 B 以条状由两边向中间滑动覆盖素材 A	素材 A 以中心向两面推动，素材 B 出现

Checker Wipe（棋盘擦除）	CheckerBoard（棋盘）
素材 B 大块棋盘效果擦除素材 A	素材 B 棋盘效果交替素材 A

Clock Wipe（时钟式擦除）	Gradient Wipe（渐变擦除）
素材 A 中心位置 360°滑动擦除素材 A，出现素材 B	素材 B 从角淡入后覆盖素材 A

Inset（插入）	Paint Splatter（油漆飞溅）
素材 B 从左上角向右下角进行过渡覆盖素材 A	素材 A 的画面像飞溅的油漆出现素材 B 制作过渡效果

Pinwheel（风车）	Radial Wipe（径向擦除）
素材 A 像风车旋转的效果出现素材 B	素材 A 以角为中心旋转擦除覆盖素材 B

Random Blocks（随机块）	Random Wipe（随机擦除）
素材 A 出现随机矩形过渡到素材 B	素材 A 边缘随机擦除出现素材 B 覆盖素材 A

高级拓展篇

Spiral Boxes（螺旋框）	Venetian Blinds（百叶窗）
素材 B 以四周向中间螺旋框覆盖素材 A	素材 B 以百叶窗效果覆盖素材 A

Wedge Wipe（楔形擦除）	Wipe（划出）
素材 A 中心位置向两侧 180° 擦除后出现素材 B	素材 A 向一侧进行推动出现素材 B

Zig-Zag Blocks（水波块）	
素材 B 边缘块朝向另一侧滑动覆盖素材 A	

9.7 "Zoom" 效果组

功能速查

"Zoom" 效果组可以制作缩放过渡效果。

将素材图片打开，如图 9-13 所示。在 "效果" 面板中展开 "视频过渡" / "Zoom" 效果组，其中包括 "Cross Zoom" 效果，如图 9-14 所示。其功能见表 9-7。

图 9-13　　　　　　　　　图 9-14

表 9-7　"Zoom" 效果组功能

Cross Zoom
素材 A 不断放大后再切换为放大后的素材 B 并不断缩小到素材原大小

9.8　实战：多种转场效果

文件路径

实战素材 / 第9章

操作要点

使用 "白场过渡" "Venetian Blinds" "交叉溶解" "Page Turn" "黑场过渡" 效果制作画面转场效果

案例效果

图 9-15

操作步骤

（1）新建序列。执行 "文件" / "新建" / "项目" 命令，新建一个项目。接着执行 "文件" / "导入" 命令，导入全部素材。在 "项目" 面板中将 01.mp4 素材拖曳到 "时间轴" 面板中的 V1 轨道上，此时在 "项目" 面板中自动生成一个与 01.mp4 素材文件等大的序列，如图 9-16 所示。

图 9-16

（2）修剪视频。在 "时间轴" 面板中选择 V1 轨道上的 01.mp4 素材，单击 "工具" 面板中 ◢ （剃刀工具）按钮，然后将时间线滑动到 4 秒的位置，单击鼠标左键剪辑 01.mp4 素材文件，并单击 "工具" 面板中的 ▶ （选择工具）按钮，在 "时间轴" 面板中选中剪辑后的 01.mp4 素材文件后半部分，接着按下键盘上的 Delete 键进行删除，如图 9-17 所示。

图 9-17

（3）将 02.mp4 素材文件拖曳到 V1 轨道中 01.mp4 素材后方，在 "时间轴" 面板中选择 V1 轨道上的 02.mp4 素材，单击 "工具" 面板中 ◢ （剃刀工具）

高级拓展篇

245

按钮，然后将时间线滑动到8秒的位置，单击鼠标左键剪辑02.mp4素材文件，并单击"工具"面板中的 ▶（选择工具）按钮。在"时间轴"面板中选中剪辑后的02.mp4素材文件后半部分，接着按下键盘上的Delete键进行删除，如图9-18所示。

（4）分别将03.mp4、04.mp4素材文件拖曳到V1轨道上，并使用同样的方法设置结束时间为12秒、16秒，如图9-19所示（提示：01.mp4 ～ 04.mp4素材文件的时间均为4秒）。

图 9-18

图 9-19

滑动时间线查看此时画面效果，如图9-20所示。

图 9-20

（5）制作转场效果。在"效果"面板中搜索"白场过渡"，将该效果拖曳到V1轨道的01.mp4素材文件起始时间位置上，如图9-21所示。

（6）在"效果"面板中搜索"Venetian Blinds"，将该效果拖曳到V1轨道的02.mp4素材文件起始时间位置上，如图9-22所示。

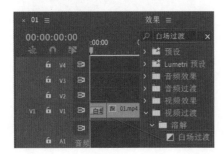

图 9-21

图 9-22

滑动时间线查看此时画面效果，如图9-23所示。

图 9-23

（7）在"效果"面板中搜索"交叉溶解"，将该效果拖曳到V1轨道的03.mp4素材文件起始时间位置上，如图9-24所示。

图 9-24

（8）在"效果"面板中搜索"Page Turn"，将该效果拖曳到V1轨道上的04.mp4素材文件起始时间位置上，如图9-25所示。

滑动时间线查看此时画面效果，如图9-26所示。

图 9-25

图9-26

（9）在"效果"面板中搜索"黑场过渡"，将该效果拖曳到V1轨道的04.mp4素材文件结束时间位置上，如图9-27所示。

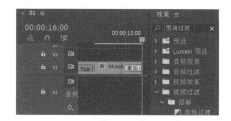

图9-27

滑动时间线画面效果如图9-28所示。

图9-28

（10）制作音乐变速。接着将配乐.mp3素材文件拖曳到A1轨道上，并将结束时间设置为16秒，如图9-29所示。

图9-29

（11）在"时间轴"面板中双击A1轨道的配乐.mp3素材文件前方的空白位置，此时A1轨道的配乐.mp3的时间滑块画面效果如图9-30所示。

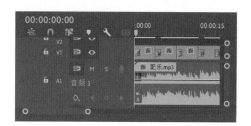

图9-30

（12）将时间线滑动到起始时间位置处，按住键盘中的Ctrl键，接着将鼠标移动到"时间轴"面板中V1轨道的01.mp4素材文件的中间线位置上并进行单击。接着将时间线滑动到1秒10帧位置处，再次单击中间线，将时间线滑动到14秒10帧位置处，再次单击中间线，将时间线滑动到16秒位置处，再次单击中间线，如图9-31所示。

图9-31

（13）将第一个关键帧与第四个关键帧向下拖动至底部。此时声音的淡入淡出效果制作完成，如图9-32所示。

图9-32

本案例制作完成，滑动时间线效果如图9-33所示。

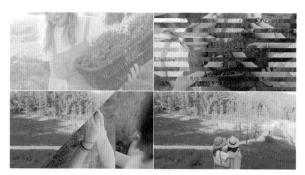

图9-33

247

高级拓展篇

9.9 实战：故障转场效果

高级拓展篇

文件路径

实战素材/第9章

操作要点

使用调整图层和"VR数字故障"制作故障转场效果

案例效果

图 9-34

操作步骤

（1）新建序列。执行"文件"/"新建"/"项目"命令，新建一个项目。接着执行"文件"/"导入"命令，导入全部素材。在"项目"面板中将01.mp4素材拖曳到"时间轴"面板中的V1轨道上，此时在"项目"面板中自动生成一个与01.mp4素材文件等大的序列，如图9-35所示。

图 9-35

（2）在"项目"面板中将02.mp4素材文件拖曳到V1轨道中01.mp4素材后方，如图9-36所示。

图 9-36

滑动时间线画面效果如图9-37所示。

图 9-37

（3）在"项目"面板中右键单击空白位置，在弹出的快捷菜单中执行"新建项目"/"调整图层"命令，接着在弹出的"调整图层"窗口中，单击"确定"按钮，如图9-38所示。

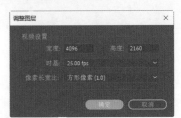

图 9-38

（4）在"项目"面板中将调整图层拖曳到"时间轴"面板中的V2轨道上16秒23帧位置处，如图9-39所示。

图 9-39

（5）在"效果"面板中搜索"VR数字故障"，将该效果拖曳到V2轨道的调整图层位置上，如图9-40所示。

图 9-40

（6）在"时间轴"面板中选择V2轨道上的调整图层，在"效果控件"面板中展开"VR数字故障"，接着展开"扭曲"。将时间线滑动至16秒23帧位置处，单击"主振幅""颜色扭曲""颜色演化"前方的 ○（切换动画）按钮，设置"主振幅"为0.0，"颜色扭曲"为0.0，"颜色演化"为0.0°。接着将时间线滑动到19秒09帧位置处，设置"主振

幅"为100.0，"颜色扭曲"为100.0，"颜色演化"为（1×0.0°）。接着将时间线滑动到21秒23帧位置处，设置"主振幅"为0.0，"颜色扭曲"为0.0，"颜色演化"为0.0°，如图9-41所示。

本案例制作完成，滑动时间线效果如图9-42所示。

图 9-41

图 9-42

9.10 实战：急速转场动画

文件路径

实战素材/第9章

操作要点

使用"偏移""方向模糊"制作急速转场效果

案例效果

图 9-43

操作步骤

（1）新建项目、序列。执行"文件"/"新建"/"项目"命令，新建一个项目。执行"文件"/"新建"/"序列"命令。在新建序列窗口中单击"设置"按钮，设置"编辑模式"为自定义；设置"时基"为23.976帧/秒，设置"帧大小"为2560，"水平"为1440；

设置"像素长宽比"为方形像素（1.0）。接着执行"文件"/"导入"命令，导入全部素材。在"项目"面板中将01.mp4素材拖曳到"时间轴"面板中的V1轨道上，如图9-44所示。

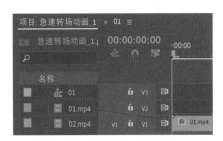

图 9-44

此时画面效果如图9-45所示。

图 9-45

（2）在"时间轴"面板中选择V1轨道上的01.mp4，在"效果控件"面板中展开"运动"，设置

高级拓展篇

"缩放高度"为135.0，如图9-46所示。

（3）修剪视频。在"时间轴"面板中选择V1轨道上的01.mp4素材，单击"工具"面板中 （剃刀工具）按钮，然后将时间线滑动到3秒的位置，单击鼠标左键剪辑01.mp4素材文件并单击"工具"面板中的 （选择工具）按钮。在"时间轴"面板中选中剪辑后的01.mp4素材文件后半部分，接着按下键盘上的Delete键进行删除，如图9-47所示。

 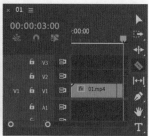

图9-46　　　　　　　图9-47

（4）在"效果"面板中搜索"偏移"，将该效果拖曳到V1轨道的01.mp4素材文件上，如图9-48所示。

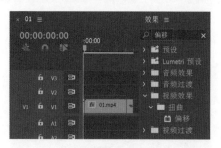

图9-48

（5）在"时间轴"面板中选择V1轨道上的01.mp4，在"效果控件"面板中展开"偏移"，将时间线滑动至起始时间位置处，单击"将中心偏移至"前方的 （切换动画）按钮，设置"将中心移位至"为（960.0，540.0），如图9-49所示。接着将时间线滑动到1秒12帧位置处，设置"将中心移位至"为（960.0，−2160.0）。接着将时间线滑动到2秒23帧位置处，设置"将中心移位至"为（960.0，540.0）。

图9-49

（6）鼠标左键框选"将中心移位至"的最后一帧并单击右键，在弹出的"快捷菜单"中执行"临时插值" / "贝塞尔曲线"命令，如图9-50所示。

图9-50

滑动时间线画面效果如图9-51所示。

图9-51

（7）在"效果"面板中搜索"方向模糊"，将该效果拖曳到V1轨道的01.mp4素材文件上，如图9-52所示。

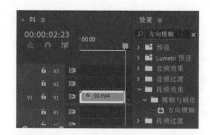

图9-52

（8）在"时间轴"面板中选择V1轨道上的01.mp4，在"效果控件"面板中展开"方向模糊"，将时间线滑动至起始时间位置处，单击"模糊长度"前方的 （切换动画）按钮，设置"模糊长度"为0.0，如图9-53所示。接着将时间线滑动到1秒12帧位置处，设置"模糊长度"为500.0。接着将时间线滑动到2秒23帧位置处，设置"模糊长度"为0.0。

图9-53

（9）鼠标左键框选"模糊长度"的最后一帧并

单击右键，在弹出的"快捷菜单"中执行"贝塞尔曲线"命令，如图9-54所示。

图9-54

滑动时间线画面效果如图9-55所示。

图9-55

（10）在"项目"面板中将02.mp4素材拖曳到"时间轴"面板中的V1轨道上，然后在"时间轴"面板中选择V1轨道上的02.mp4素材，单击"工具"面板中的（剃刀工具）按钮，然后将时间线滑动到6秒的位置，单击鼠标左键剪辑02.mp4素材文件并单击"工具"面板中的（选择工具）按钮。在"时间轴"面板中选中剪辑后的02.mp4素材文件后半部分，接着按下键盘上的Delete键进行删除，如图9-56所示。

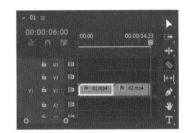

图9-56

（11）在"效果"面板中搜索"偏移"，将该效果拖曳到V1轨道的02.mp4素材文件上，如图9-57所示。

图9-57

（12）在"时间轴"面板中选择V1轨道上的02.mp4，在"效果控件"面板中展开"偏移"，将时间线滑动至3秒位置处，单击"将中心移位至"前方的（切换动画）按钮，设置"将中心移位至"为（1920.0，1080.0）。接着将时间线滑动到4秒12帧位置处，设置"将中心移位至"为（1920.0，-4320.0）。接着将时间线滑动到5秒23帧位置处，设置"将中心移位至"为（1920.0，1080.0），如图9-58所示。

图9-58

（13）鼠标左键框选"将中心移位至"的最后一帧并单击右键，在弹出的"快捷菜单"中执行"临时插值"/"贝塞尔曲线"命令，如图9-59所示。

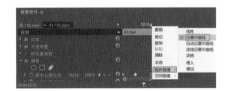

图9-59

滑动时间线画面效果如图9-60所示。

图9-60

（14）在"效果"面板中搜索"方向模糊"，将该效果拖曳到V1轨道的02.mp4素材文件上，如图9-61所示。

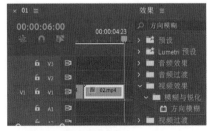

图9-61

（15）在"时间轴"面板中选择V1轨道上的
02.mp4，在"效果控件"面板中展开"方向模糊"，
将时间线滑动至3秒位置处，单击"模糊长度"前方
的 ⏱（切换动画）按钮，设置"模糊长度"为0.0。
接着将时间线滑动到4秒12帧位置处，设置"模糊
长度"为500.0。接着将时间线滑动到5秒23帧位置
处，设置"模糊长度"为0.0，如图9-62所示。

图 9-63

本案例制作完成，滑动时间线效果如图9-64
所示。

图 9-62

（16）鼠标左键框选"模糊长度"的最后一帧并
单击右键，在弹出的"快捷菜单"中执行"贝塞尔
曲线"命令，如图9-63所示。

图 9-64

9.11 课后练习：经典水墨转场

文件路径

实战素材/第9章

操作要点

使用"Set Matte""湍流置换"制作水墨转场效果

案例效果

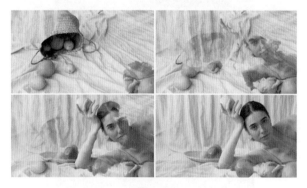

图 9-65

操作步骤

（1）新建项目、序列。执行"文件"/"新建"/"项
目"命令，新建一个项目。执行"文件"/"新建"/"序

列"命令。在新建序列窗口中单击"设置"按钮，
设置"编辑模式"为ARRI Cinema；设置"时基"为
30.00帧/秒，设置"帧大小"为1920，"水平"为
1080；设置"像素长宽比"为方形像素（1.0）。接着
执行"文件"/"导入"命令，导入全部素材。在"项
目"面板中将分别将02.mp4、03.mp4、01.mov素材
拖曳到"时间轴"面板中的V1、V2、V3轨道上，如
图9-66所示。

图 9-66

（2）在"时间轴"面板中选择V3轨道上的
01.mov，在"效果控件"面板中展开"不透明度"，
设置"混合模式"为滤色，如图9-67所示。

滑动时间线画面效果如图9-68所示。

图9-67

图9-68

（3）在时间轴面板中取消切换轨道输出，如图9-69所示。

图9-69

（4）在"效果"面板中搜索"Set Matte"，将该效果拖曳到V2轨道的03.mp4素材文件上，如图9-70所示。

图9-70

（5）在"时间轴"面板中选择V2轨道上的

03.mp4，在"效果控件"面板中展开"Set Matte"，设置"从图层获取遮罩"为视频3，"用于遮罩"为变亮，勾选"反转遮罩"，如图9-71所示。

图9-71

滑动时间线画面效果如图9-72所示。

图9-72

（6）在"效果"面板中搜索"湍流置换"，将该效果拖曳到V2轨道的03.mp4素材上，如图9-73所示。

图9-73

（7）在"时间轴"面板中选择V2轨道上的03.mp4，在"效果控件"面板中展开"湍流置换"，将时间线滑动至起始时间位置处，单击"数量""演化"前方的 ⏱ （切换动画）按钮，设置"数量"为70.0，"演化"为0.0，如图9-74所示。接着将时间线滑动到1秒28帧位置处，设置"数量"为0.0，"演化"为（1×78.0°）。

图 9-74

（8）鼠标左键框选"数量""演化"的最后一帧并单击右键，在弹出的"快捷菜单"中执行"贝塞尔曲线"命令，如图 9-75 所示。

图 9-75

本案例制作完成，滑动时间线效果如图 9-76 所示。

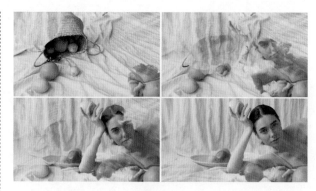

图 9-76

本章小结

通过本章的学习，我们可以掌握 Premiere 内置转场效果及其使用方法。需注意效果虽多，但可以通过自己依次拖动至视频而加深印象。除此之外，为视频添加效果并设置关键帧动画制作急速的、特色的转场效果更震撼，熟练掌握可令你的视频大放光彩！

第10章
动画

在之前的章节中已经学习了Premiere的特效与文字效果，接下来我们将学习Premiere中重要的功能——动画。从静态到动态，会使得作品大放光彩，引人注目。Premiere中的动画功能主要包括"关键帧"动画、"关键帧插值"动画、"时间重映射"动画等。

掌握关键帧的使用方法
掌握"时间重映射"的使用方法
了解关键帧插值

学习目标

思维导图

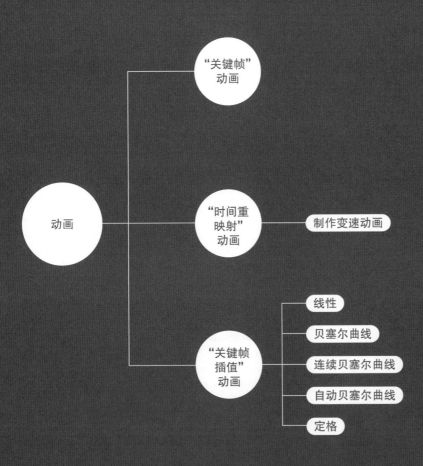

10.1 "关键帧" 动画

10.1.1 认识 "关键帧" 动画

功能速查

"关键帧" 动画通过记录不同的时间位置，对应此时素材不同的参数或状态，从而在这段时间内产生动画效果。

（1）新建项目，导入图片素材01.jpg，如图10-1所示。

图 10-1

（2）时间线滑动至第0帧，单击 "时间轴" 面板中的01.jpg，展开 "运动"，单击 "缩放" 前方的 ⓞ（切换动画）按钮，创建第1个关键帧，如图10-2所示。

图 10-2

（3）时间轴移动至2秒，设置 "缩放" 为60.0，可在时间轴视图中自动创建第2个关键帧，如图10-3所示。

图 10-3

重点笔记

在创建多个关键帧时，可使用键盘上← →箭头移动时间线查看关键帧，或使用快捷键Shift+→和Shift+←将时间线以5帧的方式移动。

（4）此时动画效果如图10-4所示。

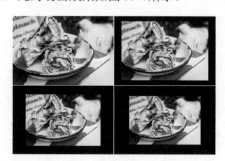

图 10-4

重点笔记

1.进入 "效果控件" 面板，展开 "运动"，单击 "缩放" 后方 ◀（转到上一帧）按钮，可以将时间线滑动到上一帧的位置处，如图10-5所示。

2.展开 "运动"，单击 "缩放" 后方 ▶（转到下一帧）按钮，可以将时间线滑动到下一帧的位置处，如图10-6所示。

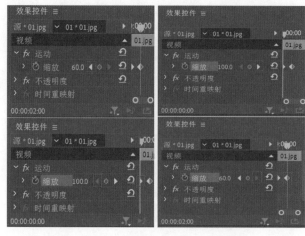

图 10-5   图 10-6

3.添加关键帧或移除。展开 "运动"，单击 "缩放" 后方 ⓞ（添加或取消关键帧），可在当前时间线位置添加或取消关键帧，如图10-7所示。

4.选择关键帧并移动关键帧。鼠标左键单击关键帧或者框选关键帧，即可选中关键帧，按住鼠标左键拖动，可将关键帧拖动到其他时间位置处，如图10-8所示。

图10-7　　　　　　图10-8

5.多选关键帧。选中关键帧后按住Shift键进行多选，或可框选需要选择的关键帧，如图10-9所示。

图10-9

6.复制关键帧。选择关键帧，使用快捷键 Ctrl + C 复制，移动时间线到合适的位置，使用Ctrl + V 粘贴，即可复制关键帧，如图10-10所示。

图10-10

7.删除关键帧。单击需要删除的关键帧使用Delete键进行删除。需要删除的关键帧多时可框选或使用Shift键进行选中并删除，如图10-11所示。

8.重置关键帧数值。单击 ↺ （重置效果），数值将会变为原始数值，如图10-12所示。

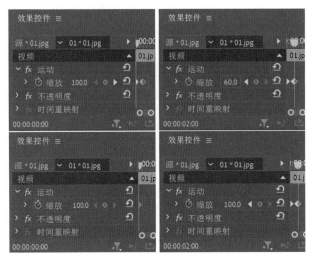

图10-11　　　　　　图10-12

10.1.2　实战：Vlog短视频片头动画

文件路径

实战素材/第10章

操作要点

使用"圆形""投影""色彩"制作背景画面动态效果，并使用文字工具制作主体文字及辅助文字

案例效果

图10-13

操作步骤

（1）新建序列。执行"文件"/"新建"/"项目"命令，新建一个项目。执行"文件"/"新建"/"序

列"命令。在新建序列窗口中单击"设置"按钮，设置"编辑模式"为自定义；设置"时基"为24.00帧/秒；设置"帧大小"为1920，"水平"为1080；设置"像素长宽比"为方形像素（1.0）。接着执行"文件"/"导入"命令，导入全部素材，并在"项目"面板中单击右键执行"新建项目"/"颜色遮罩"命令，如图10-14所示。

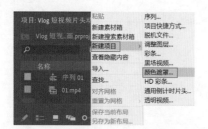

图 10-14

（2）在弹出的"新建颜色遮罩"窗口中，单击"确定"按钮。在弹出的"拾色器"中选择白色，如图10-15所示。

图 10-15

（3）在"项目"面板中将颜色遮罩拖曳到"时间轴"面板中V1轨道上，如图10-16所示。

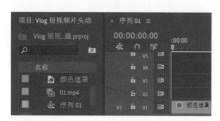

图 10-16

此时画面效果如图10-17所示。

图 10-17

（4）再次在"项目"面板中单击右键执行"新建项目"/"颜色遮罩"命令，如图10-18所示。

图 10-18

（5）在弹出的"新建颜色遮罩"窗口中，单击"确定"按钮。在弹出的"拾色器"中选择青色，如图10-19所示。

图 10-19

（6）在"项目"面板中将颜色遮罩拖曳到"时间轴"面板中V2轨道上，如图10-20所示。

图 10-20

（7）制作圆形。在"效果"面板中搜索"圆形"，将该效果拖曳到"时间轴"面板V2轨道的颜色遮罩上，如图10-21所示。

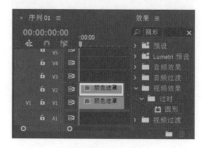

图 10-21

（8）在"时间轴"面板中选择V2轨道上的颜色遮罩，在"效果控件"面板中展开"圆形"，将时间线滑动至起始时间位置处，单击"半径"前方的 ⏱（切换动画）按钮，设置"半径"为0.0，如图10-22所示。接着将时间线滑动到4秒位置处，设置"半径"为1300.0，设置"颜色"为青色。

图 10-22

滑动时间线画面效果如图10-23所示。

图 10-23

（9）渐变圆形。执行"文件"/"新建"/"旧版标题"命令，即可打开"字幕"面板，如图10-24所示。

图 10-24

（10）在弹出的"新建字幕"窗口，设置"名称"为"字幕01"，然后单击"确定"按钮。在"字幕01"面板中选择 ◯（椭圆工具）。在工作区域的中间位置绘制一个椭圆。设置"圆形类型"为椭圆；设置"填充类型"为线性渐变；"颜色"为一个黑色到白色的渐变；"色彩到色彩"为黑色；"色彩到不透明"为100%；"角度"为268.0°。接着关闭字幕01，如图10-25所示。

（11）在"项目"面板中将字幕01拖曳到"时间轴"面板中的V3轨道上，如图10-26所示。

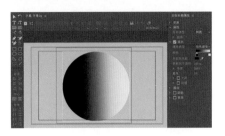

图 10-25

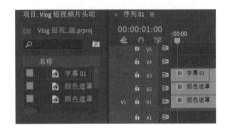

图 10-26

（12）在"时间轴"面板中选择V3轨道上的字幕01，在"效果控件"面板中展开"运动"，将时间线滑动至1秒位置处，单击"缩放"前方的 ⏱（切换动画）按钮，设置"缩放"为0.0。接着将时间线滑动到5秒位置处，设置"缩放"为291.0，如图10-27所示。

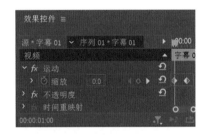

图 10-27

（13）在"效果"面板中搜索"投影"，将该效果拖曳到"时间轴"面板V3轨道的字幕01上，如图10-28所示。

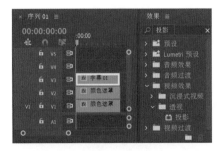

图 10-28

（14）展开"投影"，设置"不透明度"为20%，"方向"为180.0°，"距离"为50.0，"柔和度"为

高级拓展篇

80.0，如图10-29所示。

图10-29

（15）在"效果"面板中搜索"色彩"，将该效果拖曳到"时间轴"面板V3轨道的字幕01上，如图10-30所示。

图10-30

（16）展开"色彩"，设置"将黑色映射到"为青色，"将白色映射到"为紫色，如图10-31所示。

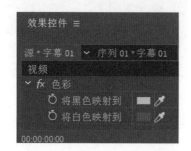

图10-31

滑动时间线画面效果如图10-32所示。

图10-32

（17）在"项目"面板中将01.mp4素材文件拖曳到"时间轴"面板中的V4轨道上，如图10-33所示。

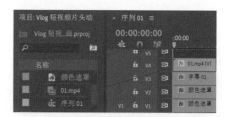

图10-33

此时画面效果如图10-34所示。

图10-34

（18）在"时间轴"面板中选择V4轨道上的01.mp4素材文件，在"效果控件"面板中展开"运动"，设置"位置"为（961.5，536.7），"缩放"为91.0，"锚点"为（511.6，566.4），如图10-35所示。将时间线滑动至3秒13帧位置处，单击"旋转"前方的 ⏱（切换动画）按钮，设置"旋转"为0.0。接着将时间线滑动到8秒位置处，设置"旋转"为（1×0.0°）。

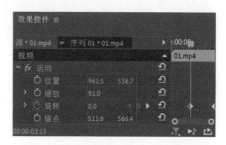

图10-35

（19）展开"不透明度"，单击 ⬭（创建椭圆形蒙版），如图10-36所示。

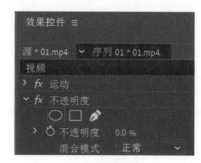

图10-36

重点笔记

1.单击 ⬭（创建椭圆形蒙版）后，单击一个锚点并进行拖曳调整椭圆形蒙版形状，如图10-37所示。

图 10-37

2.等比例缩放蒙版。按住Shift键的同时单击蒙版边缘或锚点拖曳可等比例缩放蒙版，如图10-38所示。

图 10-38

（20）在"节目监视器"面板中调整椭圆形蒙版至合适的位置与大小，如图10-39所示。

图 10-39

（21）在"时间轴"面板中选择V4轨道上的01.mp4素材文件，在"效果控件"面板中展开"不透明度"，将时间线滑动至2秒20帧位置处，单击"不透明度"前方的 ⏱（切换动画）按钮，设置"不透明度"为0.0%，如图10-40所示。接着将时间线滑动到3秒13帧位置处，设置"不透明度"为100.0%。

图 10-40

滑动时间线画面效果如图10-41所示。

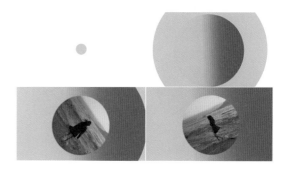

图 10-41

（22）新建文字。在"工具"面板中单击 T（文字工具），接着在"节目监视器"面板中合适的位置单击并输入合适的文字，如图10-42所示。

图 10-42

（23）在"效果控件"面板中展开"文本（happy）"，设置合适的"字体系列"和"字体样式"；设置"字体大小"为462；设置"对齐方式"为 ▤（左对齐）。选择 T（上标）；设置"填充"为白色，如图10-43所示。

（24）在"时间轴"面板中选择V1 ～ V5轨道上的所有文件，设置文件结束时间为8秒，如图10-44所示。

图 10-43

图 10-44

本案例制作完成，滑动时间线效果如图10-45所示。

图 10-45

10.1.3 实战：快速推进切换动画

文件路径

实战素材/第10章

操作要点

使用"关键帧"制作画面快速推进切换动画效果

案例效果

图 10-46

操作步骤

（1）新建序列、导入文件。执行"文件"/"新建"/"项目"命令，新建一个项目。接着执行"文件"/"导入"命令，导入全部素材。在"项目"面板中将01.jpg素材拖曳到"时间轴"面板中的V1轨道上，此时在"项目"面板中自动生成一个与01.jpg素材文件等大的序列，如图10-47所示。

图 10-47

此时画面效果如图10-48所示。

图 10-48

（2）在"项目"面板中将02.jpg ～ 05.jpg素材拖曳到"时间轴"面板中的V1轨道上，如图10-49所示。

图 10-49

（3）将"时间轴"面板中V1轨道上的所有素材文件的持续时间设置为20帧，如图10-50所示。

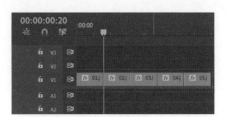

图 10-50

📝 **重点笔记**

1.框选"时间轴"面板中V1轨道上的素材文件，并单击右键，在弹出的快捷菜单中执行"速度/持续时间"命令，如图10-51所示。

图 10-51

2.在弹出的"剪辑速度/持续时间"窗口中，设置"持续时间"为20帧，接着单击确定按钮。此时所有素材的结束时间为20帧，如图10-52所示。

图 10-52

3.使用 ▶（选择工具）将V1轨道上的素材文件拖动至前方的素材文件后方，如图10-53所示。

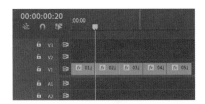

图 10-53

（4）在"时间轴"面板中选择V1轨道上的01.jpg素材文件，在"效果控件"面板中展开"运动"，将时间线滑动至起始时间位置处，单击"缩放"前方的 ⏱（切换动画）按钮，设置"缩放"为100.0，如图10-54所示。接着将时间线滑动到20帧位置处，设置"缩放"为300.0。

图 10-54

（5）在"时间轴"面板中选择V1轨道上的01.jpg素材文件，在"效果控件"面板中展开"不透明度"，将时间线滑动至起始时间位置处，单击"不透明度"前方的 ⏱（切换动画）按钮，设置"不透明度"为0.0%，如图10-55所示。接着将时间线滑动到10帧位置处，设置"不透明度"为100.0%。接着将时间线滑动到20帧位置处，设置"缩放"为0.0%。

图 10-55

滑动时间线画面效果如图10-56所示。

图 10-56

（6）在"时间轴"面板中选择V1轨道上的02.jpg素材文件，在"效果控件"面板中展开"运动"，将时间线滑动至20帧位置处，单击"缩放"前方的 ⏱（切换动画）按钮，设置"缩放"为100.0，如图10-57所示。接着将时间线滑动到1秒15帧位置处，设置"缩放"为300.0。

图 10-57

（7）在"时间轴"面板中选择V1轨道上的02.jpg素材文件，在"效果控件"面板中展开"不透明度"，将时间线滑动至20帧位置处，单击"不透明度"前方的 ⏱（切换动画）按钮，设置"不透明度"为0.0%。接着将时间线滑动到1秒05帧位置处，设置"不透明度"为100.0%。接着将时间线滑动到1秒15帧位置处，设置"不透明度"为0.0%，如图10-58所示。

图 10-58

（8）在"时间轴"面板中选择V1轨道上的03.jpg素材文件，在"效果控件"面板中展开"运动"，将时间线滑动至1秒15帧位置处，单击"缩放"前方的 ⏱（切换动画）按钮，设置"缩放"为100.0，如图 10-59 所示。接着将时间线滑动到 2 秒 10 帧位置处，设置"缩放"为 300.0。

图 10-59

（9）在"时间轴"面板中选择 V1 轨道上的 03.jpg 素材文件，在"效果控件"面板中展开"不透明度"，将时间线滑动至 1 秒 15 帧位置处，单击"不透明度"前方的 ⏱（切换动画）按钮，设置"不透明度"为 0.0%。接着将时间线滑动到 2 秒位置处，设置"不透明度"为 100.0%。接着将时间线滑动到 2 秒10 帧位置处，设置"不透明度"为 0.0%，如图 10-60所示。

图 10-60

滑动时间线画面效果如图 10-61 所示。

图 10-61

（10）使用同样的方法给"时间轴"面板中 V1 轨道中的 04.jpg、05.jpg 素材设置合适的缩放和不透明度。

滑动时间线画面效果如图 10-62 所示。

（11）在"项目"面板中将音乐.mp3 拖曳到"时间轴"面板中 A1 轨道上，如图 10-63 所示。

图 10-62

图 10-63

（12）将时间线滑动至 1 秒 04 帧位置处，按下 C键将光标切换为 ◆（剃刀工具），在当前位置进行剪辑，如图 10-64 所示。

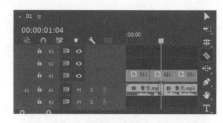

图 10-64

（13）按下 V 键，此时光标切换为 ▶（选择工具），选择音乐.mp3 素材前半部分按下 Delete 键进行删除，并将后半部分音乐.mp3 素材拖动至起始时间位置处，如图 10-65 所示。

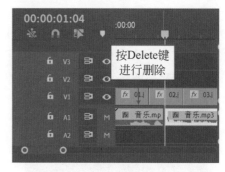

图 10-65

（14）将时间线滑动至 4 秒位置处，按下 C 键将

光标切换为 （剃刀工具），在当前位置进行剪辑，如图 10-66 所示。

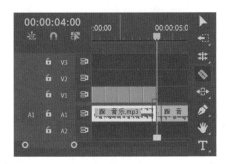

图 10-66

（15）按下 V 键，此时光标切换为 ▶（选择工具），选择音乐.mp3 素材后半部分按下 Delete 键进行删除，如图 10-67 所示。

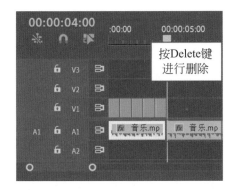

图 10-67

本案例制作完成，滑动时间线效果如图 10-68 所示。

图 10-68

10.1.4　实战：拍照并静止动画

文件路径

实战素材/第 10 章

操作要点

使用"剃刀工具"剪辑视频片段并使用"白场过渡""变换""油漆桶""高斯模糊""添加帧定格"制作动态画面

案例效果

图 10-69

操作步骤

（1）新建序列、导入文件。执行"文件"/"新建"/"项目"命令，新建一个项目。接着执行"文件"/"导入"命令，导入全部素材。在"项目"面板中将 01.mp4 素材拖曳到"时间轴"面板中的 V1 轨道上，此时在"项目"面板中自动生成一个与 01.mp4 素材文件等大的序列，如图 10-70 所示。

图 10-70

此时画面效果如图 10-71 所示。

图 10-71

（2）修剪视频。在"时间轴"面板中选择 V1 轨道上的 01.mp4 素材，单击"工具"面板中 ◇（剃刀工具）按钮，然后将时间线滑动到 5 秒位置，单击鼠标左键剪辑 01.mp4 素材文件，如图 10-72 所示。

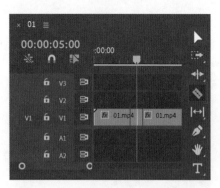

图 10-72

（3）单击"工具"面板中的▶（选择工具）按钮。在"时间轴"面板中选中剪辑后的01.mp4素材文件后半部分，接着按下键盘上的Delete键进行删除，如图10-73所示。

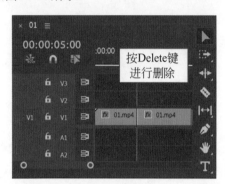

图 10-73

（4）将时间线滑动到3秒位置处，接着在"时间轴"面板中右键单击V1轨道上的01.mp4素材文件，在弹出的快捷菜单中执行"添加帧定格"命令，如图10-74所示。

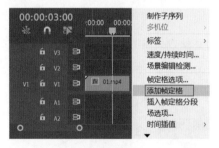

图 10-74

重点笔记

添加帧定格时，可以将当前时间线后方的素材片段被静止帧替换，如果还要使用或者修改素材后面的片段，建议帧定格之前分离开素材。

（5）在"时间轴"面板中选择V1轨道上3秒后的01.mp4，使用Alt键进行复制并垂直向上拖曳到V2轨道上，如图10-75所示。

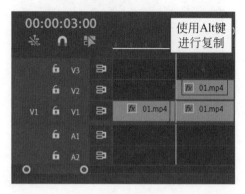

图 10-75

（6）在"效果"面板中搜索"白场过渡"，将该效果拖曳到"时间轴"面板V1轨道上前半部分01.mp4素材与后半部分01.mp4素材文件的中间位置，如图10-76所示。

（7）在"时间轴"面板选中"白场过渡"，接着在"效果控件"面板中设置"持续时间"为15帧，如图10-77所示。

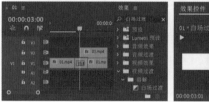

图 10-76　　　　　　　　图 10-77

滑动时间线画面效果如图10-78所示。

图 10-78

（8）在"效果"面板中搜索"变换"，将该效果拖曳到"时间轴"面板V2轨道上的01.mp4素材，如图10-79所示。

图 10-79

（9）在"时间轴"面板中选择 V2 轨道上的
01.mp4 素材文件，在"效果控件"面板中展开"变
换"，勾选等比缩放。将时间线滑动至 3 秒位置处，
单击"缩放""旋转"前方的 （切换动画）按钮，
设置"缩放"为 100.0，"旋转"为 0.0，如图 10-80
所示。接着将时间线滑动到 3 秒 10 帧位置处，设置
"缩放"为 65.0，"旋转"为 10.0°。

（10）在"效果"面板中搜索"油漆桶"，将该
效果拖曳到"时间轴"面板 V2 轨道上的 01.mp4 素材
上，如图 10-81 所示。

图 10-80　　　　　　图 10-81

（11）在"时间轴"面板中选择 V2 轨道上的
01.mp4 素材文件，在"效果控件"面板中展开"油
漆桶"，设置"填充选择器"为不透明度，"描边"
为描边，"描边宽度"为 5.0，"颜色"为白色，如
图 10-82 所示。

图 10-82

重点笔记

如果此时 V2 轨道视频没有产生描边，那么可以将

V2 轨道上的素材执行右键—嵌套，然后再添加"油漆
桶"效果，并设置参数。

（12）在"效果"面板中搜索"高斯模糊"，将
该效果拖曳到"时间轴"面板 V1 轨道上 3 秒后半部
分的 01.mp4 素材，如图 10-83 所示。

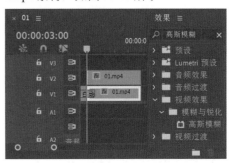

图 10-83

（13）在"时间轴"面板中选择 V1 轨道上 3 秒后
半部分的 01.mp4 素材文件，在"效果控件"面板中
展开"高斯模糊"，设置"模糊度"为 80.0，勾选重
复边缘像素，如图 10-84 所示。

图 10-84

滑动时间线画面效果如图 10-85 所示。

图 10-85

（14）在"项目"面板中将咔嚓.wav 素材文件拖
曳到"时间轴"面板中 A1 轨道上 2 秒 13 帧位置处，
如图 10-86 所示。

图 10-86

（15）在"项目"面板中将配乐.mp3素材文件拖曳到"时间轴"面板中的A2轨道上，如图10-87所示。

图 10-87

（16）修剪音频。在"时间轴"面板中选择A2轨道上的配乐.mp3素材，单击"工具"面板中 （剃刀工具）按钮，然后将时间线滑动到5秒的位置，单击鼠标左键剪辑配乐.mp3素材文件，如图10-88所示。

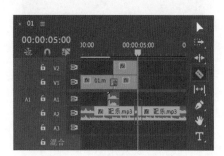

图 10-88

（17）单击"工具"面板中的 （选择工具）按钮。在"时间轴"面板中选中剪辑后的配乐.mp3素材文件后半部分，接着按下键盘上的Delete键进行删除，如图10-89所示。

图 10-89

（18）双击A2轨道上配乐.mp3素材文件前方的位置，如图10-90所示。

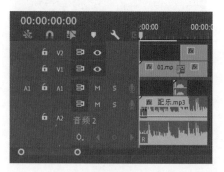

图 10-90

（19）在"时间轴"面板中将时间线滑动到起始时间位置处，按住Ctrl键将光标移动到速度线，单击可添加关键帧（或单击A2轨道上添加关键帧按钮），如图10-91所示。

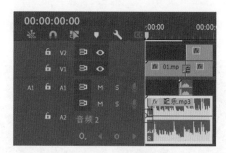

图 10-91

（20）在"时间轴"面板中将时间线滑动到10帧位置处，单击A2轨道上的添加关键帧按钮，如图10-92所示。

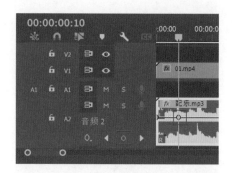

图 10-92

（21）在"时间轴"面板中将时间线滑动到4秒15帧位置处，单击A2轨道上的添加关键帧按钮，如图10-93所示。

（22）在"时间轴"面板中将时间线滑动到5秒位置处，单击A2轨道上的添加关键帧按钮，如图10-94所示。

图 10-93

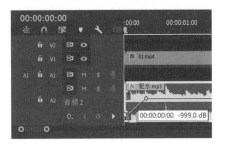

图 10-95

图 10-94

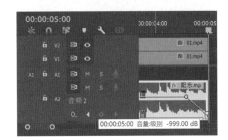

图 10-96

（23）将起始时间的关键帧的速度线向下拉拽至–999.0dB位置处，降低音量，如图10-95所示。

（24）将结束时间的关键帧的速度线向下拉拽至–999.0dB位置处，降低音量，如图10-96所示。

本案例制作完成，滑动时间线效果如图10-97所示。

图 10-97

10.2 "时间重映射"动画

10.2.1 认识"时间重映射"

 功能速查

"时间重映射"常用于制作动画的变速效果，如突然加速、突然减速等。对素材单击右键，在弹出的快捷菜单中执行"显示剪辑关键帧"/"时间重映射"/"速度"命令。

10.2.2 实战："时间重映射"打造视频变速紧张氛围

文件路径

实战素材/第10章

操作要点

使用"时间重映射"效果制作视频加速效果，打造视频变速的紧张氛围

案例效果

图 10-98

高级拓展篇

高级拓展篇

操作步骤

（1）新建序列、导入文件。执行"文件"/"新建"/"项目"命令，新建一个项目。接着执行"文件"/"导入"命令，导入全部素材。在"项目"面板中将01.mp4素材拖曳到"时间轴"面板中的V1轨道上，此时在"项目"面板中自动生成一个与01.mp4素材文件等大的序列，如图10-99所示。

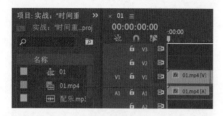

图 10-99

此时画面效果如图10-100所示。

图 10-100

（2）在"时间轴"面板中选择V1轨道的01.mp4素材文件，单击右键，在弹出的快捷菜单中执行"取消链接"命令。此时01.mp4视频与音频已分开可单独编辑，如图10-101所示。

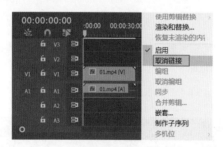

图 10-101

（3）选择A1轨道上的01.mp4素材文件，按下Delete键进行删除，如图10-102所示。

（4）在"时间轴"面板中选择V1轨道的01.mp4素材文件，单击右键，在弹出的快捷菜单中执行"显示剪辑关键帧"/"时间重映射"/"速度"命令，如图10-103所示。

图 10-102

图 10-103

 重点笔记

"时间重映射"命令方便实现加速、减速、倒放、静止等效果，迅速使画面产生节奏变化，使画面更具有动感。

（5）双击V1轨道上01.mp4素材文件的前方位置，如图10-104所示。

图 10-104

（6）在"时间轴"面板中将时间线滑动到01帧位置处，单击V1轨道上的添加关键帧按钮，如图10-105所示。

图 10-105

按住 Ctrl 键将光标移动到速度线上并单击可添加关键帧，或者使用钢笔工具单击速度线添加关键帧，如图 10-106 所示。

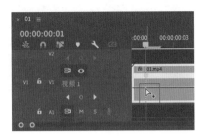

图 10-106

（7）在"时间轴"面板中将时间线滑动到 33 秒位置处，单击 V1 轨道上的关键帧，如图 10-107 所示。

图 10-107

（8）将第 01 帧后方的速度线向上提升至 792.00%，将两个关键帧距离缩短，使速度变快制作加速效果，如图 10-108 所示。

图 10-108

滑动时间线画面效果如图 10-109 所示。

图 10-109

（9）在"项目"面板中将配乐 .mp3 素材拖曳到"时间轴"面板中的 A1 轨道上，如图 10-110 所示。

图 10-110

（10）修剪音频。在"时间轴"面板中选择 A1 轨道上的配乐 .mp3 素材，单击"工具"面板中 （剃刀工具）按钮，然后将时间线滑动到 1 秒的位置，单击鼠标左键剪辑配乐 .mp3 素材文件，如图 10-111 所示。

（11）单击"工具"面板中的 （选择工具）按钮。在"时间轴"面板中选中剪辑后的配乐 .mp3 素材文件前半部分，接着按下键盘上的 Delete 键进行删除，并将后半部分拖曳到起始时间位置处，如图 10-112 所示。

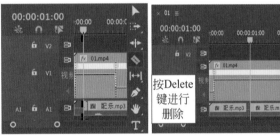

图 10-111　　　　　　图 10-112

（12）在"时间轴"面板中选择 A1 轨道上的配乐 .mp3 素材，单击"工具"面板中 （剃刀工具）按钮，然后将时间线滑动到 8 秒 15 帧的位置，单击鼠标左键剪辑配乐 .mp3 素材文件，如图 10-113 所示。

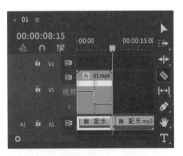

图 10-113

（13）单击"工具"面板中的 （选择工具）按钮。在"时间轴"面板中选中剪辑后的配乐 .mp3 素材文件后半部分，接着按下键盘上的Delete键进行删除，如图10-114所示。

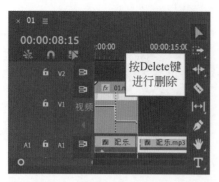

图10-114

本案例制作完成，滑动时间线效果如图10-115所示。

图10-115

10.3 "关键帧插值"动画

10.3.1 "线性"命令

 功能速查

"线性"是默认的关键帧插值方式。两个关键帧之间匀速变化。

（1）新建项目，导入图片素材01.jpg，如图10-116所示。

图10-116

（2）时间线滑动至0帧，单击"时间轴"面板中的01.jpg，在"效果控件"面板中展开"运动"，单击"缩放"前方的 （切换动画）按钮，创建第1个关键帧，如图10-117所示。

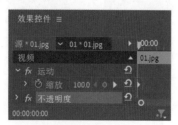

图10-117

（3）时间线移动至1秒18帧，设置"缩放"为80.0，创建第2个关键帧，如图10-118所示。

图10-118

滑动时间线画面效果如图10-119所示。

图10-119

10.3.2 "贝塞尔曲线"命令

 功能速查

通过调整关键帧的操纵杆可制作时快时慢的效果。

（1）新建项目，导入图片素材01.jpg，如图10-120所示。

图 10-120

（2）时间线滑动至0帧，单击"时间轴"面板中的01.jpg，在"效果控件"面板中展开"运动"，单击"缩放"前方的🕙（切换动画）按钮，创建第1个关键帧，如图10-121所示。

图 10-121

（3）时间线移动至1秒18帧，设置"缩放"为80.0，创建第2个关键帧，如图10-122所示。

图 10-122

（4）在"效果控件"面板中展开"运动"，框选"缩放"后方所有的关键帧，单击右键，在弹出的快捷菜单中执行"贝塞尔曲线"命令，如图10-123所示。

图 10-123

此时关键帧变为贝塞尔曲线，如图10-124所示。

图 10-124

（5）展开"缩放"，通过操纵杆调整关键帧的速率，如图10-125所示。

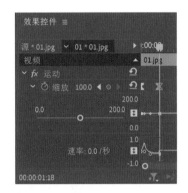

图 10-125

滑动时间线画面效果如图10-126所示。

图 10-126

 重点笔记

在调整速率时缩放数值大小可能会浮动与变化。

10.3.3 "自动贝塞尔曲线"命令

 功能速查

通过调整关键帧的数值，"自动贝塞尔曲线"的手柄会自动变化。

（1）新建项目，导入图片素材01.jpg，如图10-127所示。

图10-127

（2）时间线滑动至0帧，单击"时间轴"面板中的01.jpg，展开"运动"，单击"缩放"前方的⏱（切换动画）按钮，创建第1个关键帧，如图10-128所示。

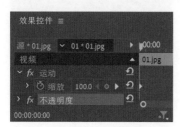

图10-128

（3）时间线移动至1秒18帧，设置"缩放"为80.0，创建第2个关键帧，如图10-129所示。

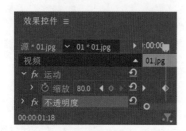

图10-129

（4）在"效果控件"面板中展开"运动"，框选"缩放"后方所有的关键帧，单击右键，在弹出的快捷菜单中执行"自动贝塞尔曲线"命令，如图10-130所示。

图10-130

此时关键帧变为自动贝塞尔曲线，如图10-131所示。

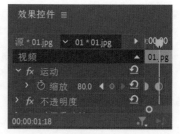

图10-131

（5）展开"缩放"，可通过操纵杆调整关键帧的速率，如图10-132所示。

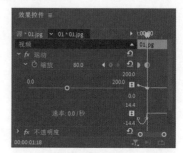

图10-132

滑动时间线画面效果如图10-133所示。

图10-133

重点笔记

此命令相比于"贝塞尔曲线"命令调整性与控制性较差。

10.3.4 "连续贝塞尔曲线"命令

功能速查

通过调整关键帧的操纵杆的方向，制作关键帧过渡时的平滑度。

（1）新建项目，导入图片素材01.jpg，如图10-134所示。

图 10-134

（2）时间线滑动至0帧，单击"时间轴"面板中的01.jpg，展开"运动"，单击"缩放"前方的（切换动画）按钮，创建第1个关键帧，如图10-135所示。

图 10-135

（3）时间线移动至1秒18帧，设置"缩放"为80.0，创建第2个关键帧，如图10-136所示。

图 10-136

（4）在"效果控件"面板中展开"运动"，框选"缩放"后方所有的关键帧，单击右键，在弹出的快捷菜单中执行"连续贝塞尔曲线"命令，如图10-137所示。

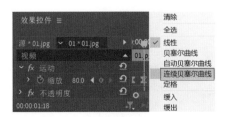

图 10-137

此时关键帧变为连续贝塞尔曲线，如图10-138所示。

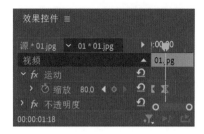

图 10-138

（5）展开"缩放"，通过操纵杆调整关键帧的速率，如图10-139所示。

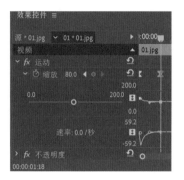

图 10-139

滑动时间线画面效果如图10-140所示。

图 10-140

10.3.5 "定格"命令

⏱ 功能速查

应用定格之后，画面会在当前位置定格静止。

（1）新建项目，导入图片素材01.jpg，如图10-141所示。

图 10-141

（2）时间线滑动至0帧，单击"时间轴"面板中的01.jpg，展开"运动"，单击"缩放"前方的 (切换动画) 按钮，创建第1个关键帧，如图10-142所示。

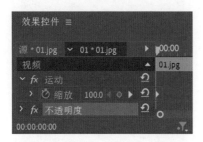

图 10-142

（3）时间线移动至1秒18帧，设置"缩放"为80.0，创建第2个关键帧，如图10-143所示。

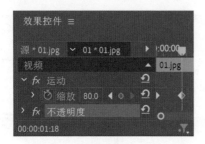

图 10-143

（4）在"效果控件"面板中展开"运动"，框选"缩放"后方最后一个关键帧，单击右键，在弹出的快捷菜单中执行"定格"命令，如图10-144所示。

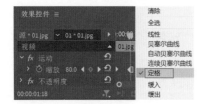

图 10-144

此时最后一个关键帧变为定格帧，如图10-145所示。

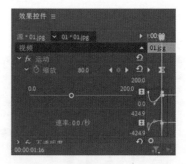

图 10-145

滑动时间线画面效果如图10-146所示。

图 10-146

重点笔记

此命令可制作动画的定格帧，设置完定格帧后变换不再执行。

10.3.6 "缓入"命令

功能速查

逐渐缓慢执行关键值的变化。

（1）新建项目，导入图片素材01.jpg，如图10-147所示。

图 10-147

（2）时间线滑动至0帧，单击"时间轴"面板中的01.jpg，展开"运动"，单击"缩放"前方的 ⏱（切换动画）按钮，创建第1个关键帧，如图10-148所示。

图10-148

（3）时间线移动至1秒18帧，设置"缩放"为80.0，创建第2个关键帧，如图10-149所示。

图10-149

（4）在"效果控件"面板中展开"运动"，框选"缩放"后方最后一个关键帧，单击右键，在弹出的快捷菜单中执行"缓入"命令，如图10-150所示。

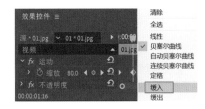

图10-150

此时最后一个关键帧变为缓入帧，如图10-151所示。

图10-151

（5）展开"缩放"，通过操纵杆调整关键帧的速率，如图10-152所示。

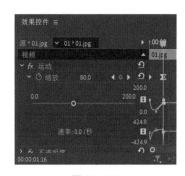

图10-152

（6）滑动时间线画面效果如图10-153所示。

图10-153

10.3.7 "缓出"命令

 功能速查

逐渐缓慢离开关键值的变化。

（1）新建项目，导入图片素材01.jpg，如图10-154所示。

图10-154

（2）时间线滑动至0帧，单击"时间轴"面板中的01.jpg，在"效果控件"面板中展开"运动"，单击"缩放"前方的 （切换动画）按钮，创建第1个关键帧，如图10-155所示。

图 10-155

（3）时间线移动至1秒18帧，设置"缩放"为80.0，创建第2个关键帧，如图10-156所示。

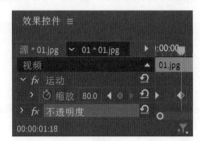

图 10-156

（4）在"效果控件"面板中展开"运动"，框选"缩放"后方最后一个关键帧，单击右键，在弹出的快捷菜单中执行"缓出"命令，如图10-157所示。

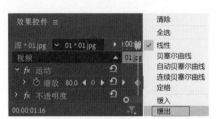

图 10-157

此时最后一个关键帧变为缓出帧，如图10-158所示。

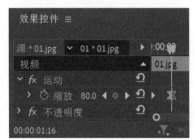

图 10-158

（5）展开"缩放"，通过操纵杆调整关键帧的速率，如图10-159所示。

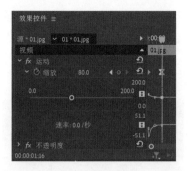

图 10-159

滑动时间线画面效果如图10-160所示。

图 10-160

10.3.8 实战：人物描边弹出动画

文件路径

实战素材/第10章

操作要点

使用"剃刀工具"剪辑片段并使用"查找边缘""色彩""变换""交叉溶解"制作画面动态效果

案例效果

图 10-161

操作步骤

（1）新建序列、导入文件。执行"文件"/"新建"/"项目"命令，新建一个项目。接着执行"文件"/"导入"命令，导入全部素材。在"项目"面板中将01.jpg素材拖曳到"时间轴"面板中的V1轨道上，此时在"项目"面板中自动生成一个与01.jpg素材文件等大的序列，如图10-162所示。

图10-162

此时画面效果如图10-163所示。

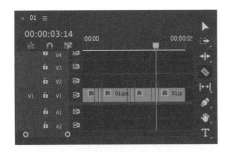

图10-163

（2）在"时间轴"面板中选择V1轨道上的01.jpg素材，单击"工具"面板中 ◇ （剃刀工具）按钮，然后分别将时间线滑动到20帧、2秒08帧、3秒14帧的位置，单击鼠标左键剪辑01.jpg素材文件，如图10-164所示。

图10-164

（3）单击"工具"面板中的 ▶ （选择工具）按钮。在"时间轴"面板中选中剪辑后的01.jpg素材文件3秒14帧之后部分，接着按下键盘上的Delete键进行删除，如图10-165所示。

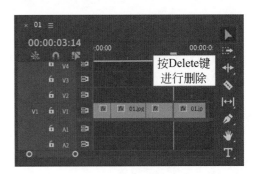

图10-165

（4）将V1轨道上第二个01.jpg素材文件使用Alt键进行复制并垂直拖曳到V2轨道上，如图10-166所示。

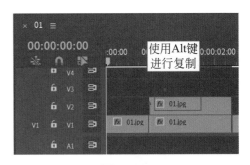

图10-166

（5）在"效果"面板中搜索"查找边缘"，将该效果拖曳到"时间轴"面板V2轨道上的01.jpg素材，如图10-167所示。

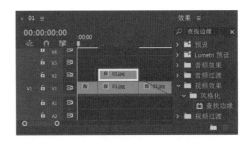

图10-167

（6）在"时间轴"面板中选择V2轨道上的01.jpg素材文件，在"效果控件"面板中展开"查找边缘"，勾选反转，如图10-168所示。

图10-168

高级拓展篇

此时画面效果如图 10-169 所示。

（7）在"效果"面板中搜索"色彩"，将该效果拖曳到"时间轴"面板 V2 轨道上的 01.jpg 素材，如图 10-170 所示。

图 10-169　　　　　　图 10-170

（8）在"时间轴"面板中选择 V2 轨道上的 01.jpg 素材文件，在"效果控件"面板中展开"不透明度"，设置"混合模式"为线性减淡（添加），如图 10-171 所示。

此时画面效果如图 10-172 所示。

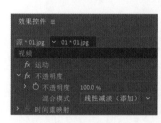

图 10-171　　　　　　图 10-172

（9）在"效果"面板中搜索"变换"，将该效果拖曳到"时间轴"面板 V2 轨道上的 01.jpg 素材，如图 10-173 所示。

图 10-173

（10）在"时间轴"面板中选择 V2 轨道上的 01.jpg 素材文件，在"效果控件"面板中展开"变换"，勾选等比缩放。将时间线滑动至 20 帧位置处，单击"缩放""不透明度"前方的 ⏱（切换动画）按钮，设置"缩放"为 100.0，"不透明度"为 0.0，如图 10-174 所示。接着将时间线滑动到 23 帧位置处，

设置"不透明度"为 100.0。接着将时间线滑动到 2 秒位置处，设置"不透明度"为 100.0，"缩放"为 180.0。接着将时间线滑动到 2 秒 08 帧位置处，设置"不透明度"为 0.0。

图 10-174

（11）框选"缩放"的关键帧并单击右键，在弹出的快捷菜单中执行"缓入"命令，如图 10-175 所示。

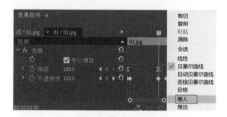

图 10-175

（12）再次框选"缩放"的关键帧并单击右键，在弹出的快捷菜单中执行"缓出"命令，如图 10-176 所示。

图 10-176

（13）展开"缩放"，将关键帧的操作杆向前拖曳，制作快速出现的效果，如图 10-177 所示。

图 10-177

（14）在"效果"面板中搜索"色彩"，将该效

果拖曳到"时间轴"面板V2轨道上的01.jpg素材上，如图10-178所示。

图10-178

（15）在"时间轴"面板中选择V2轨道上的01.jpg素材文件，在"效果控件"面板中展开"色彩"，设置"将白色映射到"为黄色，如图10-179所示。

图10-179

滑动时间线画面效果如图10-180所示。

图10-180

（16）将02.jpg素材文件拖曳到01.jpg素材文件后方，如图10-181所示。

图10-181

（17）使用与制作01.jpg素材文件动画同样的方法制作02.jpg动画效果。滑动时间线如图10-182所示。

图10-182

（18）在"效果"面板中搜索"交叉溶解"，将该效果拖曳到"时间轴"面板V1轨道上01.jpg素材与02.jpg素材中间位置处，如图10-183所示。

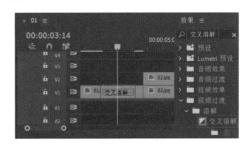

图10-183

本案例制作完成，滑动时间线效果如图10-184所示。

图10-184

高级拓展篇

281

10.4　课后练习：化妆Vlog片头文字动画

高级拓展篇

文件路径

实战素材/第10章

操作要点

使用"剃刀工具"剪辑视频片段，使用"快速颜色校正器""白场过渡""交叉溶解""闪光灯"制作画面动态效果，并使用文字工具制作主体文字及辅助文字

案例效果

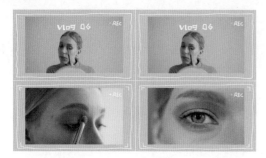

图 10-185

操作步骤

（1）新建序列。执行"文件"/"新建"/"项目"命令，新建一个项目。执行"文件"/"新建"/"序列"命令。在新建序列窗口中单击"设置"按钮，设置"编辑模式"为自定义；设置"时基"为25.00帧/秒；设置"帧大小"为2560，"水平"为1440；设置"像素长宽比"为方形像素（1.0）。接着执行"文件"/"导入"命令，导入全部素材。并在"项目"面板中单击右键，执行"新建项目"/"颜色遮罩"命令，如图10-186所示。

图 10-186

（2）在弹出的"新建颜色遮罩"窗口中，单击"确定"按钮。接着在弹出的"拾色器"中选择淡紫色，如图10-187所示。

图 10-187

（3）在"项目"面板中将颜色遮罩拖曳到"时间轴"面板中V1轨道上，如图10-188所示。

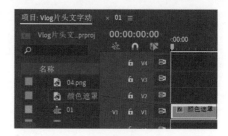

图 10-188

此时画面效果如图10-189所示。

（4）在"时间轴"面板中设置V1轨道中颜色遮罩的结束时间为42秒23帧，如图10-190所示。

图 10-189　　　　图 10-190

（5）在"项目"面板中分别将01.png、04.png素材文件拖曳到"时间轴"面板中V2轨道上，如图10-191所示。

图 10-191

（6）框选"时间轴"面板中V2轨道上的素材文件，并单击右键，在弹出的快捷菜单中执行"速度/持续时间"命令，如图10-192所示。

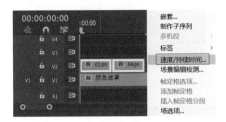

图10-192

（7）在弹出的"剪辑速度/持续时间"窗口中，设置"持续时间"为10帧。接着单击确定按钮。此时所有素材的结束时间为10帧，并将04.png的起始时间滑动至01.png素材文件的结束时间位置处，如图10-193所示。

图10-193

（8）框选V2轨道上的01.png、04.png素材文件，使用Alt键进行复制并向后拖曳到04.png素材文件后方，如图10-194所示。

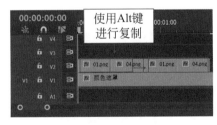

图10-194

滑动时间线画面效果如图10-195所示。

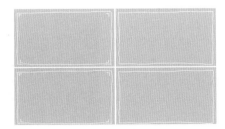

图10-195

（9）继续使用同样的方法复制19组01.png、04.png素材文件到V2轨道上，如图10-196所示。

图10-196

（10）在"时间轴"面板中将时间线滑动至15秒16帧位置处，将此时的04.png素材文件持续时间设置为01帧，并将V2轨道上15秒16帧位置后的左右素材文件拖动到15秒16帧位置处，如图10-197所示。

图10-197

滑动时间线画面效果如图10-198所示。

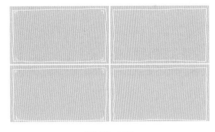

图10-198

（11）在"项目"面板中将01.mp4素材文件拖曳到"时间轴"面板中V3轨道上，如图10-199所示。

图10-199

（12）在"时间轴"面板中选择V3轨道上的01.mp4，在"效果控件"面板中展开"运动"，设置

高级拓展篇

"缩放"为80.0，如图10-200所示。

图10-200

此时画面效果如图10-201所示。

图10-201

（13）在"效果"面板中搜索"快速颜色校正器"，将该效果拖曳到"时间轴"面板V3轨道的01.mp4素材文件上，如图10-202所示。

图10-202

 **重点笔记**

快速颜色校正器可以针对偏色的画面进行色相平衡的校正。调整图像的色相和亮度可以营造氛围、消除剪辑中的偏色、校正过暗或过亮的视频，从而强调或弱化剪辑中的细节。

（14）在"时间轴"面板中选择V3轨道上的01.mp4素材文件，在"效果控件"面板中展开"快速颜色校正器"，设置"色相平衡和角度"相关参数，如图10-203所示。

（15）在"效果"面板中搜索"白场过渡"，将该效果拖曳到"时间轴"面板V3轨道的01.mp4素材文件的起始时间位置处，如图10-204所示。

图10-203

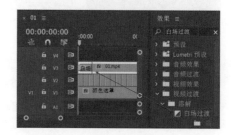

图10-204

滑动时间线画面效果如图10-205所示。

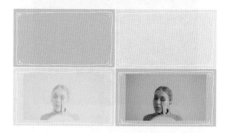

图10-205

（16）在"项目"面板中将02.mp4素材文件拖曳到"时间轴"面板V3轨道上21秒08帧位置处，如图10-206所示。

图10-206

（17）在"时间轴"面板中选择V3轨道上的02.mp4，在"效果控件"面板中展开"运动"，设置"缩放"为80.0，如图10-207所示。

（18）在"效果"面板中搜索"快速颜色校正器"，

图10-207

将该效果拖曳到"时间轴"面板 V3 轨道的 02.mp4 素材文件上，如图 10-208 所示。

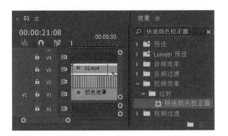

图 10-208

（19）在"时间轴"面板中选择 V3 轨道上的 02.mp4 素材文件，在"效果控件"面板中展开"快速颜色校正器"，设置"色相平衡和角度"的相关参数，如图 10-209 所示。

图 10-209

（20）在"效果"面板中搜索"交叉溶解"，将该效果拖曳到"时间轴"面板 V3 轨道的 01.mp4 与 02.mp4 素材文件的中间部分，如图 10-210 所示。

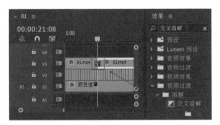

图 10-210

滑动时间线画面效果如图 10-211 所示。

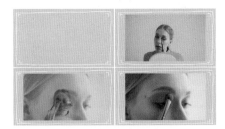

图 10-211

（21）将"项目"面板 03.mp4 素材文件拖曳到"时间轴"面板中 V3 轨道上的 02.mp4 素材文件后方，

并使用同样的方法设置同样的缩放、颜色、过渡效果。滑动时间线画面效果如图 10-212 所示。

图 10-212

（22）在"项目"面板中将 02.png 素材文件拖曳到"时间轴"面板中 V4 轨道上，并设置结束时间为 42 秒 23 帧，如图 10-213 所示。

图 10-213

（23）在"项目"面板中将 03.png 素材文件拖曳到"时间轴"面板中 V5 轨道上，并设置结束时间为 42 秒 23 帧，如图 10-214 所示。

图 10-214

（24）在"效果"面板中搜索"闪光灯"，将该效果拖曳到"时间轴"面板 V5 轨道的 03.png 上，如图 10-215 所示。

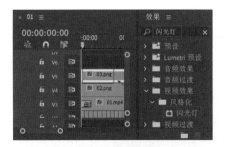

图 10-215

（25）在"时间轴"面板中选择 V5 轨道上的 03.png 素材文件，在"效果控件"面板中展开"闪光灯"，将"闪光色"设置为淡粉色，如图 10-216 所示。

图 10-216

滑动时间线画面效果如图 10-217 所示。

图 10-217

（26）创建文字。在"工具"面板中单击 T（文字工具），接着在"节目监视器"面板中合适的位置单击并输入合适的文字，如图 10-218 所示。

图 10-218

（27）在"效果控件"面板中展开"文本（Vlog 06）"/"源文本"，设置合适的"字体系列"和"字体样式"。设置"字体大小"为 200，设置"对齐方式"为 （左对齐），设置"填充"为白色，接着"展开"变换，设置"位置"为（923.0，892.9），如图 10-219 所示。

（28）在"时间轴"面板中选择 V6 轨道上的文字，在"效果控

图 10-219

件"面板中展开"运动"，设置"位置"为（1280.0，240.0），如图 10-220 所示。

图 10-220

（29）在"效果"面板中搜索"基本 3D"效果，将该效果拖曳到"时间轴"面板 V6 轨道文字上，如图 10-221 所示。

图 10-221

（30）在"时间轴"面板中选择 V6 轨道上的文字，在"效果控件"面板中展开"基本 3D"。接着展开"倾斜"，将时间线滑动至 10 帧位置处，单击"倾斜"前方的 （切换动画）按钮，设置"倾斜"为 -60.0°，如图 10-222 所示。接着将时间线滑动到 20 帧位置处，设置"倾斜"为 60.0°。将时间线滑动到 1 秒 05 帧，设置"倾斜"为 -40.0°。将时间线滑动到 1 秒 15 帧，设置"倾斜"为 30.0°。将时间线滑动到 2 秒，设置"倾斜"为 -20.0°。将时间线滑动到 2 秒 10 帧，设置"倾斜"为 0.0°。

图 10-222

（31）在"时间轴"面板中将 V6 轨道上的文字拖曳到 10 帧位置处，并将结束时间设置为 3 秒 13 帧，如图 10-223 所示。

图 10-223

滑动时间线画面效果如图 10-224 所示。

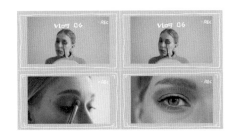

图 10-224

（32）在"项目"面板中将配乐 .mp3 素材文件拖曳到"时间轴"面板中 A1 轨道上，如图 10-225 所示。

本案例制作完成，滑动时间线效果如图 10-226 所示。

图 10-225

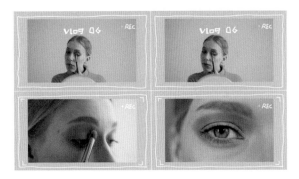

图 10-226

本章小结

本章学习了关键帧、时间重映射和关键帧插值，以及通过素材的基本属性和添加的效果属性制作关键帧动画。

第11章
配乐

配乐是视频中重要的组成部分，有声视频比无声视频往往更具吸引力。在Premiere中可以为拍摄的视频添加配音和配乐，还可以通过为声音素材添加音频效果，制作有趣的声音特效。

学习目标

了解Premiere中的音频效果
掌握视频中常见的音频制作方法

思维导图

配乐
├─ 音频效果
│   ├─ "振幅与压限"效果组
│   ├─ "延迟与回声"效果组
│   ├─ "滤波器和 EQ"效果组
│   ├─ "调制"效果组
│   ├─ "降杂/恢复"效果组
│   ├─ "混响"效果组
│   ├─ "特殊效果"效果组
│   ├─ "立体声声像"效果组
│   ├─ "时间与变调"效果组
│   ├─ "音频效果"效果组
│   └─ "音频过渡"效果组
└─ 音频实际应用
    ├─ 声音淡入淡出
    ├─ 声音降噪
    ├─ 录音和配乐结合
    ├─ 电话声音特效
    └─ 根据对话对白的空隙自动降低背景音乐的音量

11.1 "振幅与压限"效果组

功能速查

"振幅与压限"效果组可以压缩调整音频振幅、音量等。

图 11-1

在"效果"面板中展开"音频效果"/"振幅与压限"效果组，其中包括"动态""动态处理""单频段压缩器""增幅""多频段压缩器""强制限幅""消除齿音""电子管建模压缩器""通道混合器""通道音量"10种效果，如图11-1所示。"振幅与压限"效果组功能见表11-1。

表 11-1 "振幅与压限"效果组功能

动态	动态处理	单频段压缩器
该效果可设置"自动门""压缩程序""扩展器""限幅器"调整音频效果	可以手动设置"动态"和"设置"参数调整音频效果，还可以通过选择合适的预设调整音频效果	该效果可在预设中设置合适的预设命令并调整阈值、比率、起奏、释放、输出增益效果
增幅	多频段压缩器	强制限幅
可通过设置合适的预设与左侧、右侧增强或减弱音频	该效果可在预设中设置合适的预设命令并可独立调整不同频段	该效果可在预设中设置合适的预设命令并设置合适的数值后增加或减弱音频的范围
消除齿音	电子管建模压缩器	通道混合器
设置合适的数值，可去除音频素材中的齿音	可设置合适的预设与数值，为音频文件添加素材的范围	可调整声道的平衡与表现位置等
通道音量		
设置合适的数值，调整音频素材的音量		

11.2 "延迟与回声"效果组

功能速查

"延迟与回声"效果组可以制作音频延迟效果。

图 11-2

在"效果"面板中展开"音频效果"/"延迟与回声"效果组，其中包括"多功能延迟""延迟""模拟延迟"3种效果，如图11-2所示。"延迟与回声"效果组功能见表11-2。

表 11-2 "延迟与回声"效果组功能

多功能延迟	延迟	模拟延迟
通过设置合适的数值，调整延迟与非延迟音频素材	通过设置"延迟""反馈""混合"的数值，制作延迟声音效果	通过设置合适的预设效果，模拟多种效果制作延迟音频效果

高级拓展篇

11.3 "滤波器和EQ"效果组

 功能速查

"滤波器和EQ"效果组可以制作音频文件频段的效果。

在"效果"面板中展开"音频效果"/"滤波器和EQ"效果组，其中包括"FFT滤波器""低通""低音""参数均衡器""图形均衡器（10段）""图形均衡器（20段）""图形均衡器（30段）""带通""科学滤波器""简单的参数均衡""简单的陷波滤波器""陷波滤波器""高通""高音"14种效果，如图11-3所示。"滤波器和EQ"效果组功能见表11-3。

图 11-3

表 11-3 "滤波器和 EQ"效果组功能

FFT 滤波器	低通	低音
通过设置合适的预设，调整音频曲线，制作高频或低频效果	通过设置合适的切断参数，制作音频加速效果	通过设置合适的数值，增加或减少音频素材的低音频率
参数均衡器	图形均衡器（10 段）	图形均衡器（20 段）
通过设置合适的数值，均衡音频文件的音调	可调整音频素材中 10 个音段增加或减少音阶	可调整音频素材中 20 个音段增加或减少音阶
图形均衡器（30 段）	带通	科学滤波器
可调整音频素材中 30 个音段增加或减少音阶	通过设置合适的数值，切断音频文件的频率与频段	设置合适的参数，调整音频素材的分贝、度、好眠等指数，制作音频效果
简单的参数均衡	简单的陷波滤波器	陷波滤波器
设置合适的参数，调整音频素材的中心频率、频段宽度、分贝数	设置合适的数值，调整音频素材的切断中心频率与保留频段	调整素材文件的频率、增益、启用、陷波宽度等
高通	高音	
设置合适的数值，切断音频素材的频率	可增加或减少音频文件的分贝	

11.4 "调制"效果组

 功能速查

"调制"效果组可以制作音频融合效果。

在"效果"面板中展开"音频效果"/"调制"效果组，其中包括"和声/镶边""移相器""镶边"3种效果，如图11-4所示。"调制"效果组功能见表11-4。

图 11-4

表 11-4 "调制"效果组功能

和声 / 镶边	移相器	镶边
设置合适的数值，为音频添加和声活镶边效果	制作合适的音频特效与原音频进行结合	通过设置合适的特殊音频镶嵌到原音频中制作立体音频效果

11.5 "降杂/恢复"效果组

 功能速查

"降杂/恢复"效果组可以减小或消除音频素材的杂音。

在"效果"面板中展开"音频效果"/"降杂/恢复"效果组,其中包括"减少混响""消除嗡嗡声""自动咔嗒声移除""降噪"4种效果,如图11-5所示。"降杂/恢复"效果组功能见表11-5。

图11-5

表 11-5 "降杂/恢复"效果组功能

减少混响	消除嗡嗡声
设置合适的数值,可加强或者减少混响	可调整素材频率、增益用于消除嗡嗡声
自动咔嗒声移除	降噪
可自动快速消除音频素材的咔嗒声	设置合适的预设,降低或去除音频素材的噪声

11.6 "混响"效果组

 功能速查

"混响"效果组可以制作音效混合效果。

在"效果"面板中展开"音频效果"/"混响"效果组,其中包括"卷积混响""室内混响""环绕声混响"3种效果,如图11-6所示。"混响"效果组功能见表11-6。

图11-6

表 11-6 "混响"效果组功能

卷积混响	室内混响	环绕声混响
设置合适的预设与脉冲,可制作混合音频效果	可设置人声与空间等效果与原音频素材制作混合音效	通过设置合适的预设,混合音效后制作立体音效

高级拓展篇

11.7 "特殊效果"效果组

 功能速查

"特殊效果"效果组可以为音频制作特殊效果。

在"效果"面板中展开"音频效果"/"特殊效果"效果组,其中包括"Binauralizer-Ambisonics""Loudness Radar""Panner-Ambisonics""互换通道""人声增强""反相""吉他套件""响度计""扭曲""母带处理""用右侧填充左侧""用左侧填充右侧"12种效果,如图11-7所示。"特殊效果"效果组功能见表11-7。

图11-7

表 11-7 "特殊效果"效果组功能

Loudness Radar	互换通道	人声增强
通过设置合适的预设，包含雷达与设置制作音频效果	切换音频素材的声道	通过选择低音、高音和音乐效果，调整音频效果
反相	吉他套件	响度计
反转所有音频声道	设置合适的预设，包含"压缩程序""滤波器""扭曲""放大器""混合"等，调整音频效果	通过设置合适的预设调整音频素材文件效果
扭曲	母带处理	用右侧填充左侧
通过调整正向、反向的曲线与曲线平滑度制作特殊音效的效果	设置合适均衡器参数处理音频文件	复制音频素材文件右侧音调填充左侧音调
用左侧填充右侧		
复制音频素材文件左侧音调填充右侧音调		

11.8 "立体声声像"效果组

 功能速查

"立体声声像"效果组可以制作立体音频效果。

在"效果"面板中展开"音频效果"/"立体声声像"效果组，其中包括"立体声扩展器"1种效果，如图11-8所示。"立体声声像"效果组功能见表11-8。

图 11-8

表 11-8 "立体声声像"效果组功能

立体声扩展器
设置合适的预设，包括中置声道声像、立体声扩展等制作立体声效果

11.9 "时间与变调"效果组

 功能速查

"时间与变调"效果组可以制作音频变调效果。

在"效果"面板中展开"音频效果"/"时间与变调"效果组，其中包括"音高换档器"1种效果，如图11-9所示。"时间与变调"效果组功能见表11-9。

图 11-9

表 11-9 "时间与变调"效果组功能

音高换档器
为音频效果制作高音精准变调效果

11.10 "音频效果"效果组

功能速查

"音频效果"效果组可以制作音频文件的音量、静音等效果。

在"效果"面板中展开"音频效果"效果组,其中包括"余额""静音""音量"3种效果,如图11-10所示。"音频效果"效果组功能见表11-10。

图 11-10

表 11-10 "音频效果"效果组功能

余额	静音	音量
通过设置余额的数值,制作音频效果	制作音频效果的左侧或右侧静音效果	调整音频素材的音量

11.11 "音频过渡"效果组

功能速查

"音频过渡"效果组可以制作音频过渡效果。

在"效果"面板中展开"音频过渡"/"交叉淡化"效果组,其中包括"恒定功率""恒定增益""指数淡化"3种效果,如图11-11所示。"交叉淡化"效果组功能见表11-11。

图 11-11

表 11-11 "交叉淡化"效果组功能

恒定功率	恒定增益	指数淡化
素材 A 淡化音频并快速增强素材 B	素材 A 交叉淡化素材 B 过渡	素材 A 淡入素材 B 过渡

11.12 音频效果应用实战

11.12.1 实战:电话声音特效

文件路径

实战素材/第11章

操作要点

使用"剃刀工具"剪辑视频片段,使用"基本音频"制作音频效果

案例效果

图 11-12

操作步骤

（1）新建项目、序列，导入文件。执行"文件"/"新建"/"项目"命令，新建一个项目。接着执行"文件"/"导入"命令，导入全部素材。在"项目"面板中将01.mp4素材拖曳到"时间轴"面板中的V1轨道上，此时在"项目"面板中自动生成一个与01.mp4素材文件等大的序列。接着将01.mp3素材文件拖曳到A1轨道上，如图11-13所示。

图 11-13

滑动时间线画面效果如图11-14所示。

图 11-14

（2）修剪视频。在"时间轴"面板中选择V1轨道上的01.mp4素材，单击"工具"面板中 （剃刀工具）按钮，然后将时间线滑动到2秒的位置，单击鼠标左键剪辑01.mp4素材文件，如图11-15所示。

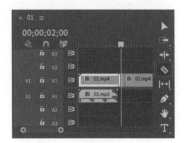

图 11-15

（3）单击"工具"面板中的 （选择工具）按钮。在"时间轴"面板中选中剪辑后的01.mp4素材文件前半部分，接着按下键盘上的Delete键进行删除，如图11-16所示。

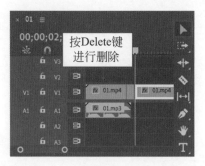

图 11-16

（4）在"时间轴"面板中将V1轨道上01.mp4素材文件拖曳到起始时间位置处，如图11-17所示。

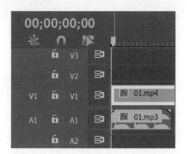

图 11-17

（5）在"工作栏"中单击"音频"进入"音频"工作区。此时默认打开"音频剪辑"和"基本声音"面板，如图11-18所示。

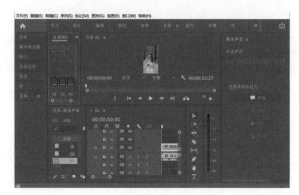

图 11-18

（6）在"时间轴"面板中选择A1轨道上的01.mp3素材文件，接着在"基本声音"面板中单击"对话"，如图11-19所示。

（7）在"基本声音"面板中勾选"EQ"，设置"预设"为电话中，数量为8.7，如图11-20所示。

图 11-19　　　　　　图 11-20

（8）在"基本声音"面板中的"剪辑音量"中，勾选"级别"，设置"级别"为 –7.0 分贝，如图 11-21 所示。

图 11-21

本案例制作完成，滑动时间线效果如图 11-22 所示。

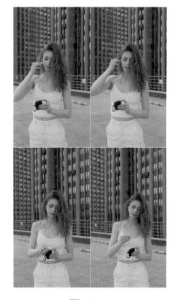

图 11-22

在"基本声音"面板的"预设"中有许多预设效果可制作，如图 11-23 所示。

图 11-23

11.12.2　实战：声音降噪

文件路径

实战素材 / 第 11 章

操作要点

在"效果"面板中使用"降噪"效果。使用"基本音频"面板制作"降噪"效果

案例效果

图 11-24

操作步骤

（1）新建项目、序列，导入文件。执行"文件"/"新建"/"项目"命令，新建一个项目。接着执行"文件"/"导入"命令，导入全部素材。在"项目"面板中将 01.mp4 素材拖曳到"时间轴"面板中的 V1 轨道上，此时在"项目"面板中自动生成一个与 01.mp4 素材文件等大的序列，如图 11-25 所示。

图 11-25

滑动时间线画面效果如图 11-26 所示。

图 11-26

（2）在"时间轴"面板中右键单击 V1 轨道上的 01.mp4 素材文件，在弹出的快捷菜单中执行"取消链接"命令，如图 11-27 所示。

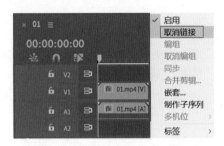

图 11-27

（3）单击"工具"面板中的▶（选择工具）按钮。选择"时间轴"面板 A1 轨道中的 01.mp4 素材文件的音频文件，接着按下键盘上的 Delete 键进行删除，如图 11-28 所示。

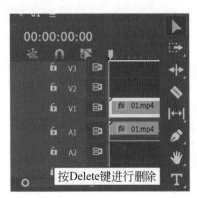

图 11-28

（4）在"项目"面板中将配乐 .mp3 素材拖曳到"时间轴"面板中的 A1 轨道上，如图 11-29 所示。

图 11-29

（5）在"时间轴"面板中选择 A1 轨道上的配乐 .mp3 素材，单击"工具"面板中▢（剃刀工具）按钮，然后将时间线滑动到 7 秒的位置，单击鼠标左键剪辑配乐 .mp3 素材文件，如图 11-30 所示。

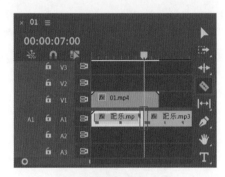

图 11-30

（6）单击"工具"面板中的▶（选择工具）按钮。在"时间轴"面板中选中剪辑后的配乐 .mp3 素材文件后半部分，接着按下键盘上的 Delete 键进行删除，如图 11-31 所示。

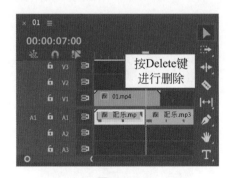

图 11-31

（7）在"效果"面板中搜索"降噪"，将该效果拖曳到"时间轴"面板 A1 轨道上配乐 .mp3 素材文件，如图 11-32 所示。

（8）在"时间轴"面板中选择 A1 轨道的配乐 .mp3，在"效果控件"面板中展开降噪，单击"自定义设置"后方的编辑，如图 11-33 所示。

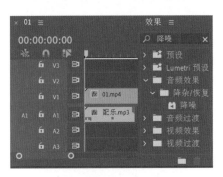

图 11-32

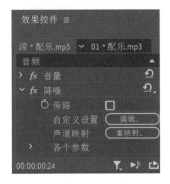

图 11-33

（9）在弹出的"剪辑效果编辑器"窗口中，设置"预设"为强降噪，如图11-34所示。

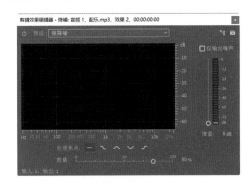

图 11-34

本案例制作完成，滑动时间线效果如图11-35所示。

图 11-35

重点笔记

1.在"基本声音"面板中音频降噪。在"工作栏"中单击"音频"进入"音频"面板。此时默认打开"音频剪辑"和"基本声音"面板，如图11-36所示。

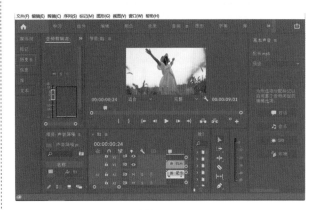

图 11-36

2.在"时间轴"面板中选择A1轨道上的配乐.mp3素材文件，在"基本声音"面板中单击"对话"按钮，如图11-37所示。

3.在"基本声音"面板中展开"修复"，勾选"减少杂色"，设置"减少杂色"为8.0，如图11-38所示。

图 11-37

图 11-38

11.12.3 实战：声音淡入淡出

文件路径

实战素材/第11章

操作要点

使用"速率"关键帧制作淡入淡出效果

案例效果

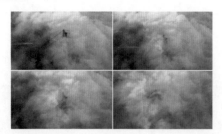

图 11-39

操作步骤

（1）新建项目、序列，导入文件。执行"文件"/"新建"/"项目"命令，新建一个项目。接着执行"文件"/"导入"命令，导入全部素材。在"项目"面板中将01.mp4素材拖曳到"时间轴"面板中的V1轨道上，此时在"项目"面板中自动生成一个与01.mp4素材文件等大的序列，如图11-40所示。

图 11-40

滑动时间线画面效果如图11-41所示。

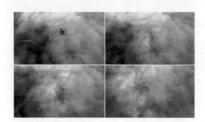

图 11-41

（2）在"时间轴"面板中右键单击V1轨道上的01.mp4素材文件，在弹出的快捷菜单中执行"取消链接"命令，如图11-42所示。

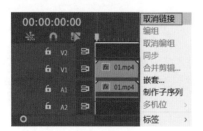

图 11-42

（3）单击"工具"面板中的 ▶（选择工具）按钮。选中"时间轴"面板A1轨道中的01.mp4素材文件的音频文件，接着按下键盘上的Delete键进行删除，如图11-43所示。

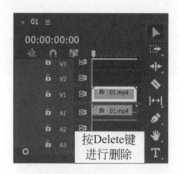

图 11-43

（4）在"项目"面板中将配乐.mp3素材拖曳到"时间轴"面板中的A1轨道上，如图11-44所示。

图 11-44

（5）在"时间轴"面板中选择A1轨道上的配乐.mp3素材，单击"工具"面板中 ◆（剃刀工具）按钮，然后将时间线滑动到19秒27帧的位置，单击鼠标左键剪辑配乐.mp3素材文件，如图11-45所示。

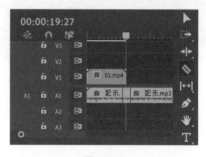

图 11-45

（6）单击"工具"面板中的 ▶（选择工具）按钮。在"时间轴"面板中选中剪辑后的配乐.mp3素材文件后半部分，接着按下键盘上的Delete键进行删除，如图11-46所示。

（7）将时间线滑动至起始时间位置处，接着双击"时间轴"面板中A1轨道左侧的空白位置。接着单击 ◯（添加关键帧）按钮，如图11-47所示。

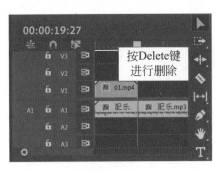

图 11-46

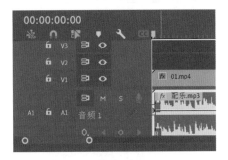

图 11-47

（8）将时间线滑动至 1 秒位置处，单击 ◎（添加关键帧）按钮，如图 11-48 所示。

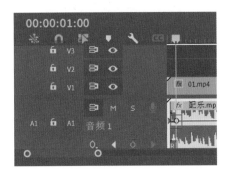

图 11-48

（9）将时间线滑动至 19 秒位置处，接着单击 ◎（添加关键帧）按钮，如图 11-49 所示。

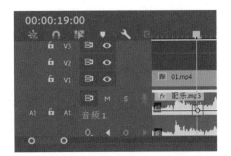

图 11-49

（10）将时间线滑动至结束时间位置处，接着单击 ◎（添加关键帧）按钮，如图 11-50 所示。

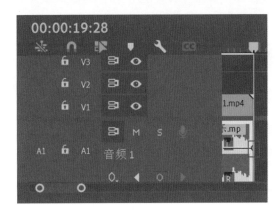

图 11-50

（11）将起始时间与结束时间的关键帧向下拖曳，如图 11-51 所示。

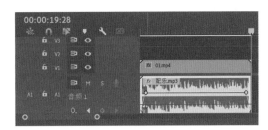

图 11-51

本案例制作完成，滑动时间线效果如图 11-52 所示。

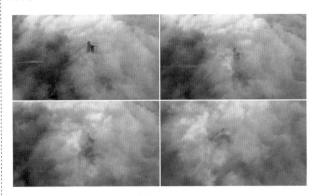

图 11-52

11.12.4　实战：根据对话对白的空隙自动降低背景音乐的音量

文件路径

实战素材 / 第 11 章

操作要点

使用"基本声音"面板中的"回避"根据对话对白的空隙自动降低背景音乐的音量

高级拓展篇

案例效果

图 11-53

操作步骤

（1）新建项目、序列，导入文件。执行"文件"/"新建"/"项目"命令，新建一个项目。接着执行"文件"/"导入"命令，导入全部素材。在"项目"面板中将01.mp4素材拖曳到"时间轴"面板中的V1轨道上，此时在"项目"面板中自动生成一个与01.mp4素材文件等大的序列。接着将配乐.mp3、02.mp3素材文件拖曳到"时间轴"面板中的A1、A2轨道，如图11-54所示。

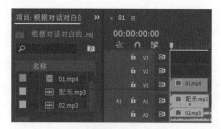

图 11-54

滑动时间线画面效果如图11-55所示。

图 11-55

（2）在"工作栏"中单击"音频"进入"音频"工作区，如图11-56所示。

（3）在"时间轴"面板中单击选择A1轨道上的配乐.mp3素材文件，在"基本声音"面板选择"对话"，如图11-57所示。

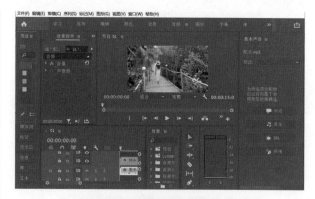

图 11-56

图 11-57

（4）·在"基本声音"面板勾选"修复"，接着勾选"减少杂色"，设置"减少杂色"为7.0，如图11-58所示。

（5）在"基本声音"面板的"剪辑音量"中，勾选"级别"，设置"级别"为-5.0分贝，如图11-59所示。

图 11-58   图 11-59

（6）在"时间轴"面板中单击选择A2轨道上的02.mp3素材文件，在"基本声音"面板选择"音乐"，如图11-60所示。

（7）在"基本声音"面板中勾选"回避"，设置"回避依据"为（依据对话剪辑回避）；"闪避量"为–20.0dB；"淡化"为1000毫秒。接着单击"生成关键帧"按钮，如图11-61所示。

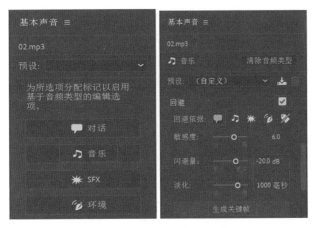

图 11-60　　　　　　　图 11-61

本案例制作完成，滑动时间线效果如图11-62所示。

图 11-62

重点笔记

1.在"基本声音"面板的"音乐"音频类型中，设置和修改"响度""持续时间""回避"，如图11-63所示。

图 11-63

2.勾选"响度"，单击"自动匹配"按钮，可将素材音频自动生产标准平均响度，如图11-64所示。

图 11-64

3.勾选"持续时间"，可修改音频的持续时间，如图11-65所示。

图 11-65

4.勾选"回避"，可设置合适的"回避依据""敏感度""闪避量""淡化"，接着单击"生成关键帧"，如图11-66所示。

图 11-66

高
级
拓
展
篇

11.13　课后练习：录音和配乐结合

文件路径

实战素材/第11章

操作要点

使用"基本声音"制作录音和配乐结合效果

案例效果

图 11-67

操作步骤

（1）新建项目、序列，导入文件。执行"文件"/"新建"/"项目"命令，新建一个项目。接着执行"文件"/"导入"命令，导入全部素材。在"项目"面板中将01.mp4素材拖曳到"时间轴"面板中的V1轨道上，此时在"项目"面板中自动生成一个与01.mp4素材文件等大的序列，如图11-68所示。

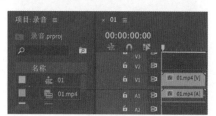

图 11-68

滑动时间线画面效果如图11-69所示。

图 11-69

（2）在"时间轴"面板中右键单击V1轨道上的01.mp4素材文件，在弹出的快捷菜单中执行"取消链接"命令，如图11-70所示。

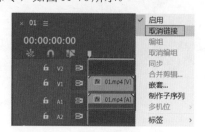

图 11-70

（3）单击"工具"面板中的 ▶（选择工具）按钮。选中"时间轴"面板A1轨道中的01.mp4素材文件的音频文件，接着按下键盘上的Delete键进行删除，如图11-71所示。

图 11-71

（4）在"项目"面板中将02.mp3、03.mp3素材拖曳到"时间轴"面板中的A1、A2轨道上，如图11-72所示。

图 11-72

（5）在"工作栏"中单击"音频"进入"音频"工作区。此时默认打开"音频剪辑"和"基本声音"面板，如图11-73所示。

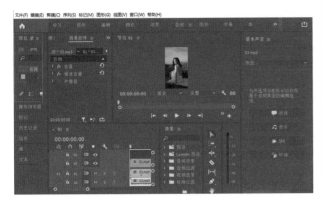

图 11-73

（6）在"时间轴"面板中单击选择A1轨道上的02.mp3素材文件，在"基本声音"面板中选择"对话"，如图11-74所示。

（7）在"基本声音"面板中设置"预设"为"平衡的女声"，如图11-75所示。

图 11-74

图 11-75

（8）在"时间轴"面板中单击选择A2轨道上的03.mp3素材文件，在"基本声音"面板选择"环境"面板，如图11-76所示。

（9）在"基本声音"面板中勾选"回避"，设置"回避依据"为 （依据对话剪辑回避）。接着单击"生成关键帧"按钮，如图11-77所示。

图 11-76

图 11-77

本案例制作完成，滑动时间线效果如图11-78所示。

图 11-78

本章小结

本章对Premiere中内置的音频效果进行学习，并可以应用音频效果对声音进行修饰，还可以制作声音的淡入淡出、录音和配乐结合等效果。

Pr

实战应用篇

第12章
超实用视频人像精修

在拍摄完视频之后，视频人像也需要精修与美化，用于弥补拍摄光线不好导致的人物肤色暗淡，或解决因人像皮肤起痘等导致的皮肤不够光滑、细致等问题。除此之外还可以使用Premiere将人物腿部拉长、去除视频水印等。本章将围绕以上实用的视频人像精修问题进行学习。

学习目标

掌握视频人像皮肤美白方法
掌握视频祛斑祛痘方法
制作长腿特效
掌握去水印方法

12.1　实战：皮肤美白

文件路径

实战素材/第12章

操作要点

使用"Lumetri颜色"制作皮肤白皙效果

案例效果

图 12-1

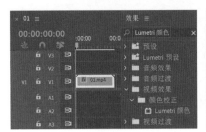

图 12-3　　　　　　　图 12-4

图 12-5

操作步骤

（1）新建序列。执行"文件"/"新建"/"项目"命令，新建一个项目。接着执行"文件"/"导入"命令，导入全部素材。在"项目"面板中将01.mp4素材拖曳到"时间轴"面板中的V1轨道上，此时在"项目"面板中自动生成一个与01.mp4素材文件等大的序列，如图12-2所示。

图 12-2

（2）制作皮肤美白效果。在"效果"面板中搜索"Lumetri 颜色"，将该效果拖曳到V1轨道的01.mp4素材文件位置上，如图12-3所示。

（3）在"时间轴"面板中选择V1轨道上的01.mp4，在"效果控件"面板中展开"Lumetri 颜色"/"HSL辅助"，单击第一个颜色后，设置H、S、L合适的宽度与滑块，如图12-4所示。

此时画面效果与之前画面效果对比如图12-5所示。

（4）展开"更正"/"切换动画"，将滑块向上滑动至黄色，如图12-6所示。

（5）单击切换为"三个色相"，滑动"中间调""阴影""高光"的滑块到合适的位置处，如图12-7所示。

图 12-6　　　　　　　图 12-7

本案例制作完成，对比效果如图12-8所示。

图 12-8

实战应用篇

12.2　实战：祛斑祛痘

文件路径

实战素材/第12章

操作要点

使用"高斯模糊"效果去除人物脸部的瑕疵

案例效果

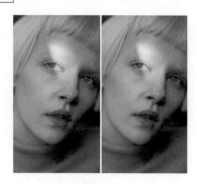

图 12-9

操作步骤

（1）新建序列。执行"文件"/"新建"/"项目"命令，新建一个项目。接着执行"文件"/"导入"命令，导入全部素材。在"项目"面板中将01.mp4素材拖曳到"时间轴"面板中的V1轨道上，此时在"项目"面板中自动生成一个与01.mp4素材文件等大的序列，如图12-10所示。

图 12-10

拖动时间线，可以看到人物脸部有痘印，需要将其祛除，如图12-11所示。

（2）在"效果"面板中搜索"高斯模糊"，将该效果拖曳到V1轨道上的01.mp4素材位置上，如图12-12所示。

（3）在"时间轴"面板中选择V1轨道上的01.mp4素材，在"效果控件"面板中展开"高斯模糊"，单击创建椭圆形蒙版，设置"模糊度"为100，如图12-13所示。

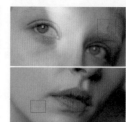

图 12-11　　　　　图 12-12

（4）在"节目01监视器"面板中调整椭圆形蒙版的大小与位置，如图12-14所示。

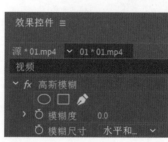

图 12-13　　　　　图 12-14

（5）时间轴移动至第0帧，在"效果控件"面板中展开"高斯模糊"，展开"蒙版（1）"，单击"蒙版路径"前方的 ⏱（切换动画）按钮，设置"蒙版羽化"为30.0，如图12-15所示。

（6）将时间线滑动至23帧位置处，在"节目01监视器"面板中调整椭圆形蒙版的大小与位置，如图12-16所示。

图 12-15　　　　　图 12-16

（7）将时间线滑动至1秒05帧位置处，在"节目01监视器"面板中调整椭圆形蒙版的大小与位置，如图12-17所示。

（8）将时间线滑动至1秒18帧位置处，在"节目01监视器"面板中调整椭圆形蒙版的大小与位置，如图12-18所示。

图 12-17　　　　　　图 12-18

（9）继续在"节目01监视器"面板中调整椭圆形蒙版的大小与位置覆盖人物面部的痘。

此时画面效果与之前画面效果对比如图12-19所示。

图 12-19

（10）以同样的方式优化人物脸部上的瑕疵。本案例制作完成，滑动时间线效果如图12-20所示。人物脸部的局部细节如图12-21所示。拖动时间轴，可以看到视频中痘印没有了，如图12-22所示。

图 12-20

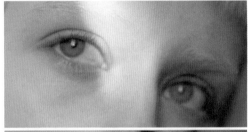

图 12-21

图 12-22

实战应用篇

309

12.3 实战：长腿特效

实战应用篇

文件路径

实战素材/第12章

操作要点

使用"变换"效果制作出人物长腿效果

案例效果

图 12-23

操作步骤

（1）新建序列。执行"文件"/"新建"/"项目"命令，新建一个项目。接着执行"文件"/"导入"命令，导入全部素材。在"项目"面板中将01.mp4素材拖曳到"时间轴"面板中的V1轨道上，此时在"项目"面板中自动生成一个与01.mp4素材文件等大的序列，如图12-24所示。

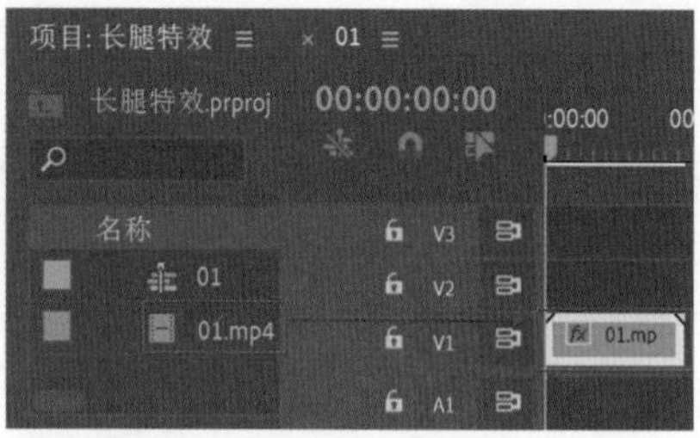

图 12-24

此时画面效果如图12-25所示。

（2）在"效果"面板中搜索"变换"，将该效果拖曳到V1轨道的01.mp4素材文件上，如图12-26所示。

图 12-25

（3）在"时间轴"面板中选择V1轨道上的01.mp4素材，在"效果控件"面板中展开"变换"，单击 （自由绘制贝塞尔曲线），如图12-27所示。

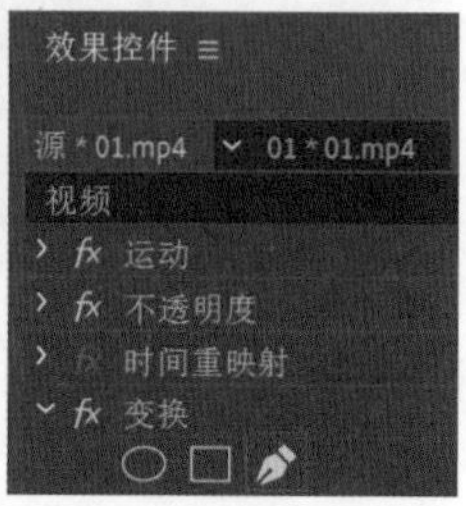

图 12-26 图 12-27

（4）在"节目01监视器"面板中合适的位置处绘制一个梯形蒙版，如图12-28所示。

（5）在"效果控件"面板中展开"变换"，展开"蒙版（1）"，单击"蒙版路径"前方的 （切换动画）按钮，设置"蒙版羽化"为100.0，"缩放高度"为110.0，如图12-29所示。

图 12-28 图 12-29

此时画面与之前画面对比如图12-30所示。

图 12-30

（6）接着将时间线滑动至2秒02帧位置处，在

"节目 01 监视器"面板中调整蒙版的大小与位置，如图 12-31 所示。

图 12-31

（7）将时间线滑动至 5 秒 12 帧位置处，在"节目 01 监视器"面板中调整蒙版的大小与位置，如图 12-32 所示。

图 12-32

（8）接着将时间线滑动至 9 秒位置处，在"节目 01 监视器"面板中调整蒙版的大小与位置，如图 12-33 所示。

图 12-33

此时画面与之前画面对比如图 12-34 所示。

图 12-34

（9）接着将时间线滑动至 12 秒 05 帧位置处，在"节目 01 监视器"面板中调整蒙版的大小与位置，如图 12-35 所示。

图 12-35

（10）接着将时间线滑动至 16 秒 07 帧位置处，在"节目 01 监视器"面板中调整蒙版的大小与位置，如图 12-36 所示。

图 12-36

（11）接着将时间线滑动 23 秒 04 帧位置处，在"节目 01 监视器"面板中调整蒙版的大小与位置，如图 12-37 所示。

图 12-37

本案例制作完成，滑动时间线效果如图 12-38 所示。

图 12-38

实战应用篇

311

12.4　实战：去水印

文件路径

实战素材/第12章

操作要点

使用"旧版标题"制作黑色矩形框遮住水印

案例效果

图 12-39

操作步骤

（1）新建序列。执行"文件"/"新建"/"项目"命令，新建一个项目。接着执行"文件"/"导入"命令，导入全部素材。在"项目"面板中将01.mp4素材拖曳到"时间轴"面板中的V1轨道上，此时在"项目"面板中自动生成一个与01.mp4素材文件等大的序列，如图12-40所示。

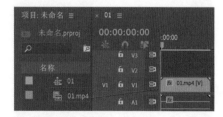

图 12-40

可以看到画面右上角有水印，如图12-41所示。

图 12-41

（2）在"菜单栏"中执行"文件"/"新建"/"旧版标题"命令，在弹出的"新建字幕"窗口中单击"确定"按钮。在"字幕01"面板中选择▇（矩形工具），在工作区域中顶部的位置绘制一个矩形，展开"属性"，设置"图形类别"为矩形。展开"填充"，设置"填充类型"为实底，"颜色"为黑色，如图12-42所示。

图 12-42

（3）再次在"字幕01"面板中选择▇（矩形工具），在工作区域中底部的位置绘制一个矩形，展开"属性"，设置"图形类别"为矩形。展开"填充"，设置"填充类型"为实底，"颜色"为黑色。设置完成后，关闭"字幕01"面板，如图12-43所示。

图 12-43

（4）在"项目"面板中将字幕01拖曳到"时间轴"面板中的V2轨道上，如图12-44所示。

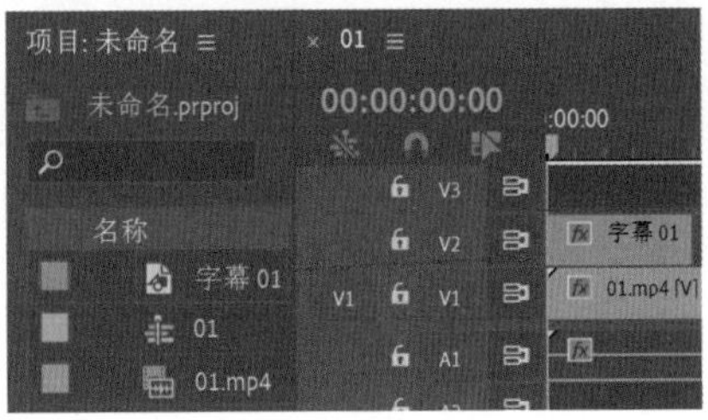

图 12-44

此时画面与之前画面对比如图 12-45 所示。

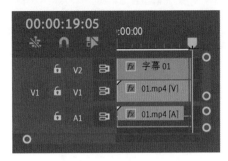

图 12-46

本案例制作完成，滑动时间线效果如图 12-47 所示。

图 12-45

（5）在"时间轴"面板中设置字幕 01 的结束时间为 19 秒 05 帧，如图 12-46 所示。

图 12-47

第13章
电商广告设计

视频时代已然来临，传统的以静态图片为主要宣传途径的电商广告逐渐被动态广告所替代。电商广告设计也从传统的创意、色彩、构图，逐渐改变为创意、色彩、构图、动态。因此在进行电商广告设计时，要充分考虑作品的动画运动规律、动画视觉效果。本章将以化妆品、水果、科技产品广告设计为例讲解近年来较为流行的电商广告动画的制作流程。

学习
目标

掌握化妆品广告动画的设计流程
掌握水果广告的设计流程
掌握科技类产品广告的设计流程

13.1　实战：化妆品广告动画

文件路径

实战素材/第13章

操作要点

使用"基本3D""投影"效果制作出化妆品广告动画

案例效果

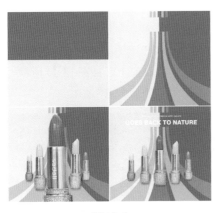

图13-1

操作步骤

（1）新建序列。执行"文件"/"新建"/"项目"命令，新建一个项目。执行"文件"/"新建"/"序列"命令。在新建序列窗口中单击"设置"按钮，设置"编辑模式"为自定义；设置"时基"为29.97帧/秒；设置"帧大小"为800，"水平"为800；设置"像素长宽比"为方形像素（1.0）。接着执行"文件"/"导入"命令，导入全部素材。将时间线滑动到起始位置，在"工具"面板中单击 ■（矩形工具），接着在"节目监视器"面板中顶部的位置绘制一个矩形，如图13-2所示。

图13-2

此时画面效果如图13-3所示。

（2）在"时间轴"面板中选择V1轨道上的图形，在"效果控件"面板中展开"形状"/"外观"，设置"填充"为玫红色，如图13-4所示。

图13-3　　　　　　　　图13-4

（3）展开"运动"，设置"缩放"为150.0。将时间线滑动至起始时间位置处，单击"旋转"前方的 ⏱（切换动画）按钮，设置"旋转"为0.0，如图13-5所示。接着将时间线滑动到15帧位置处，设置"旋转"为90.0°。

滑动时间线画面效果如图13-6所示。

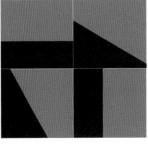

图13-5　　　　　　　　图13-6

（4）将时间线滑动到起始位置，在"工具"面板中单击 ■（矩形工具），接着在"节目监视器"面板中底部的位置绘制一个矩形，如图13-7所示。

（5）在"时间轴"面板中选择V2轨道上的图形，在"效果控件"面板中展开"形状"/"外观"，设置"填充"为青色，如图13-8所示。

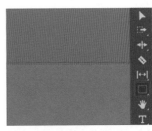

图13-7　　　　　　　　图13-8

实战应用篇

（6）展开"运动"，设置"缩放"为150.0。将时间线滑动至起始时间位置处，单击"旋转"前方的 ⏱（切换动画）按钮，设置"旋转"为0.0，如图13-9所示。接着将时间线滑动到15帧位置处，设置"旋转"为90.0°。

滑动时间线画面效果如图13-10所示。

图13-9

图13-10

（7）在"项目"面板中将6.png素材文件拖曳到"时间轴"面板V3轨道上，如图13-11所示。

此时画面效果如图13-12所示。

图13-11

图13-12

（8）在"时间轴"面板中选择V3轨道上的6.png，在"效果控件"面板中展开"运动"，设置"缩放"为112.0。接着展开"不透明度"，单击 ▣（创建四点多边形蒙版）。接着将时间线滑动至起始时间位置处，单击"蒙版路径"前方的 ⏱（切换动画）按钮，如图13-13所示。

（9）在"节目监视器"面板中调整四点多边形蒙版的锚点到合适的位置，如图13-14所示。

图13-13

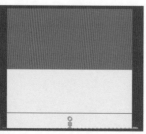
图13-14

（10）将时间线滑动至15帧位置处，在"节目监

视器"面板中调整四点多边形蒙版的锚点到合适的位置，如图13-15所示。

滑动时间线画面效果如图13-16所示。

图13-15　　　　　图13-16

（11）在"项目"面板中将5.png素材文件拖曳到"时间轴"面板V4轨道上，如图13-17所示。

此时画面效果如图13-18所示。

图13-17

图13-18

（12）在"效果"面板中搜索"基本3D"，将该效果拖曳到"时间轴"面板V4轨道的5.png上，如图13-19所示。

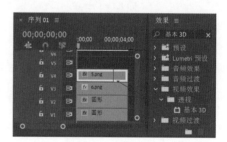
图13-19

（13）在"时间轴"面板中选择V4轨道上的5.png，在"效果控件"面板中展开"基本3D"。接着将时间线滑动至2秒位置处，单击"与图像的距离"前方的 ⏱（切换动画）按钮，设置"与图像的距离"为–125.0，如图13-20所示。将时间线滑动至3秒位置处，设置"与图像的距离"为0.0。

（14）在"效果"面板中搜索"投影"，将该效果拖曳到"时间轴"面板V4轨道的5.png上，如图13-21所示。

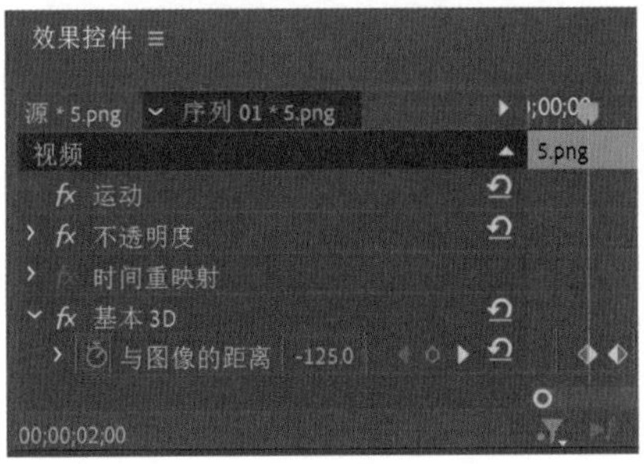

图 13-20

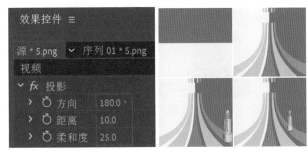

图 13-21

（15）在"时间轴"面板中选择 V4 轨道上的 5.png，在"效果控件"面板中展开"投影"，设置"方向"为180.0°，"距离"为10.0，"柔和度"为 25.0，如图13-22所示。

滑动时间线查看此时画面效果，如图13-23 所示。

图 13-22　　　　　　　图 13-23

（16）在"项目"面板中将4.png素材文件拖曳到"时间轴"面板V5轨道上，如图13-24所示。

图 13-24

此时画面效果如图13-25所示。

图 13-25

（17）在"效果"面板中搜索"基本3D"，将该效果拖曳到"时间轴"面板V5轨道的4.png上，如图13-26所示。

图 13-26

（18）在"时间轴"面板中选择V4轨道上的 5.png，在"效果控件"面板中展开"基本3D"。接着将时间线滑动至2秒15帧位置处，单击"与图像的距离"前方的 ⏱ （切换动画）按钮，设置"与图像的距离"为−113.0，如图13-27所示。将时间线滑动至3秒15帧位置处，设置"与图像的距离"为0.0。

图 13-27

（19）在"效果"面板中搜索"投影"，将该效果拖曳到"时间轴"面板V4轨道的5.png上，如图 13-28所示。

（20）在"时间轴"面板中选择V5轨道上的 4.png，在"效果控件"面板中展开"投影"，设置"方向"为180.0°，"距离"为10.0，"柔和度"为 25.0，如图13-29所示。

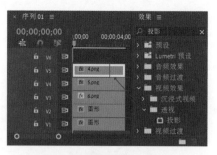

图 13-28

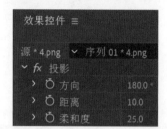

图 13-29

滑动时间线查看此时画面效果，如图 13-30 所示。

图 13-30

（21）在"项目"面板中将3.png、4.png素材文件分别拖曳到"时间轴"面板V6、V7轨道上，并使用同样的方法制作合适的效果。此时画面效果如图13-31所示。

图 13-31

（22）在"项目"面板中将1.png素材文件拖曳到"时间轴"面板V8轨道上，如图13-32所示。

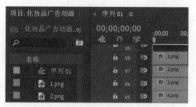

图 13-32

（23）在"时间轴"面板中选择V8轨道上的1.png，在"效果控件"面板中展开"不透明度"。接着将时间线滑动至3秒位置处，单击"不透明度"前方的 （切换动画）按钮，设置"不透明度"为0.0%。将时间线滑动至3秒08帧位置处，设置"不透明度"为100.0%，如图13-33所示。

图 13-33

（24）在"效果"面板中搜索"基本3D"，将该效果拖曳到"时间轴"面板V8轨道的1.png上，如图13-34所示。

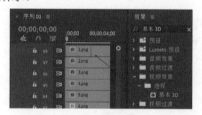

图 13-34

（25）在"时间轴"面板中选择V8轨道上的1.png，在"效果控件"面板中展开"基本3D"。接着将时间线滑动至3秒位置处，单击"与图像的距离"前方的 （切换动画）按钮，设置"与图像的距离"为-85.0，如图13-35所示。将时间线滑动至4秒01帧位置处，设置"与图像的距离"为0.0。

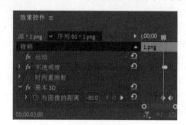

图 13-35

（26）在"效果"面板中搜索"投影"，将该效果拖曳到"时间轴"面板V8轨道的1.png上，如图13-36所示。

图13-36

（27）在"时间轴"面板中选择V8轨道上的1.png，在"效果控件"面板中展开"投影"，设置"方向"为180.0°，"距离"为10.0，"柔和度"为25.0，如图13-37所示。

图13-37

滑动时间线查看此时画面效果，如图13-38所示。

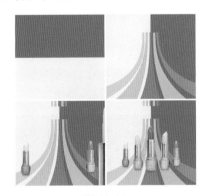

图13-38

（28）将时间线滑动到4秒05帧位置处，接着在"工具"面板中单击Ⓣ（文字工具），在"节目监视器"面板中合适的位置单击并输入合适的文字，如图13-39所示。

（29）在"效果控件"面板中展开"文本（GOES BACK TO NATURE.）"。设置合适的"字体系列"和"字体样式"，设置"字体大小"为50，设置"对齐方式"为▨（左对齐）和▨（顶对齐），

设置"填充"为白色。展开"变换"，设置"位置"为（123.7，153.5），如图13-40所示。

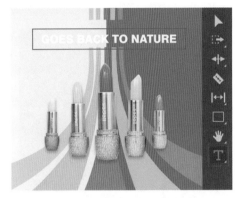

图13-39

图13-40

（30）在文字图层选中状态下，在"工具"面板中单击Ⓣ（文字工具），接着在"节目监视器"面板中合适的位置单击并输入合适的文字，如图13-41所示。

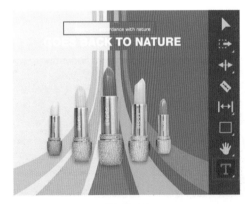

图13-41

（31）在"效果控件"面板中展开"文本（Wearing in accordance with nature）"。设置合适的"字体系列"和"字体样式"，设置"字体大小"为

20，设置"对齐方式"为 ▤（左对齐）和 ▤（顶对齐），设置"填充"为白色。展开"变换"设置"位置"为（251.0，89.0），如图13-42所示。

图 13-42

（32）在"时间轴"面板中，将V9轨道上的文字图层的结束时间设置为4秒29帧，如图13-43所示。

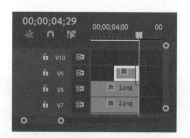

图 13-43

本案例制作完成，滑动时间线效果如图13-44所示。

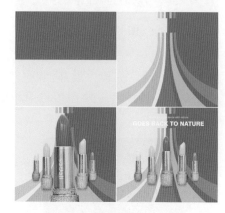

图 13-44

13.2 实战：科技感芯片广告

文件路径

实战素材/第13章

操作要点

使用"Alpha发光""亮度键"制作芯片效果

案例效果

图 13-45

操作步骤

（1）新建序列、导入文件。执行"文件"/"新

建"/"项目"命令，新建一个项目。接着执行"文件"/"导入"命令，导入全部素材。在"项目"面板中将01.jpg素材拖曳到"时间轴"面板中的V1轨道上，此时在"项目"面板中自动生成一个与01.jpg素材文件等大的序列，如图13-46所示。

图 13-46

此时画面效果如图13-47所示。

（2）在"效果"面板中搜索"Alpha发光"，将该效果拖曳到V1轨道的01.jpg素材文件上，如图13-48所示。

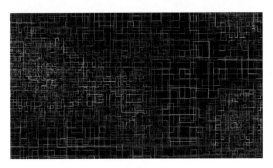

图13-47

图13-48

（3）在"项目"面板中将02.jpg素材拖曳到"时间轴"面板的V2轨道上，如图13-49所示。

图13-49

（4）在"时间轴"面板中选择V2轨道上的02.jpg。在"效果控件"面板中展开"运动"，设置"位置"为（959.7，413.3）。将时间线滑动至起始时间位置处，单击"缩放"前方的 ◎ （切换动画）按钮，设置"缩放"为110.0，如图13-50所示。将时间线滑动时至1秒位置，设置"缩放"为30.0。

图13-50

滑动时间线画面效果如图13-51所示。

图13-51

（5）调整亮度。接着在"效果"面板中搜索"亮度键"，将该效果拖曳到V2轨道的02.jpg素材文件上，如图13-52所示。

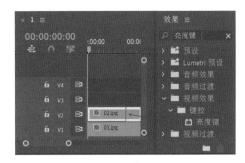

图13-52

（6）在"时间轴"面板中选择V2轨道上的02.jpg。在"效果控件"面板中展开"亮度键"。将时间线滑动至起始时间位置处，单击"阈值"前方的 ◎ （切换动画）按钮，设置"阈值"为100.0%，如图13-53所示。将时间线滑动至1秒20帧位置处，设置"阈值"为76.0%。接着单击"屏蔽度"前方的 ◎ （切换动画）按钮，设置"屏蔽度"为0.0%。将时间线滑动时至2秒17帧位置，设置"屏蔽度"为74.0%。

图13-53

（7）再次在"项目"面板中将02.jpg素材拖曳到"时间轴"面板中的V3轨道上，如图13-54所示。

321

（8）在"时间轴"面板中选择V3轨道上的02.jpg。在"效果控件"面板中展开"运动"，设置"位置"为（959.7，413.3），如图13-55所示。将时间线滑动至起始时间位置处，单击"缩放"前方的 ⏱（切换动画）按钮，设置"缩放"为110.0。将时间线滑动时至1秒位置，设置"缩放"为30.0。

图13-54

图13-55

（9）在"时间轴"面板中选择V3轨道上的02.jpg。在"效果控件"面板中展开"不透明度"。将时间线滑动至1秒位置处，单击"不透明度"前方的 ⏱（切换动画）按钮，设置"不透明度"为0.0%，如图13-56所示。将时间线滑动时至3秒位置，设置"不透明度"为100.0%。

图13-56

滑动时间线画面效果如图13-57所示。

（10）创建文字。执行"文件"/"新建"/"旧版标题"命令，即可打开"字幕"面板，如图13-58所示。

图13-57

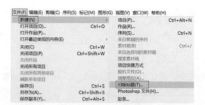
图13-58

（11）此时会弹出一个"新建字幕"窗口，设置"名称"为"字幕01"，然后单击"确定"按钮。在"字幕01"面板中选择 T（文字工具），在工作区域中画面的合适位置输入文字内容。设置"对齐方式"为 ≡（左对齐），设置合适的"字体系列"和"字体样式"，设置"字体大小"为160.0，"填充类型"为实底，"颜色"为白色，如图13-59所示。

图13-59

（12）在"项目"面板中将字幕01拖曳到"时间轴"面板中的V4轨道上，并设置起始时间为3秒，结束时间为5秒，如图13-60所示。

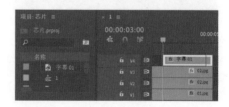
图13-60

本案例制作完成，滑动时间线效果如图13-61所示。

图13-61

13.3　实战：护肤品系列广告

文件路径

实战素材/第13章

操作要点

使用"渐变""急摇""线性擦除""块溶解"效果制作粉色护肤品广告

案例效果

图 13-62

操作步骤

（1）新建项目。执行"文件"/"新建"/"项目"命令，新建一个项目。执行"文件"/"新建"/"序列"命令。在新建序列窗口中单击"设置"按钮，设置"编辑模式"为自定义；设置"时基"为25.00帧/秒；设置"帧大小"为600，"水平"为900；设置"像素长宽比"为方形像素（1.0）。接着执行"文件"/"导入"命令，导入全部素材，并在"项目"面板中单击右键，执行"新建项目"/"颜色遮罩"命令，如图13-63所示。

（2）在弹出的"新建颜色遮罩"窗口中，单击"确定"按钮。在弹出的"拾色器"中选择白色，单击"确定"按钮，如图13-64所示。

图 13-63

图 13-64

（3）在"项目"面板中将颜色遮罩拖曳到"时间轴"面板V1轨道上，如图13-65所示。

图 13-65

此时画面效果如图13-66所示。

图 13-66

（4）制作背景。接着在"效果"面板中搜索"渐变"，将该效果拖曳到"时间轴"面板 V1 轨道的颜色遮罩上，如图 13-67 所示。

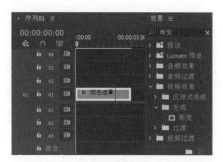

图 13-67

（5）在"时间轴"面板中选择 V1 轨道上的颜色遮罩，在"效果控件"面板中展开"渐变"，接着设置"渐变起点"为（3.7，479.8）；"起始颜色"为粉色。"渐变终点"为（614.9，457.4）；"渐变形状"为径向渐变；"渐变扩散"为 400.0，如图 13-68 所示。

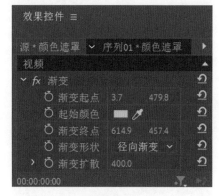

图 13-68

此时画面效果如图 13-69 所示。

图 13-69

（6）制作主体闪现效果。在"项目"面板中将 01.png 素材拖曳到"时间轴"面板中的 V2 轨道上，如图 13-70 所示。

图 13-70

（7）在"时间轴"面板中选择 V2 轨道上的 01.png，在"效果控件"面板中展开"运动"，接着设置"位置"为（172.7，450.0），"缩放"为 89.0，如图 13-71 所示。

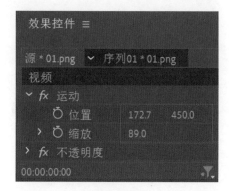

图 13-71

（8）在"效果"面板中搜索"急摇"，将该效果拖曳到"时间轴"面板 V2 轨道的 01.png 素材文件上，如图 13-72 所示。

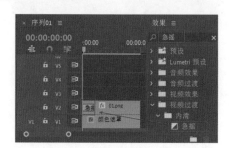

图 13-72

（9）再次在"项目"面板中将 01.png 素材拖曳到"时间轴"面板中的 V3 轨道上，如图 13-73 所示。

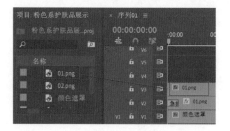

图 13-73

（10）在"效果"面板中搜索"急摇"，将该效果拖曳到"时间轴"面板V3轨道的01.png素材文件上，如图13-74所示。

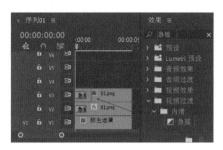

图13-74

滑动时间线画面效果如图13-75所示。

图13-75

（11）绘制椭圆。将时间线滑动到起始位置，在"工具"面板中单击 （椭圆工具），接着在"节目监视器"面板中合适的位置进行绘制，如图13-76所示。

图13-76

（12）在"时间轴"面板中选择V4轨道上的图形，在"效果控件"面板中展开"不透明度"，接着单击"创建椭圆形蒙版"。展开"蒙版"设置"蒙版羽化"为0.0，勾选"已反转"，如图13-77所示。

图13-77

（13）在"节目监视器"面板中调整蒙版到合适的位置与大小，如图13-78所示。

图13-78

（14）在"效果"面板中搜索"渐变"，将该效果拖曳到"时间轴"面板V4轨道的图形上，如图13-79所示。

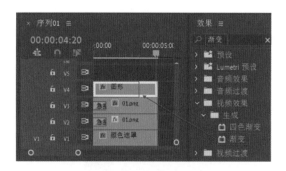

图13-79

（15）在"时间轴"面板中选择V4轨道上的图形，在"效果控件"面板中展开"渐变"，接着设置"起始颜色"为淡粉色，如图13-80所示。

（16）在"时间轴"面板中选择V4轨道上的图形，在"效果控件"面板中展开"不透明度"，将时间线滑动至4秒06帧位置处，单击"不透明度"前方的 ⊙（切换动画）按钮，设置"不透明度"为0.0%，如图13-81所示。接着将时间线滑动到4秒20帧位置处，设置"不透明度"为100.0%。

图13-80　　　　　　　　图13-81

滑动时间线画面效果如图13-82所示。

图13-82

（17）绘制图形。将时间线滑动到起始位置，在"工具"面板中单击 ✎（钢笔工具），接着在"节目监视器"面板中合适的位置进行绘制，如图13-83所示。

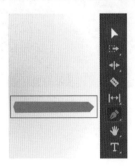

图13-83

（18）在"效果"面板中搜索"渐变"，将该效果拖曳到"时间轴"面板V5轨道的图形上，如图13-84所示。

图13-84

（19）在"时间轴"面板中选择V5轨道上的图形，在"效果控件"面板中展开"渐变"，接着设置"渐变起点"为（278.8，527.3），"起始颜色"为粉色；"渐变终点"为（281.8，624.2），"结束颜色"为淡粉色，如图13-85所示。

图13-85

（20）在"效果"面板中搜索"线性擦除"，将该效果拖曳到"时间轴"面板V5轨道的图形上，如图13-86所示。

图13-86

（21）在"时间轴"面板中选择V5轨道上的图形，在"效果控件"面板中展开"线性擦除"，将时间线滑动至1秒10帧位置处，单击"过渡完成"前方的 ⊙（切换动画）按钮，设置"过渡完成"为100%，如图13-87所示。接着将时间线滑动到2秒03帧位置处，设置"过渡完成"为0%。

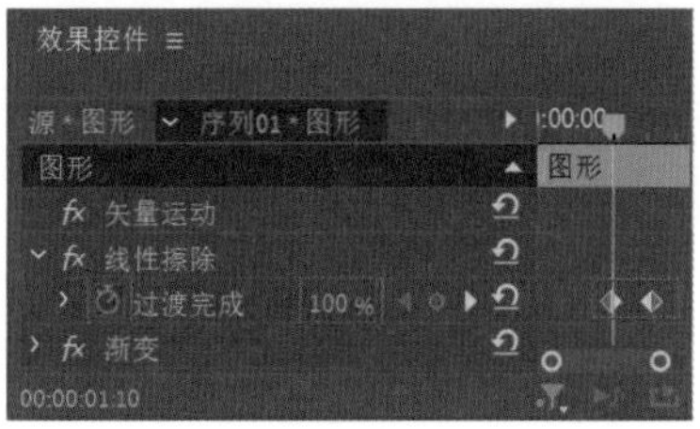

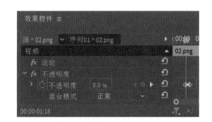

图 13-87

（22）在"项目"面板中将02.png素材文件拖曳到"时间轴"面板V6轨道上，如图13-88所示。

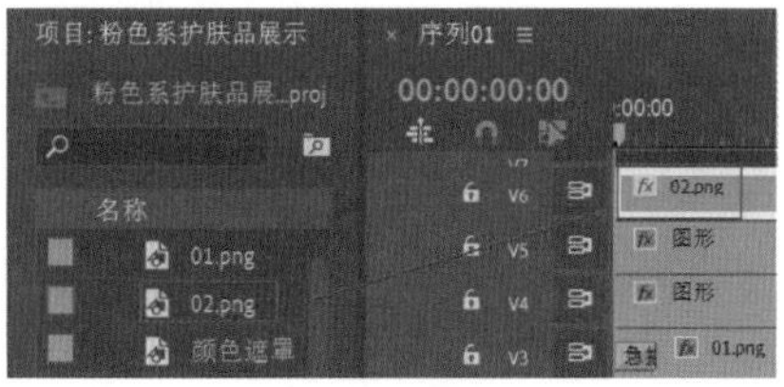

图 13-88

（23）在"时间轴"面板中选择V6轨道上的02.png，在"效果控件"面板中展开"不透明度"，将时间线滑动至1秒18帧位置处，单击"不透明度"前方的（切换动画）按钮，设置"不透明度"为0.0%，如图13-89所示。接着将时间线滑动到2秒07帧位置处，设置"不透明度"为100.0%。

图 13-89

滑动时间线画面效果如图13-90所示。

图 13-90

（24）绘制图形。将时间线滑动到起始帧位置，在"工具"面板中单击（钢笔工具），接着在"节目监视器"面板中底部合适的位置进行绘制，如图13-91所示。

图 13-91

（25）在"效果"面板中搜索"渐变"，将该效果拖曳到"时间轴"面板V7轨道的图形上，如图13-92所示。

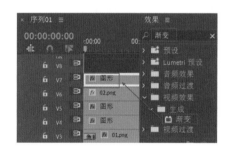

图 13-92

（26）制作颜色效果。在"时间轴"面板中选择V7轨道上的图形，在"效果控件"面板中展开"渐变"，接着设置"渐变起点"为（257.6，672.7），"起始颜色"为玫红色；"渐变终点"为（290.9，969.7），如图13-93所示。

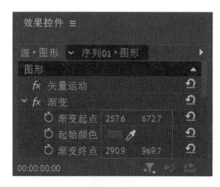

图 13-93

（27）制作过渡效果。接着在"效果"面板中搜索"块溶解"，将该效果拖曳到"时间轴"面板V7轨道的图形上，如图13-94所示。

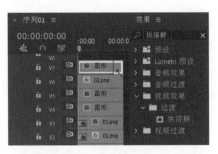

图 13-94

（28）在"时间轴"面板中选择V7轨道上的图形，在"效果控件"面板中展开"块溶解"，将时间线滑动至2秒11帧位置处，单击"过渡完成"前方的 ⏱（切换动画）按钮，设置"过渡完成"为100%，如图13-95所示。接着将时间线滑动到2秒22帧位置处，设置"过渡完成"为0.0%，"块宽度"为1.0，"块高度"为1.0。

图 13-95

滑动时间线画面效果如图13-96所示。

图 13-96

（29）绘制椭圆。将时间线滑动到起始位置，在"工具"面板中单击 ⬭（椭圆工具），接着在"节目监视器"面板中合适的位置进行绘制，如图13-97所示。

（30）在"时间轴"面板中选择V8轨道上的图形，在"效果控件"面板中展开"形状"/"外观"。接着设置"填充"为玫红色；勾选"描边"，设置"描边"为白色，设置"描边大小"为5.00。接着展开"变换"，设置"位置"为（448.6,767.5）；"锚点"为（62.5，62.5），如图13-98所示。

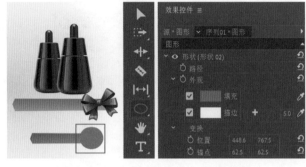

图 13-97　　　　　　　　图 13-98

（31）在"时间轴"面板中选择V8轨道上的图形，在"效果控件"面板中展开"不透明度"。将时间线滑动至1秒23帧位置处，单击"不透明度"前方的 ⏱（切换动画）按钮，设置"不透明度"为0.0%。接着将时间线滑动到2秒21帧位置处，设置"不透明度"为100.0%，如图13-99所示。

图 13-99

（32）新建文字。执行"文件"/"新建"/"旧版标题"命令，即可打开"字幕"面板。此时会弹出一个"新建字幕"窗口，设置"名称"为"字幕01"，然后单击"确定"按钮。在"字幕01"面板中选择 T（文字工具），在工作区域中画面的合适位置输入文字内容。设置"对齐方式"为 ▤（左对齐），设置合适的"字体系列"和"字体样式"，设置"字体大小"为60.0，"填充类型"为实底，"颜色"为白色，如图13-100所示。

（33）在"项目"面板中将字幕01拖曳到V9轨道上，如图13-101所示。

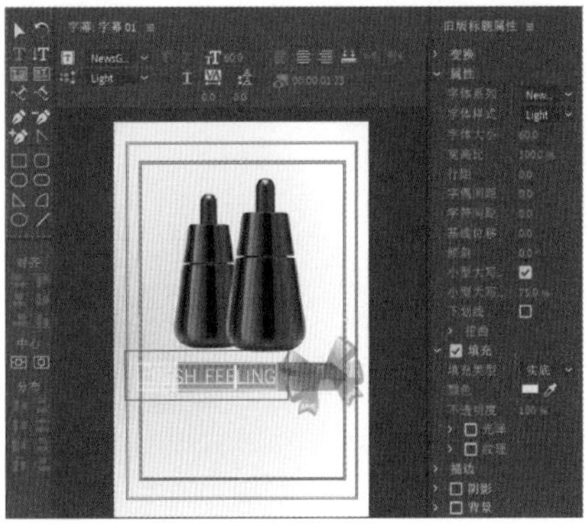

图13-100

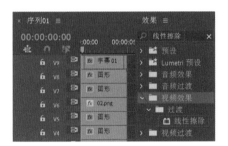

图13-101

（34）在"效果"面板中搜索"线性擦除"，将该效果拖曳到"时间轴"面板V9轨道的字幕01上，如图13-102所示。

图13-102

（35）制作文字效果。在"时间轴"面板中选择V9轨道上的字幕01，在"效果控件"面板中展开"线性擦除"。将时间线滑动至2秒19帧位置处，单击"过渡完成"前方的 按钮（切换动画），设置"过渡完成"为100%，如图13-103所示。接着将时间线滑动到4秒04帧位置处，设置"过渡完成"为0%。

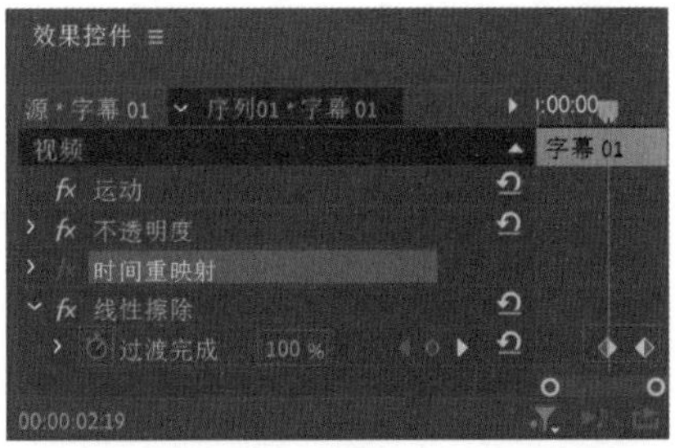

图13-103

（36）滑动时间线画面效果如图13-104所示。

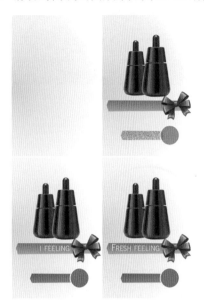

图13-104

（37）以同样的方式创建文字并摆放到合适的位置，设置完成后拖曳到时间轴面上。

此时画面效果如图13-105所示。

图13-105

（38）制作文字效果。在"时间轴"面板中选择V10轨道上的字幕02，在"效果控件"面板中展开"不透明度"，将时间线滑动至3秒15帧位置处，单击"不透明度"前方的 按钮（切换动画），设置"不透明度"为0.0%。接着将时间线滑动到4秒06帧位置处，设置"不透明度"为100.0%，如图13-106所示。

实战应用篇

中文版 Premiere Pro 2022完全自学教程（实战案例视频版）

图 13-106

（39）制作文字效果。在"时间轴"面板中选择 V11轨道上的字幕03，在"效果控件"面板中展开"不透明度"，将时间线滑动至3秒04帧位置处，单击"不透明度"前方的⏱（切换动画）按钮，设置"不透明度"为0.0%，如图13-107所示。接着将时间线滑动到4秒06帧位置处，设置"不透明度"为100.0%。

图 13-107

本案例制作完成，滑动时间线效果如图13-108所示。

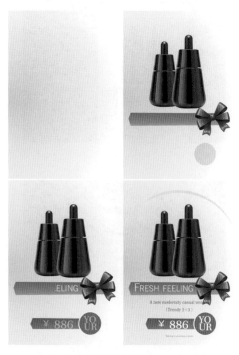

图 13-108

13.4　实战：水果广告

文件路径

实战素材/第13章

操作要点

使用"旧版标题"与"画笔描边""书写"制作书写文字的效果

案例效果

图 13-109

操作步骤

（1）新建项目、序列。执行"文件"/"新建"/"项

目"命令，新建一个项目。执行"文件"/"新建"/"序列"命令。在新建序列窗口中单击"设置"按钮，设置"编辑模式"为自定义；设置"时基"为25.00帧/秒；设置"帧大小"为1778，"水平"为1000；设置"像素长宽比"为方形像素（1.0）。接着执行"文件"/"导入"命令，导入全部素材。并在"项目"面板中单击右键，执行"新建项目"/"颜色遮罩"命令，如图13-110所示。

图 13-110

（2）在弹出的"新建颜色遮罩"窗口中，单击"确定"按钮。在弹出的"拾色器"中选择淡黄色，

330

单击"确定"按钮，如图13-111所示。

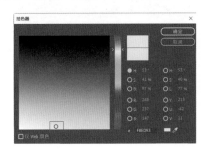

图13-111

（3）在"项目"面板中将颜色遮罩拖曳到"时间轴"面板中V1轨道上，如图13-112所示。

图13-112

此时画面效果如图13-113所示。

图13-113

（4）新建文字。执行"文件"/"新建"/"旧版标题"命令，即可打开"字幕"面板。此时会弹出一个"新建字幕"窗口，设置"名称"为"字幕01"，然后单击"确定"按钮。在"字幕01"面板中选择◯（椭圆工具），在工作区域中画面的合适位置绘制一个椭圆。展开"属性"，设置"图形类型"为椭圆；接着展开"填充"，设置"填充类型"为实底，"颜色"为黄色，设置"不透明度"为90%，如图13-114所示。

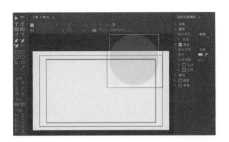

图13-114

（5）再次在"字幕01"面板中选择◯（椭圆工具），在工作区域中画面的合适位置绘制一个椭圆。展开"属性"，设置"图形类型"为椭圆；接着展开"填充"，设置"填充类型"为实底，"颜色"为黄色，设置"不透明度"为90%。设置完成后关闭"字幕01"面板，如图13-115所示。

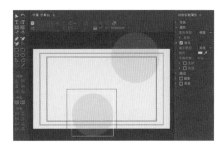

图13-115

（6）在"项目"面板中将字幕01拖曳到"时间轴"面板中V2轨道上，如图13-116所示。

图13-116

（7）制作画笔描边效果。接着在"效果"面板中搜索"画笔描边"，将该效果拖曳到"时间轴"面板V2轨道的字幕01上，如图13-117所示。

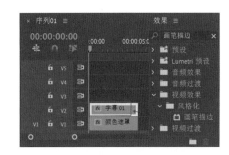

图13-117

（8）制作文字效果。在"时间轴"面板中选择V2轨道上的字幕01，在"效果控件"面板中展开"画笔描边"，设置"画笔大小"为1.0，"描边长度"为1，如图13-118所示。

图13-118

此时字幕01的"画笔描边"效果如图13-119所示。

图 13-119

（9）在"时间轴"面板中选择V2轨道上的字幕01，在"效果控件"面板中展开"不透明度"，将时间线滑动至3秒14帧位置处，单击"不透明度"前方的 ⏱（切换动画）按钮，设置"不透明度"为0.0%，如图13-120所示。接着将时间线滑动到4秒13帧位置处，设置"不透明度"为100.0%。

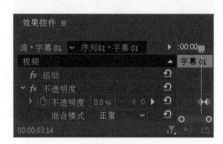

图 13-120

滑动时间线画面效果如图13-121所示。

图 13-121

（10）新建文字。执行"文件"/"新建"/"旧版标题"命令，即可打开"字幕"面板。此时会弹出一个"新建字幕"窗口，设置"名称"为"字幕01"，然后单击确定按钮。在"字幕01"面板中选择 Ⅰ（文字工具），在工作区域中画面的合适位置输入文字内容。设置"对齐方式"为 ▤（左对齐）；设置合适的"字体系列"和"字体样式"；设置"字体大小"为450.0，"字符间距"为−8.0；接着展开"填充"，设置"填充类型"为实底，"颜色"为白色。设置完成后关闭"字幕02"面板，如图13-122所示。

图 13-122

（11）在"项目"面板中将字幕02拖曳到"时间轴"面板中V3轨道上，如图13-123所示。

图 13-123

（12）制作画笔描边效果。接着在"效果"面板中搜索"画笔描边"，将该效果拖曳到"时间轴"面板V3轨道的字幕02上，如图13-124所示。

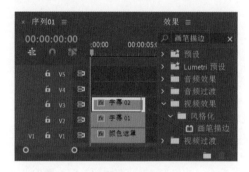

图 13-124

此时文字"画笔描边"效果如图13-125所示。

图 13-125

（13）制作书写效果。接着在"效果"面板中搜索"书写"，将该效果拖曳到"时间轴"面板V3轨道的字幕02上，如图13-126所示。

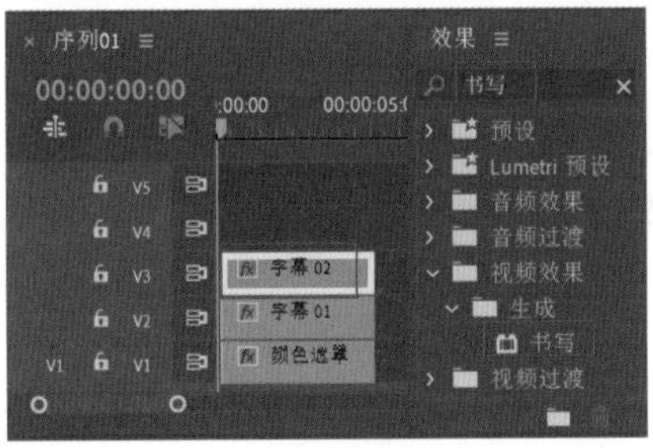

图13-126

（14）在"时间轴"面板中选择V3轨道上的字幕02，在"效果控件"面板中展开"书写"，将时间线滑动至04帧位置处。单击"画笔位置"前方的 ○（切换动画）按钮，设置"画笔位置"为（447.9，372.4），设置"画笔大小"为50.0，"绘制时间属性"为不透明度，"绘制样式"为在原始图像上，如图13-127所示。

图13-127

（15）查看此时"节目监视器"面板中画笔位置，如图13-128所示。

图13-128

（16）将时间线滑动至07帧位置处，在"节目监视器"面板中调整画笔位置，如图13-129所示。

图13-129

（17）将时间线滑动至12帧位置处，在"节目监视器"面板中调整画笔位置，如图13-130所示。

图13-130

（18）将时间线滑动至13帧位置处，在"节目监视器"面板中调整画笔位置，如图13-131所示。

图13-131

（19）将时间线滑动至15帧位置处，在"节目监视器"面板中调整画笔位置，如图13-132所示（绘制完成后可以调整控制杆的位置）。

图13-132

（20）在"时间轴"面板中选择V3轨道上的字幕02，在"效果控件"面板中展开"书写"，接着设置"绘制样式"为显示原始图像，如图13-133所示。

图13-133

滑动时间线画面效果如图 13-134 所示。

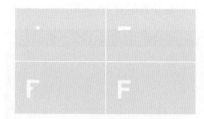

图 13-134

（21）以同样的方式制作剩余的字母书写效果。滑动时间线画面效果如图 13-135 所示。

图 13-135

（22）在"项目"面板中将 01.png 素材拖曳到"时间轴"面板中 V4 轨道上，如图 13-136 所示。

图 13-136

（23）在"时间轴"面板中选择 V4 轨道上的 01.png，在"效果控件"面板中展开"不透明度"，将时间线滑动至 3 秒 14 帧位置处，单击"不透明度"前方的 （切换动画）按钮，设置"不透明度"为 0.0%，如图 13-137 所示。接着将时间线滑动到 4 秒 13 帧位置处，设置"不透明度"为 100.0%。

图 13-137

本案例制作完成，滑动时间线效果如图 13-138 所示。

图 13-138

第14章
短视频制作

短视频设计是近年来非常火爆的从业方向，抖音、快手涌现出越来越多的专业"玩家"，也促使短视频越来越专业化，已经从普通的"拍视频"，逐渐演变为"做视频"。因此在短视频创作时就要充分考虑内容设计、营销推广、流量变现等诸多实际问题。本章将讲解短视频的制作流程，包括剪辑、镜头组接、文字动画、配乐等。

掌握短视频剪辑方法
掌握短视频镜头对接方法
掌握短视频文字添加的方式
掌握短视频动画的制作方法
掌握短视频的配乐方法

学习目标

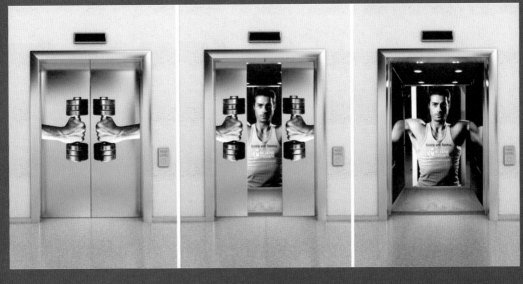

14.1 实战：抖音搞笑视频

实战应用篇

文件路径

实战素材/第14章

操作要点

使用"放大"效果制作抖音搞笑大头效果

案例效果

图14-1

图14-3　　　　　　　　图14-4

（3）在"时间轴"面板中设置A1轨道上配乐1.mp3素材文件的结束时间为10秒09帧，如图14-5所示。

（4）在"时间轴"面板中选择V1轨道上的1.mp4素材，单击"工具"面板中 （剃刀工具）按钮，然后将时间线滑动到10秒15帧的位置，单击鼠标左键剪辑1.mp4素材文件，并单击"工具"面板中的 （选择工具）按钮，如图14-6所示。

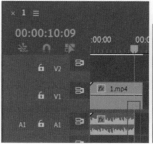

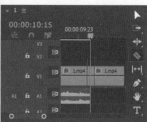

图14-5　　　　　　　　图14-6

操作步骤

（1）新建项目。执行"文件"/"新建"/"项目"命令，新建一个项目。执行"文件"/"新建"/"序列"命令。在新建序列窗口中单击"设置"按钮，设置"编辑模式"为ARRI Cinema；设置"时基"为23.976帧/秒；设置"帧大小"为1920，"水平"为1080；设置"像素长宽比"为方形像素（1.0）。接着执行"文件"/"导入"命令，导入全部素材。在"项目"面板中分别将1.mp4与配乐1.mp3素材文件拖曳到"时间轴"面板中的V1和A1轨道上，如图14-2所示。

（5）在"效果"面板中搜索"放大"，将该效果拖曳到V1轨道的1.mp4素材文件的后半段上，如图14-7所示。

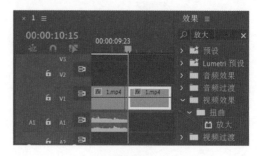

图14-7

（6）在"时间轴"面板中选择V1轨道上的1.mp4。在"效果控件"面板中展开"放大"，设置"中央"为（755.0，305.0），"放大率"为180.0，"大

图14-2

此时画面效果如图14-3所示。

（2）在"时间轴"面板中设置V1轨道上1.mp4素材文件的结束时间为12秒08帧，如图14-4所示。

小"为425.0，如图14-8所示。

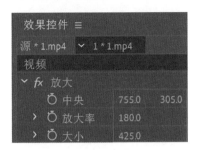

图14-8

滑动时间线画面效果如图14-9所示。

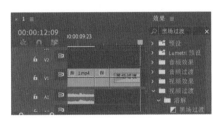

图14-9

（7）在"效果"面板中搜索"黑场过渡"，将该效果拖曳到V1轨道的1.mp4素材文件后半段的结束位置处，如图14-10所示。

图14-10

（8）在"项目"面板中将配乐2.mp3素材文件拖曳到"时间轴"面板中A1轨道配乐1.mp3素材文件后方，如图14-11所示。

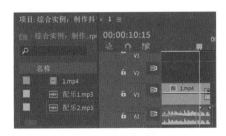

图14-11

（9）在"菜单栏"中执行"文件"/"新建"/"旧版标题"命令，在弹出的"新建字幕"窗口中单击"确定"按钮。在"字幕01"面板中选择 T（文字工具），在工作区域中画面的合适位置输入文字内容。展开变换，设置"旋转"为12.0°。设置合适

的"字体系列"和"字体样式"；设置"字体大小"为223.0。展开"填充"，设置"填充类型"为实底，"颜色"为白色，如图14-12所示。

图14-12

（10）在"项目"面板中将字幕01拖曳到"时间轴"面板中V2轨道上10秒15帧位置处，如图14-13所示。

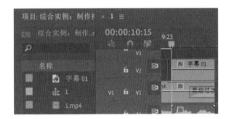

图14-13

（11）设置"时间轴"面板中字幕01的结束时间为12秒09帧，如图14-14所示。

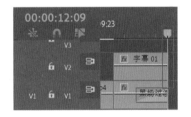

图14-14

本案例制作完成，滑动时间线效果如图14-15所示。

图14-15

14.2 实战：抖音爆款卡点视频

文件路径

实战素材/第14章

操作要点

使用"剪辑速度/持续时间""混合模式"制作热门抖音卡点短视频

案例效果

图 14-16

操作步骤

（1）新建项目。执行"文件"/"新建"/"项目"命令，新建一个项目。执行"文件"/"新建"/"序列"命令。在新建序列窗口中单击"设置"按钮，设置"编辑模式"为自定义；设置"时基"为25.00帧/秒；设置"帧大小"为540，"水平"为960；设置"像素长宽比"为方形像素（1.0）。在"项目"面板中单击▤（新建素材箱）按钮，新建一个素材箱。选中素材箱，接着执行"文件"/"导入"命令，导入全部素材。在"项目"面板中将配乐.mp3素材文件拖曳到"时间轴"面板中的A1轨道上，如图14-17所示。

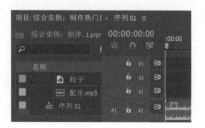

图 14-17

（2）在"时间轴"面板中设置配乐.mp3素材文件的结束时间为11秒21帧，如图14-18所示。

图 14-18

（3）播放音乐素材，在音乐卡点部分，按键盘上的M键创建标记，如图14-19所示。

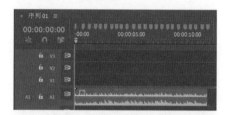

图 14-19

（4）在"项目"面板中将1.jpg～23.jpg素材文件拖曳到"时间轴"面板V1轨道上，如图14-20所示。

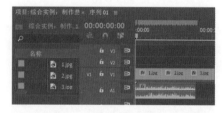

图 14-20

（5）在"时间轴"面板中分别将1.jpg～23.jpg素材文件的结束时间设置为标记的时间位置，如图14-21所示。

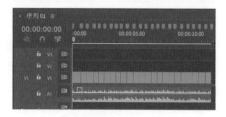

图 14-21

滑动时间线画面效果如图14-22所示。

图14-22

（6）在"时间轴"面板中选择V1轨道上的1.jpg，在"效果控件"面板中展开"运动"，取消"等比缩放"，设置"缩放高度"为112.0，"缩放宽度"为100.0，如图14-23所示。

图14-23

（7）展开除7.jpg～11.jpg、14.jpg、15.jpg、17.jpg素材文件外其他素材文件的运动，取消"等比缩放"，设置"缩放高度"为112.0，"缩放宽度"为100.0，如图14-24所示。

（8）展开7.jpg～11.jpg、14.jpg、15.jpg、17jpg素材文件的运动，取消"等比缩放"，设置"缩放高度"为130.0，"缩放宽度"为100.0，如图14-25所示。

图14-24　　　　图14-25

滑动时间线画面效果如图14-26所示。

图14-26

（9）在"项目"面板中将粒子.mp4素材文件拖曳到"时间轴"面板V2轨道上，如图14-27所示。

图14-27

（10）在"时间轴"面板中右键单击粒子.mp4素材文件，接着执行"速度/持续时间"命令，如图14-28所示。

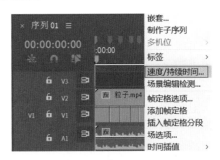

图14-28

（11）在弹出的"剪辑速度/持续时间"窗口，设置"持续时间"为11秒21帧，如图14-29所示。

图14-29

（12）在"时间轴"面板中单击粒子.mp4素材文件，在"效果控件"面板中展开"不透明度"，设置

"混合模式"为滤色，如图 14-30 所示。

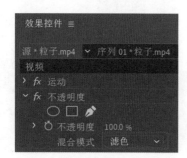

图 14-30

本案例制作完成，滑动时间线效果如图 14-31 所示。

图 14-31

14.3 实战：健康生活短视频

文件路径

实战素材/第14章

操作要点

使用"旧版标题"与"不透明度""缩放""位置"制作出健康生活短视频

案例效果

图 14-32

操作步骤

（1）新建项目、序列。执行"文件"/"新建"/"项目"命令，新建一个项目。执行"文件"/"新建"/"序列"命令。在新建序列窗口中单击"设置"按钮，设置"编辑模式"为自定义；设置"时基"为23.976 帧/秒；设置"帧大小"为1920，"水平"为1080；设置"像素长宽比"为方形像素（1.0）。接着执行"文件"/"导入"命令，导入全部素材。接着在"项目"面板中将01.mp4 ～ 06.mp4 素材文件拖曳到"时间轴"面板中的V1轨道上，如图14-33所示。

图 14-33

（2）在"时间轴"面板中右键单击01.mp4素材文件，在弹出的快捷菜单中执行"取消链接"命令，如图14-34所示。

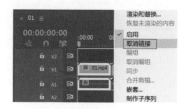

图 14-34

（3）在A1轨道上选择01.mp4的配乐并在键盘中点击Delete键进行删除，如图14-35所示。

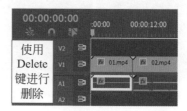

图 14-35

（4）以同样的方式取消其他素材文件与音频的链接，并使用Delete键进行删除，如图14-36所示。

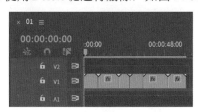

图14-36

（5）在"时间轴"面板中选择V1轨道上的01.mp4素材，单击"工具"面板中 ✄（剃刀工具）按钮，然后将时间线滑动到2秒的位置，单击鼠标左键剪辑01.mp4素材文件并单击"工具"面板中的 ▶（选择工具）按钮。在"时间轴"面板中选中剪辑后的01.mp4素材文件后半部分，接着按下键盘上的Delete键进行删除，并将剩余的素材图层向前移动到01.mp4素材文件后方，如图14-37所示。

（6）在"时间轴"面板中选择V1轨道上的02.mp4素材，单击"工具"面板中 ✄（剃刀工具）按钮，然后将时间线滑动到5秒的位置，单击鼠标左键剪辑01.mp4素材文件。接着将时间线滑动到7秒的位置，单击鼠标左键剪辑01.mp4素材文件，如图14-38所示。

图14-37　　　　　　　　图14-38

（7）然后单击"工具"面板中的 ▶（选择工具）按钮。在"时间轴"面板中选中剪辑后的02.mp4素材文件5秒到7秒前后部分，接着按下键盘上的Delete键进行删除，并将剩余的素材图层向前移动到01.mp4素材文件后方，如图14-39所示。

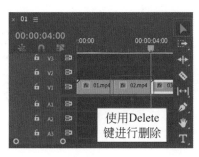

图14-39

（8）使用同样的方式修剪其他视频，03.mp4素材文件保留3秒到5秒时间段；04.mp4素材文件保留3秒到5秒时间段，05.mp4素材文件保留前2秒时间段，06.mp4素材文件素材保留前2秒时间段。并将03.mp4 ～ 0.6.mp4素材文件向前移动到02.mp4素材文件后方，如图14-40所示。

图14-40

滑动时间线画面效果如图14-41所示。

图14-41

（9）在"菜单栏"中执行"文件"/"新建"/"旧版标题"命令，在弹出的"新建字幕"窗口中单击"确定"按钮。此时会弹出一个"新建字幕"窗口，设置"名称"为"字幕01"，然后单击"确定"按钮。在"字幕01"面板中选择 T（文字工具），在工作区域中画面的合适位置输入文字内容。设置合适的"字体系列"和"字体样式"，设置"字体大小"为328.0；展开"填充"，设置"填充类型"为实底，"颜色"为白色。设置完成后，关闭"字幕01"面板，如图14-42所示。

图14-42

（10）在"项目"面板中将字幕01拖曳到V2轨道上，并设置结束时间为2秒，如图14-43所示。

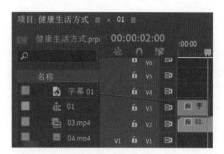

图 14-43

（11）在"菜单栏"中执行"文件"/"新建"/"旧版标题"命令，在弹出的"新建字幕"窗口中单击"确定"按钮。此时会弹出一个"新建字幕"窗口，设置"名称"为字幕02，然后单击确定按钮。在"字幕02"面板中选择 T（文字工具），在工作区域中画面的合适位置输入文字内容。设置合适的"字体系列"和"字体样式"，设置"字体大小"为328.0；展开"填充"，设置"填充类型"为实底，"颜色"为白色。设置完成后，关闭"字幕02"面板，如图14-44所示。

图 14-44

（12）在"项目"面板中将字幕02拖曳到V2轨道上字幕01后方，并设置结束时间为4秒，如图14-45所示。

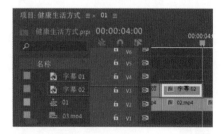

图 14-45

（13）以同样的方式创建文字，并拖曳到V2轨道上，结束时间与V1轨道上素材文件相同，如图14-46所示。

图 14-46

（14）在"时间轴"面板中选择V2轨道上的字幕01，在"效果控件"面板中展开"不透明度"。将时间线滑动至起始时间位置处，单击"不透明度"前方的 ◎（切换动画）按钮，设置"不透明度"为0.0%。接着将时间线滑动到20帧位置处，设置"不透明度"为100.0%。将时间线滑动到1秒10帧位置处，设置"不透明度"为100.0%。将时间线滑动到2秒位置处，设置"不透明度"为0.0%，如图14-47所示。

图 14-47

（15）在"时间轴"面板中选择V2轨道上的字幕02，在"效果控件"面板中展开"不透明度"。将时间线滑动至2秒位置处，单击"不透明度"前方的 ◎（切换动画）按钮，设置"不透明度"为0.0%。接着将时间线滑动到2秒20帧位置处，设置"不透明度"为100.0%。将时间线滑动到3秒10帧位置处，设置"不透明度"为100.0%。将时间线滑动到3秒29帧位置处，设置"不透明度"为0.0%，如图14-48所示。

图 14-48

（16）以同样的方式制作其他文字的变化效果，不透明度变化与之前相同。

滑动时间线画面效果如图14-49所示。

图14-49

（17）在"项目"面板中右键单击空白位置，在弹出的快捷菜单中执行"新建项目"/"颜色遮罩"命令，接着在弹出的"新建颜色遮罩"窗口中，单击"确定"按钮，如图14-50所示。

图14-50

（18）在弹出的"拾色器"窗口中选择"蓝绿色"，单击"确定"按钮。在弹出的"选择名称"中设置"名称"为颜色遮罩。在"项目"面板中将颜色遮罩拖曳到"时间轴"面板中V3轨道上12秒位置处并设置结束时间为14秒，如图14-51所示。

图14-51

此时画面效果如图14-52所示。

图14-52

（19）在"菜单栏"中执行"文件"/"新建"/"旧版标题"命令，在弹出的"新建字幕"窗口中单击"确定"按钮。此时会弹出一个"新建字幕"窗口，设置"名称"为"字幕07"，然后单击"确定"按钮。在"字幕07"面板中选择T（文字工具），在工作区域中画面的合适位置输入文字内容。设置合适的"字体系列"和"字体样式"，设置"字体大小"为254.0，展开"填充"，设置"填充类型"为实底，"颜色"为白色。设置完成后，关闭"字幕07"面板，如图14-53所示。

图14-53

（20）在"项目"面板中将字幕07拖曳到V4轨道上12秒位置处并设置结束时间为14秒，如图14-54所示。

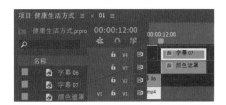

图14-54

（21）在"时间轴"面板中选择V4轨道上的字幕07，在"效果控件"面板中展开"不透明度"。将时间线滑动至12秒位置处，单击"不透明度"前方的（切换动画）按钮，设置"不透明度"为0.0%。接着将时间线滑动到12秒20帧位置处，设置"不透明度"为100.0%。将时间线滑动到13秒10帧位置处，设置"不透明度"为100.0%。将时间线滑动到14秒位置处，设置"不透明度"为0.0%，如图14-55所示。

图14-55

滑动时间线画面效果如图 14-56 所示。

图 14-56

（22）在"时间轴"面板中使用 Alt 键分别对 V1 轨道上 01.mp4 ～ 06.mp4 素材进行复制，并拖曳到 V5 ～ V10 轨道上 12 秒位置处，如图 14-57 所示。

图 14-57

（23）在"时间轴"面板中选择 V5 轨道上的 01.mp4，"效果控件"面板中展开"运动"。将时间线滑动至 12 秒位置处，单击"位置""缩放"前方的 🕐（切换动画）按钮，设置"位置"为（960.0，540.0），"缩放"为 100.0。接着将时间线滑动到 13 秒位置处，设置"位置"为（320.0，164.3），"缩放"为 25.0，如图 14-58 所示。

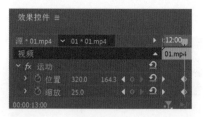

图 14-58

滑动时间线，V5 轨道上的 01.mp4 素材文件动画效果如图 14-59 所示。

图 14-59

（24）以同样的方式制作 V6 ～ V10 轨道上素材文件的动画效果。分别在 12 秒与 13 秒时，各设置 V6 ～ V10 中素材合适的"位置"与"缩放"的关键帧动画。

本案例制作完成，滑动时间线效果如图 14-60 所示。

图 14-60

14.4　实战：周末清晨 Vlog

文件路径

实战素材/第 14 章

操作要点

剪辑合适的视频并制作画面过渡效果，创建文字并使用"关键帧"制作文字动态效果

案例效果

图 14-61

操作步骤

Part 01　剪辑视频

（1）新建序列。执行"文件"/"新建"/"项目"命令，新建一个项目。执行"文件"/"新建"/"序列"命令。在新建序列窗口中单击"设置"按钮，设置"编辑模式"为ARRI Cinema。接着执行"文件"/"导入"命令，导入全部文件夹与素材文件。在"项目"面板中展开1咖啡文件夹选择起床.mp4素材文件，接着将起床.mp4文件拖曳到"时间轴"面板中V1轨道上，如图14-62所示。

图14-62

滑动时间线画面效果如图14-63所示。

图14-63

（2）将时间线滑动至5秒位置处，在"时间轴"面板中单击V1轨道上的起床.mp4素材文件，使用快捷键Ctrl+K进行剪切，如图14-64所示。

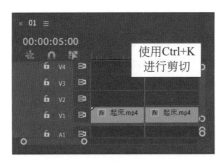

图14-64

（3）在"时间轴"面板中选择V1轨道上的起床.mp4素材文件后半部分，使用Delete键进行删除，如图14-65所示。

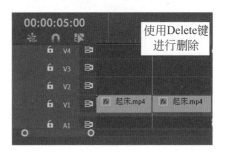

图14-65

（4）在"项目"面板中展开1咖啡文件夹选择01.mp4素材文件，接着将01.mp4文件拖曳到"时间轴"面板中V1轨道上5秒位置处，如图14-66所示。

图14-66

（5）将时间线滑动至11秒位置处，在"时间轴"面板中单击V1轨道上的01.mp4素材文件，使用快捷键Ctrl+K进行剪切，如图14-67所示。

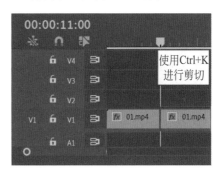

图14-67

（6）在"时间轴"面板中选择V1轨道上01.mp4素材文件前半部分，使用快捷键Shift+Delete进行波纹删除，如图14-68所示。

图14-68

（7）在"项目"面板中展开1咖啡文件夹选择02.mp4素材文件，接着将02.mp4文件拖曳到"时间轴"面板中V1轨道上12秒23帧位置处，如图14-69所示。

图14-69

滑动时间线画面效果如图14-70所示。

图14-70

（8）在"项目"面板中展开2做蛋糕文件夹，选择03.mp4素材文件，接着将03.mp4文件拖曳到"时间轴"面板中V1轨道上20秒19帧位置处，如图14-71所示。

图14-71

（9）在"时间轴"面板中右键单击03.mp4素材文件，在弹出的快捷菜单中执行"速度/持续时间"命令，如图14-72所示。

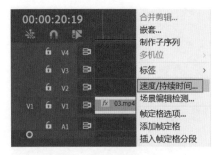

图14-72

（10）在弹出的"剪辑速度/持续时间"窗口设置"速度"为200%，"持续时间"为12秒20帧。接着单击"确定"按钮，如图14-73所示。

图14-73

（11）在"项目"面板中展开2做蛋糕文件夹，选择04.mp4、05.mp4素材文件，接着将04.mp4、05.mp4文件拖曳到"时间轴"面板中V1轨道上33秒15帧位置处，如图14-74所示。

图14-74

（12）将时间线滑动至57秒16帧，在"时间轴"面板中选择V1轨道的05.mp4素材文件，使用快捷键Ctrl+K进行视频剪切，如图14-75所示。

图14-75

（13）将时间线滑动至58秒21帧，在"时间轴"面板中选择V1轨道的05.mp4素材文件，使用快捷键Ctrl+K进行视频剪切，如图14-76所示。

图14-76

（14）在"时间轴"面板中选择V1轨道中的05.mp4素材文件后半部分，使用Delete键进行删除，如图14-77所示。

图 14-77

（15）在"时间轴"面板中选择V1轨道上05.mp4素材文件前半部分，使用快捷键Shift+Delete进行波纹删除，如图14-78所示。

图 14-78

滑动时间线画面效果如图14-79所示。

图 14-79

（16）在"项目"面板中将06.mp4～09.mp4素材文件拖曳到V1轨道上05.mp4素材后方。接着保留06.mp4素材文件的前4秒，07.mp4素材文件前3秒。

滑动时间线画面效果如图14-80所示。

图 14-80

Part 02　制作视频动画效果

（1）在"时间轴"面板中单击V1轨道上的起床.mp4素材文件，在"效果控件"面板中展开"不透明度"，单击▣（创建四点多边形蒙版），如图14-81所示。

图 14-81

（2）在"效果控件"面板中展开"蒙版"，将时间线滑动至起始时间位置处，单击"蒙版路径"前方的🕙（切换动画）按钮，如图14-82所示。

图 14-82

（3）在"节目监视器"面板中调整四点多边形蒙版至合适的位置与大小，如图14-83所示。

图 14-83

（4）将时间线滑动至3秒位置处，在"节目监视器"面板中调整四点多边形蒙版至合适的位置与大小，如图14-84所示。

图 14-84

滑动时间线画面效果如图14-85所示。

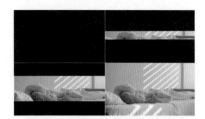

图 14-85

（5）在"时间轴"面板中选择V1轨道上02.mp4素材文件，在"效果控件"面板中展开"运动"，将时间线滑动至16秒位置处，单击"位置""缩放"前方的 ⊙（切换动画）按钮，设置"位置"为（960.0，540.0），"缩放"为100.0，如图14-86所示。接着将时间线滑动至20秒19帧，设置"位置"为（3180.0，−80.0），"缩放"为500.0。

图 14-86

（6）在"效果"面板中搜索"交叉溶解"，将该效果拖曳到"时间轴"面板V1轨道的01.mp4素材文件结束时间与02.mp4素材文件起始时间位置处，如图14-87所示。

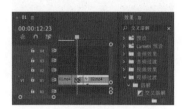

图 14-87

（7）在"效果"面板中搜索"Film Dissolve"，将该效果拖曳到"时间轴"面板V1轨道的02.mp4素材文件结束时间与03.mp4素材文件起始时间位置处，如图14-88所示。

图 14-88

（8）在"效果"面板中搜索"Radial Wipe"，将该效果拖曳到"时间轴"面板V1轨道的03.mp4素材文件结束时间与04.mp4素材文件起始时间位置处，如图14-89所示。

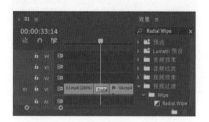

图 14-89

滑动时间线画面效果如图14-90所示。

图 14-90

（9）在"效果"面板中搜索"交叉溶解"，将该效果拖曳到"时间轴"面板V1轨道的07.mp4素材文件起始时间位置处，如图14-91所示。

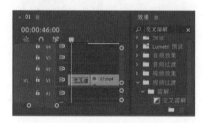

图 14-91

（10）在"效果"面板中搜索"白场过渡"，将该效果拖曳到"时间轴"面板V1轨道的08.mp4素材文件结束时间与09.mp4素材文件起始时间位置处，如图14-92所示。

图 14-92

（11）在"效果"面板中搜索"黑场过渡"，将该效果拖曳到"时间轴"面板V1轨道的09.mp4素材文件结束时间位置处,如图14-93所示。

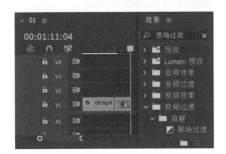

图14-93

重点笔记

视频文件衔接过渡中多数效果很强硬,但在Premiere Pro中有许多自带的过渡效果,使视频文件过渡效果多样、方便且更自然。

滑动时间线画面效果如图14-94所示。

图14-94

Part 03 制作视频字幕与配乐

(1)在"项目"面板中选择气球.png素材文件,接着将气球.png文件拖曳到"时间轴"面板中V2轨道上2秒位置处,如图14-95所示。

图14-95

(2)在"时间轴"面板上选择V2轨道上的气球.png素材文件,在"效果控件"面板中展开"运动",设置"位置"为(1530.7,267.0),"缩放"为18.0,"旋转"为16.0°,如图14-96所示。

图14-96

滑动时间线画面效果如图14-97所示。

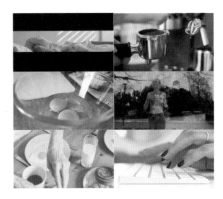

图14-97

(3)创建文字。执行"文件"/"新建"/"旧版标题"命令,即可打开"字幕"面板,如图14-98所示。

图14-98

(4)此时会弹出一个"新建字幕"窗口,设置"名称"为"字幕01",然后单击确定按钮。在"字幕01"面板中选择 T(文字工具),在工作区域中合适的位置输入文字内容。设置"对齐方式"为 ▤(左对齐);设置合适的"字体系列"和"字体样式";设置"字体大小"为150.0;"填充类型"为实底;"颜色"为白色;勾选阴影;设置颜色为"黑色";"不透明度"为50%;"角度"为135.0°;"距离"为10.0;"大小"为0.0;"扩展"为30.0,如图14-99所示。

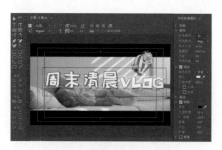

图 14-99

（5）框选 Vlog 后修改"字体系列"和"字体样式"。设置完成后，关闭"字幕01"面板，如图14-100所示。

图 14-100

（6）在"项目"面板中将字幕01拖曳到"时间轴"面板中V3轨道上2秒位置处，如图14-101所示。

图 14-101

（7）在"时间轴"面板中选择V3轨道上字幕01，在"效果控件"面板中展开"不透明度"，将时间线滑动至2秒位置处，单击"不透明度"前方的 ☼（切换动画）按钮，设置"不透明度"为0.0%，如图14-102所示。将时间线滑动到3秒位置处，设置"不透明度"为100.0%。将时间线滑动到5秒位置处，设置"不透明度"为100.0%。将时间线滑动到6秒24帧位置处，设置"不透明度"为0.0%。

图 14-102

滑动时间线画面效果如图14-103所示。

图 14-103

（8）在"时间轴"面板中框选V2、V3轨道，单击右键，在弹出的快捷菜单中执行"嵌套"命令，如图14-104所示。

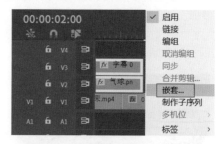

图 14-104

（9）在弹出的"嵌套序列名称"窗口中，单击"确定"按钮，如图14-105所示。

图 14-105

 重点笔记

嵌套序列可用于多个素材文件进行整体效果制作，也可用于归整画面，便于修整嵌套序列文件内的素材。

（10）在"时间轴"面板中选择V2轨道上的嵌套序列，在"效果控件"面板中展开"运动"，将时间线滑动至3秒位置处，单击"位置""旋转"前方的 ☼（切换动画）按钮，设置"位置"为（960.0，1549.0），"旋转"为20.0°，如图14-106所示。将时间线滑动到5秒位置处，设置"位置"为（960.0，540.0），"旋转"为0.0°。

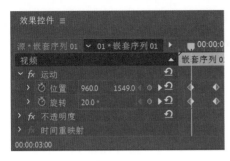

图 14-106

（11）在"时间轴"面板中选择 V2 轨道上嵌套序列 01，在"效果控件"面板中展开"不透明度"，将时间线滑动至 2 秒位置处，单击"不透明度"前方的 ⬙（切换动画）按钮，设置"不透明度"为 0.0%，如图 14-107 所示。将时间线滑动到 3 秒位置处，设置"不透明度"为 100.0%。将时间线滑动到 5 秒位置处，设置"不透明度"为 100.0%。将时间线滑动到 6 秒 24 帧位置处，设置"不透明度"为 0.0%。

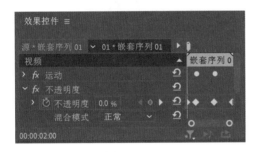

图 14-107

（12）在"效果"面板中搜索"快速模糊入点"，将该效果拖曳到"时间轴"面板 V2 轨道的嵌套序列，如图 14-108 所示。

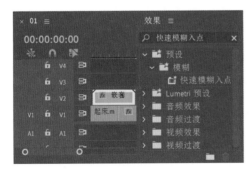

图 14-108

（13）在"时间轴"面板中选择 V2 轨道上嵌套序列 01，将时间线滑动至 2 秒位置处，单击"模糊度"前方的 ⬙（切换动画）按钮，设置"模糊度"为 127.0，如图 14-109 所示。将时间线滑动至 3 秒位置处，设置"模糊度"为 0.0。

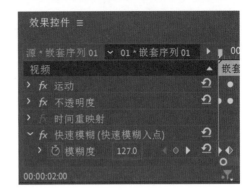

图 14-109

（14）在"项目"面板中将配乐 .mp3 素材文件拖曳到"时间轴"面板中的 A1 轨道上，如图 14-110 所示。

图 14-110

本案例制作完成，画面效果如图 14-111 所示。

图 14-111

 重点笔记

此效果用于制作动态轨道遮罩效果，可修改遮罩视频纹理与融合效果。

14.5 实战：海边幸福的一天 Vlog

实战应用篇

文件路径

实战素材 / 第14章

操作要点

修剪视频后使用"交叉溶解""白场过渡"进行过渡并使用"帧定格""速度/持续时间"命令制作视频效果，使用文字工具制作主体文字

案例效果

图 14-112

操作步骤

Part 01

（1）新建序列。执行"文件"/"新建"/"项目"命令，新建一个项目。执行"文件"/"新建"/"序列"命令。在新建序列窗口中单击"设置"按钮，设置"编辑模式"为自定义；设置"时基"为25.00帧/秒；设置"帧大小"为1920，"水平"为1080；设置"像素长宽比"为方形像素（1.0）。接着执行"文件"/"导入"命令，导入全部素材。在"项目"面板中将04.mp4素材文件拖曳到"时间轴"面板中V1轨道上，如图14-113所示。

图 14-113

滑动时间线画面效果如图14-114所示。

图 14-114

（2）在"时间轴"面板中右键单击V1轨道的04.mp4素材文件，在弹出的快捷菜单中执行"速度/持续时间"命令，如图14-115所示。

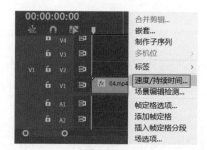

图 14-115

（3）在弹出的"剪辑速度/持续时间"窗口，设置"速度"为250%，接着单击"确定"按钮，如图14-116所示。

（4）在"时间轴"面板中设置V1轨道04.mp4的结束时间为1秒21帧，如图14-117所示。

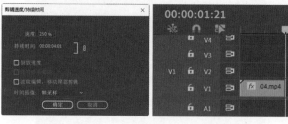

图 14-116　　　　　　　图 14-117

（5）在"项目"面板中将07.mp4素材文件拖曳到"时间轴"面板中V1轨道1秒21帧位置上，如图14-118所示。

（6）在"时间轴"面板中右键单击V1轨道的07.mp4素材文件，在弹出的快捷菜单中执行"速度/持续时间"命令，如图14-119所示。

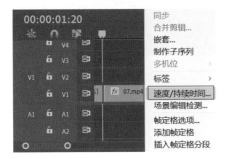

图 14-118

图 14-119

（7）在弹出的"剪辑速度/持续时间"窗口，设置"速度"为250%，接着单击"确定"按钮，如图14-120所示。

（8）在"项目"面板中将07.mp4素材文件的结束位置设置为3秒11帧，如图14-121所示。

图 14-120　　　　　图 14-121

滑动时间线画面效果如图14-122所示。

图 14-123

（10）在"时间轴"面板中将06.mp4素材文件的结束时间设置为5秒09帧，如图14-124所示。

图 14-124

（11）在"项目"面板中将08.mp4素材文件拖曳到"时间轴"面板中V1轨道5秒10帧位置上，如图14-125所示。

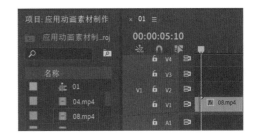

图 14-125

（12）在"时间轴"面板中将08.mp4素材文件的结束时间设置为6秒10帧，如图14-126所示。

图 14-126

（13）在"项目"面板中将05.mp4素材文件拖曳到"时间轴"面板中V1轨道6秒10帧位置上，如图14-127所示。

图 14-122

（9）在"项目"面板中将06.mp4素材文件拖曳到"时间轴"面板中V1轨道3秒11帧位置上，如图14-123所示。

实战应用篇

图 14-127

（14）在"时间轴"面板中，将05.mp4素材文件的结束时间设置为8秒08帧，如图14-128所示。

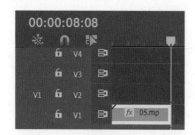

图 14-128

滑动时间线画面效果如图14-129所示。

图 14-129

（15）在"时间轴"面板中选择05.mp4素材文件，接着在"效果控件"面板中展开"不透明度"。将时间线滑动至7秒17帧位置处，单击"不透明度"前方的 ⓞ（切换动画）按钮，设置"不透明度"为100.0%，如图14-130所示。接着将时间线滑动至8秒08帧，设置"不透明度"为0.0%。

图 14-130

（16）在"效果"面板中搜索"交叉溶解"，将

该效果拖曳到"时间轴"面板V1轨道的08.mp4素材文件起始时间上，如图14-131所示。

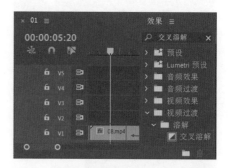

图 14-131

（17）在"效果"面板中搜索"白场过渡"，将该效果拖曳到"时间轴"面板V1轨道的04.mp4素材文件起始时间上，如图14-132所示。

图 14-132

滑动时间线画面效果如图14-133所示。

图 14-133

Part 02

（1）右键单击"项目"面板空白位置，在弹出的快捷菜单中执行"新建项目"/"调整图层"命令，如图14-134所示。

图 14-134

（2）在弹出的"调整图层"窗口中单击"确定"按钮，并拖曳到 V2 轨道上，设置结束时间为 8 秒 09 帧，如图 14-135 所示。

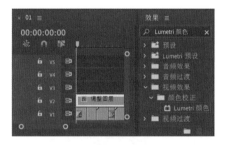

图 14-135

（3）在"效果"面板中搜索"Lumetri 颜色"，将该效果拖曳到"时间轴"面板 V2 轨道的调整图层上，如图 14-136 所示。

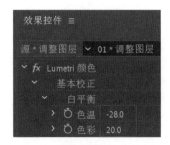

图 14-136

（4）在"时间轴"面板中选择 V2 轨道上的调整图层，在"效果控件"面板中展开"Lumetri 颜色"/"基本校正"/"白平衡"，设置"色温"为 –28.0，"色彩"为 20.0，如图 14-137 所示。

效果控件 ≡

源 * 调整图层 ∨ 01 * 调整图层

∨ fx Lumetri 颜色
　∨　基本校正
　　∨　白平衡
　　　＞ ⏱ 色温　　-28.0
　　　＞ ⏱ 色彩　　20.0

图 14-137

滑动时间线画面效果如图 14-138 所示。

图 14-38

（5）在"项目"面板中将 01.mov 素材文件拖曳到 V3 轨道上，如图 14-139 所示。

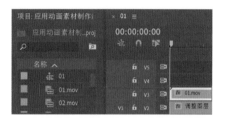

图 14-139

（6）在"时间轴"面板中设置 V3 轨道的 01.mov 素材文件的结束时间 2 秒 07 帧，如图 14-140 所示。

图 14-140

（7）将时间线滑动至 20 帧位置处，在"时间轴"面板中选择 V3 轨道上的 01.mov 素材文件，使用快捷键 Ctrl+K 进行裁剪，如图 14-141 所示。

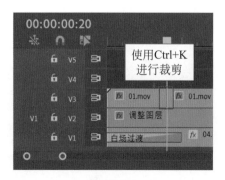

图 14-141

实战应用篇

（8）在"时间轴"面板中将V3轨道上后方的01.mov素材文件向后拖曳到23帧位置处，如图14-142所示。

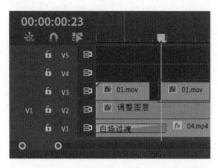

图14-142

（9）将时间线滑动到19帧。在"时间轴"面板右键单击V3面板中的01.mov，在弹出的快捷菜单中执行"添加帧定格"命令，如图14-143所示。

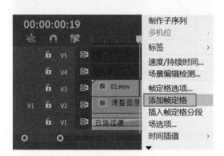

图14-143

 重点笔记

通过"添加帧定格"命令制作素材文件定格效果，还可拉长定格效果的时长。

（10）在"时间轴"面板中设置V3轨道上19帧后方的01.mov素材文件的结束时间为23帧，如图14-144所示。

（11）设置V3轨道后方的01.mov素材文件的结束时间为2秒07帧，如图14-145所示。

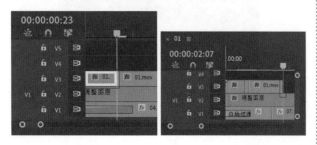

图14-144　　　　　　图14-145

滑动时间线画面效果如图14-146所示。

图14-146

（12）在"项目"面板中将03.mov素材文件夹拖曳到"时间轴"面板中V3轨道上3秒05帧位置处，如图14-147所示。

图14-147

（13）在"项目"面板中将02.mov素材文件夹拖曳到"时间轴"面板中V3轨道上6秒19帧位置处，如图14-148所示。

图14-148

（14）在"时间轴"面板右键单击V3轨道中的02.mov，在弹出的快捷菜单中执行"速度/持续时间"命令，如图14-149所示。

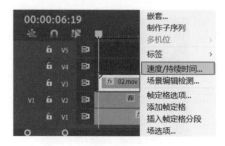

图14-149

（15）在弹出的"剪辑速度/持续时间"窗口，设置"速度"为600%，勾选"倒放速度"，接着单击"确定"按钮，如图14-150所示。

图14-150

（16）创建文字。将时间线滑动到11帧位置处。在"工具箱"中单击 T.（文字工具），接着在"节目监视器"面板中合适的位置单击并输入合适的文字，如图14-151所示。

图14-151

（17）在"时间轴"面板中设置V4轨道上文字图层的结束时间为1秒06帧，如图14-152所示。

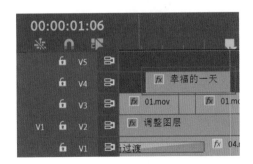

图14-152

（18）在"时间轴"面板中选择V4轨道上的文字图层，在"效果控件"面板中展开"文本"，设置合适的"字体系列"和"字体样式"，设置"字体大小"为191，设置 行距 "行距"为–87，设置"填充"为玫粉色，如图14-153所示。

图14-153

（19）在"效果控件"中展开"不透明度"。将时间线滑动至14帧位置处，单击"不透明度"前方的 ◎（切换动画）按钮，设置"不透明度"为0.0%，如图14-154所示。接着将时间线滑动至18帧，设置"不透明度"为100.0%。将时间线滑动至21帧，设置"不透明度"为100.0%。将时间线滑动至1秒，设置"不透明度"为0.0%。

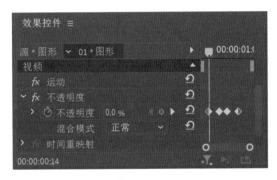

图14-154

本案例制作完成，画面效果如图14-155所示。

图14-155

实战应用篇

14.6 实战：电视栏目片头设计

文件路径

实战素材/第14章

操作要点

使用"基本图形"模板制作画面动态效果，并使用文字工具制作主体文字。使用"快速模糊"与"Set Matte"创建栏目片头

案例效果

图 14-156

操作步骤

（1）新建序列。执行"文件"/"新建"/"项目"命令，新建一个项目。执行"文件"/"新建"/"序列"命令。在新建序列窗口中单击"设置"按钮，设置"编辑模式"为自定义；设置"时基"为23.976帧/秒；设置"帧大小"为1920，"水平"为1080；设置"像素长宽比"为方形像素（1.0）。接着执行"文件"/"导入"命令，导入全部素材。在"基本图形"面板中搜索"运动徽标循环"，并拖曳到V1轨道上，如图14-157所示。

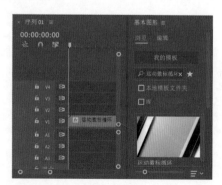

图 14-157

滑动时间线画面效果如图14-158所示。

图 14-158

（2）在"时间轴"面板中单击V1轨道的运动徽标循环，在"基本图形"面板中单击"编辑"，设置"主颜色"为紫色，"次颜色"为蓝色，"高光颜色"为黄色，如图14-159所示。

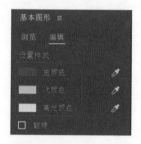

图 14-159

（3）在"项目"面板中将01.mp4拖曳到"时间轴"面板中V2轨道上，如图14-160所示。

图 14-160

此时画面效果如图14-161所示。

图 14-161

（4）创建文字。将时间线滑动到起始位置。在"工具"面板中单击 **T**（文字工具），接着在"节目

监视器"面板中合适的位置单击并输入合适的文字，如图14-162所示。

图 14-162

（5）在"时间轴"面板中选择V2轨道上的Fashion TV，在"效果控件"面板中展开"文本（Fashion TV）"，设置合适的"字体系列"和"字体样式"，设置"字体大小"为200，设置"对齐方式"为██（左对齐）和██（顶对齐），设置"填充"为白色。展开"变换"，设置"位置"为（429.4，640.4），如图14-163所示。

图 14-163

（6）在"效果"面板中搜索"快速模糊"，将该效果拖曳到"时间轴"面板V3轨道的文字图层上，如图14-164所示。

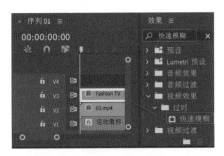

图 14-164

（7）在"时间轴"面板中单击V3轨道的文字图层。在"效果控件"面板中展开"快速模糊"，将时间线滑动至起始时间位置处，单击"模糊度"前方的██（切换动画）按钮，设置"模糊度"为2000.0，

如图14-165所示。接着将时间线滑动到08帧位置处，设置"模糊度"为2000.0。将时间线滑动至1秒04帧位置处，设置"模糊度"为0.0。

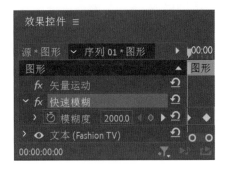

图 14-165

滑动时间线画面效果如图14-166所示。

图 14-166

（8）在"效果"面板中搜索"Set Matte"，将该效果拖曳到"时间轴"面板V3轨道的文字图层上，如图14-167所示。

图 14-167

（9）在"时间轴"面板中单击V3轨道的文字图层。在"效果控件"面板中展开"Set Matte"，设置"从图层获取遮罩"为视频2，"用于遮罩"为变亮，如图14-168所示。

图 14-168

重点笔记

此效果用于制作动态轨道遮罩效果，可修改遮罩视频纹理与融合效果。

（10）单击 V2 轨道前方的 ◉ 按钮，将 V2 隐藏。此时本案例制作完成，画面效果如图 14-169 所示。

图 14-169

14.7　实战：超有范儿的视频片头

文件路径

实战素材/第14章

操作要点

使用"关键帧""裁剪"制作画面动态效果，并使用文字工具制作主体文字及辅助文字

案例效果

图 14-170

操作步骤

Part 01

（1）新建序列。执行"文件"/"新建"/"项目"命令，新建一个项目。执行"文件"/"新建"/"序列"命令。在新建序列窗口中单击"设置"按钮，设置"编辑模式"为"ARRI Cinema"；设置"时基"为25.00帧/秒；设置"帧大小"为1920，"水平"为1080；设置"像素长宽比"为方形像素（1.0）。接着执行"文件"/"导入"命令，导入全部素材。接着在"项目"面板中单击右键执行"新建项目"/"颜色遮罩"命令，如图 14-171 所示。

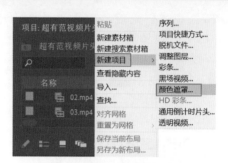

图 14-171

（2）在弹出的"新建颜色遮罩"窗口中，单击"确定"按钮。在弹出的"拾色器"中选择黄色，接着单击"确定"按钮，如图 14-172 所示。

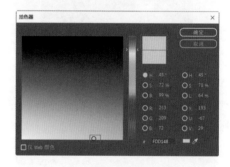

图 14-172

（3）在"项目"面板中将颜色遮罩拖曳到"时间轴"面板中 V1 轨道上，并设置结束时间为2秒20帧，如图 14-173 所示。

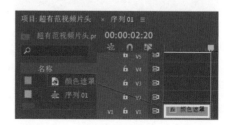

图 14-173

此时画面效果如图14-174所示。

图14-174

（4）在"项目"面板中单击右键执行"新建项目"/"颜色遮罩"命令，如图14-175所示。

图14-175

（5）在弹出的"新建颜色遮罩"窗口中，单击"确定"按钮。在弹出的"拾色器"中选择橙色，接着单击"确定"按钮，如图14-176所示。

图14-176

（6）在"项目"面板中将颜色遮罩拖曳到"时间轴"面板中V2轨道上，并设置结束时间为2秒20帧，如图14-177所示。

图14-177

（7）在"时间轴"面板中选择V2轨道上的颜色遮罩，在"效果控件"面板中展开"运动"。将时间线滑动至07帧位置处，单击"位置"前方的 🕐（切换动画）按钮，设置"位置"为（1974.0，540.0），如图14-178所示。接着将时间线滑动到22帧位置处，设置"位置"为（960.0，540.0）。

图14-178

（8）在"效果"面板中搜索"裁剪"，将该效果拖曳到"时间轴"面板V2轨道的颜色遮罩上，如图14-179所示。

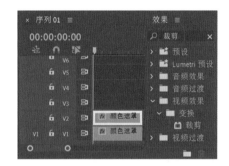

图14-179

（9）在"时间轴"面板中选择V2轨道上的颜色遮罩，在"效果控件"面板中展开"裁剪"，设置"左侧"为61.0%，"顶部"为30.0%，"底部"为30.0%，如图14-180所示。

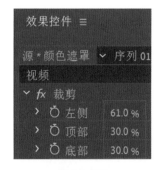

图14-180

滑动时间线画面效果如图14-181所示。

（10）在"项目"面板中将04.mp4拖曳到"时间轴"面板中的V3轨道上，如图14-182所示。

图 14-181

图 14-182

（11）在"时间轴"面板中选择V3轨道上的04.mp4，在"效果控件"面板中展开"运动"。将时间线滑动至起始时间位置处，单击"位置""缩放"前方的 ⏱ （切换动画）按钮，设置"位置"为（959.0，540.0），"缩放"为100.0，如图14-183所示。接着将时间线滑动到1秒09帧位置处，设置"位置"为（1013.0，540.0），"缩放"为65.0。

图 14-183

（12）展开"不透明度"，单击 ⬭ 创建椭圆形蒙版，如图14-184所示。

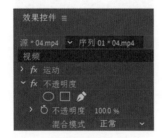

图 14-184

（13）将时间线滑动至1秒01帧位置处。在"节目监视器"面板中调整椭圆形蒙版至合适的位置与大小，并在"效果控件"面板中展开"蒙版（1）"

单击蒙版路径前方的 ⏱ （切换动画）按钮，如图14-185所示。

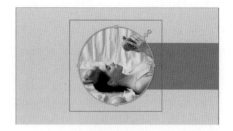

图 14-185

（14）将时间线滑动至起始时间位置处。在"节目监视器"面板中调整椭圆形蒙版至合适的位置与大小，如图14-186所示。

图 14-186

滑动时间线画面效果如图14-187所示。

图 14-187

（15）在"时间轴"面板中选择V2轨道上的颜色遮罩，使用快捷键Alt进行复制并拖曳到V4轨道上，如图14-188所示。

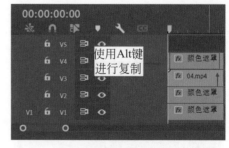

图 14-188

（16）在"时间轴"面板中选择V4轨道上的颜

色遮罩，在"效果控件"面板中展开"运动"，将时间线滑动至起始时间位置处，设置"位置"为（101.0，540.0），如图 14-189 所示。接着将时间线滑动到 24 帧位置处，设置"位置"为（952.9，540.0）。

图 14-189

（17）在"时间轴"面板中选择 V4 轨道上的颜色遮罩，在"效果控件"面板中展开"不透明度"，设置"混合模式"为相乘，如图 14-190 所示。

（18）在"时间轴"面板中选择 V4 轨道上的 04.mp4，在"效果控件"面板中展开"裁剪"，"顶部"为 30.0%，"右侧"为 63.0%，"底部"为 30.0%，如图 14-191 所示。

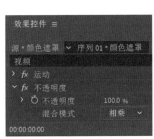

图 14-190　　　　　图 14-191

滑动时间线画面效果如图 14-192 所示。

图 14-192

Part 02

（1）新建文字。将时间线滑动到起始位置，在"工具"面板中单击 **T**（文字工具），接着在"节目监视器"面板中合适的位置单击并输入合适的文字，如图 14-193 所示。

图 14-193

（2）在"效果控件"面板中展开"文本（imacgmc）"，设置合适的"字体系列"和"字体样式"，设置"字体大小"为 193，设置"对齐方式"为 **≡**（左对齐）。单击 **TT** 全部大写字母，设置"描边"为白色，"描边宽度"为 10.0，如图 14-194 所示。

图 14-194

（3）在"时间轴"面板中选择 V5 轨道上的文字，在"效果控件"面板中展开"文本"/"变换"。将时间线滑动至起始时间位置处，单击"位置"前方的 **⏱**（切换动画）按钮，设置"位置"为（−847.6，583.5），如图 14-195 所示。接着将时间线滑动到 21 帧位置处，设置"位置"为（54.4，583.5）。

图 14-195

（4）使用快捷键 Alt 进行复制并垂直拖曳到 V6 轨道上，如图 14-196 所示。

图 14-196

（5）在"时间轴"面板中选择V6轨道上的文字，单击右键，在弹出的快捷菜单中执行"重命名"，如图14-197所示。

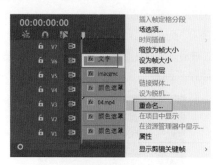

图 14-197

（6）在弹出的"重命名剪辑"窗口中设置"剪辑名称"为文字，接着单击"确定"按钮，如图14-198所示。

图 14-198

（7）在"时间轴"面板中选择V6轨道上的文字，在"效果控件"面板中展开"文本（imacgmc）"，勾选填充并取消描边，如图14-199所示。

图 14-199

（8）展开"不透明度"，单击▣（创建四点多边形蒙版），如图14-200所示。

图 14-200

（9）将时间线滑动至13帧位置处，在"节目监视器"面板中调整四点多边形蒙版至合适的位置与大小。并在"效果控件"面板中展开"蒙版（1）"，单击蒙版路径前方的 ▢（切换动画）按钮，如图14-201所示。

图 14-201

（10）将时间线滑动至1秒07帧位置处，在"节目监视器"面板中调整四点多边形蒙版至合适的位置与大小，如图14-202所示。

图 14-202

滑动时间线画面效果如图14-203所示。

图 14-203

Part 03

（1）在"项目"面板中单击右键执行"新建项目"/"颜色遮罩"命令，如图14-204所示。

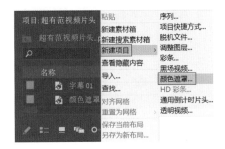

图14-204

（2）在弹出的"新建颜色遮罩"窗口中，单击"确定"按钮。在弹出的"拾色器"中选择浅灰蓝，接着单击"确定"按钮，如图14-205所示。

图14-205

（3）在"项目"面板中将颜色遮罩拖曳到"时间轴"面板中V1轨道上2秒20帧位置处，并设置结束时间为5秒，如图14-206所示。

图14-206

（4）在"时间轴"面板中选择V1轨道上2秒20帧后方的颜色遮罩，在"效果控件"面板中展开"运动"。将时间线滑动至2秒21帧位置处，单击"位置"前方的 ⏱（切换动画）按钮，设置"位置"为（960.0，−568.0），如图14-207所示。接着将时间线滑动到3秒15帧位置处，设置"位置"为（960.0，540.0）。

（5）在"效果控件"面板中框选位置的关键帧，右键单击执行"临时插值"/"缓入"，如图14-208所示。

图14-207

图14-208

（6）在"效果控件"面板中框选位置的关键帧，右键单击执行"临时插值"/"缓出"，如图14-209所示。

图14-209

（7）展开"位置"，将关键帧的操作杆向前拖曳，制作快速出现的效果，如图14-210所示。

图14-210

滑动时间线，浅灰蓝颜色遮罩画面效果如图14-211所示。

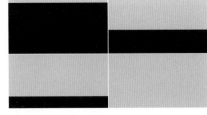

图14-211

（8）在"项目"面板中将02.mp4素材文件拖曳到"时间轴"面板中V2轨道上2秒20帧位置处，并设置结束时间为5秒，如图14-212所示。

图14-212

此时画面效果如图14-213所示。

图14-213

（9）在"时间轴"面板中选择V2轨道上2秒20帧后方的颜色遮罩，在"效果控件"面板中展开"运动"。将时间线滑动至2秒22帧位置处，单击"位置"前方的 ⓞ（切换动画）按钮，设置"位置"为（958.0，1621.0），如图14-214所示。接着将时间线滑动到3秒16帧位置处，设置"位置"为（960.0，540.0）。

图14-214

（10）在"效果控件"面板中框选位置的关键帧，右键单击执行"临时插值"/"缓入"，如图14-215所示。

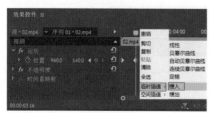

图14-215

（11）在"效果控件"面板中框选位置的关键帧，右键单击执行"临时插值"/"缓出"，如图14-216所示。

图14-216

（12）展开"位置"，将关键帧的操作杆向前拖曳，制作快速出现的效果，如图14-217所示。

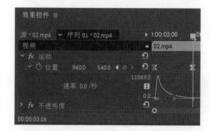

图14-217

滑动时间线画面效果如图14-218所示。

图14-218

（13）在"时间轴"面板中使用快捷键Alt复制V1轨道上的颜色遮罩并垂直拖曳到V3轨道上，如图14-219所示。

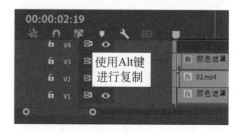

图14-219

（14）在"时间轴"面板中选择V3轨道上2秒20帧后方的颜色遮罩，在"效果控件"面板中展开"运动"。将时间线滑动至3秒14帧位置处，单击

366

"位置"前方的 ⏱（切换动画）按钮，设置"位置"为（2881.0，530.0），如图14-220所示。接着将时间线滑动到4秒01帧位置处，设置"位置"为（748.0，540.0）。

图14-220

（15）在"时间轴"面板中选择V3轨道上2秒20帧后方的颜色遮罩，在"效果控件"面板中展开"不透明度"，设置"混合模式"为相乘，如图14-221所示。

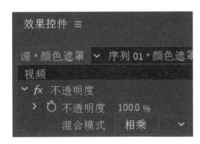

图14-221

（16）在"效果"面板中搜索"裁剪"，将该效果拖曳到"时间轴"面板V3轨道的颜色遮罩上，如图14-222所示。

图14-222

（17）在"时间轴"面板中选择V3轨道上的颜色遮罩，在"效果控件"面板中展开"裁剪"，设置"右侧"为60.0%，如图14-223所示。

滑动时间线画面效果

图14-223

如图14-224所示。

图14-224

（18）新建文字。在"工具"面板中单击 T（文字工具），接着在"节目监视器"面板中合适的位置单击并输入合适的文字，如图14-225所示。

图14-225

（19）在"效果控件"面板中展开"文本（imadg-sdhkhkl）"，设置合适的"字体系列"和"字体样式"，设置"字体大小"为100，设置"对齐方式"为 ▤（左对齐）。设置 TT 全部大写，取消"填充"，设置"描边"为白色，"描边粗细"为3.0，如图14-226所示。

图14-226

此时文本效果如图14-227所示。

实战应用篇

图 14-227

（20）在"时间轴"面板中选择V4轨道上的文字，在"效果控件"面板中展开"不透明度"。将时间线滑动至2秒20帧位置处，单击"不透明度"前方的（切换动画）按钮，设置"不透明度"为0.0%，如图14-228所示。接着将时间线滑动到3秒17帧位置处，设置"不透明度"为100.0%。

图 14-228

（21）执行"文件"/"新建"/"旧版标题"命令，即可打开"字幕"面板，如图14-229所示。

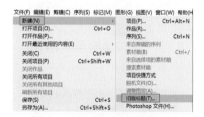

图 14-229

（22）在弹出的"新建字幕"窗口，设置"名称"为"字幕01"，然后单击确定按钮。在"字幕"面板中选择（文字工具）。在工作区域中的左侧位置输入合适的文字。设置合适的"字体系列"和"字体样式"；设置"字体大小"为90；设置"对齐方式"为（左对齐）。设置"填充类型"为实底；"颜色"为白色。接着关闭"字幕01"，如图14-230所示。

（23）在"项目"面板中将字幕01拖曳到"时间轴"面板中V5轨道上2秒20帧位置处，并设置结束时间为5秒，如图14-231所示。

图 14-230

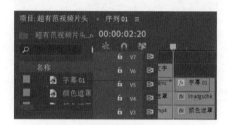

图 14-231

（24）展开"不透明度"，单击（创建四点多边形蒙版），如图14-232所示。

图 14-232

（25）将时间线滑动至3秒20帧位置处，在"节目监视器"面板中调整四点多边形蒙版至合适的位置与大小。并在"效果控件"面板中展开"蒙版（1）"，单击蒙版路径前方的（切换动画）按钮，如图14-233所示。

图 14-233

（26）将时间线滑动至4秒03帧位置处，在"节目监视器"面板中调整四点多边形蒙版至合适的位置与大小，如图14-234所示。

图 14-234

滑动时间线画面效果如图 14-235 所示。

图 14-235

Part 04

（1）在"项目"面板中将橙红色的颜色遮罩拖曳到"时间轴"面板中 V1 轨道上 5 秒位置处，并设置结束时间为 7 秒 20 帧，如图 14-236 所示。

图 14-236

（2）在"项目"面板中将浅灰蓝色的颜色遮罩拖曳到"时间轴"面板中 V2 轨道上 5 秒位置处，并设置结束时间为 7 秒 20 帧，如图 14-237 所示。

图 14-237

（3）展开"不透明度"，单击 ◯（创建椭圆形蒙版），如图 14-238 所示。

图 14-238

（4）将时间线滑动至 5 秒 18 帧位置处，在"节目监视器"面板中调整椭圆形蒙版至合适的位置与大小，并在"效果控件"面板中展开"蒙版（1）"，单击蒙版路径前方的 ◌（切换动画）按钮，如图 14-239 所示。

图 14-239

（5）将时间线滑动至 6 秒 04 帧位置处，在"节目监视器"面板中调整椭圆形蒙版至合适的位置与大小，如图 14-240 所示。

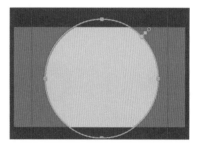

图 14-240

（6）新建文字。在"工具"面板中单击 T（文字工具），接着在"节目监视器"面板中合适的位置单击并输入合适的文字，如图 14-241 所示。

图 14-241

实战应用篇

图 14-242

（7）在"效果控件"面板中展开"文本（whsd wshd）"，设置合适的"字体系列"和"字体样式"，设置"字体大小"为499，设置"对齐方式"为 ▤（左对齐）；单击 TT 全部字母大写；取消勾选"填充"；设置"描边"为白色，"描边宽度"为10.0，如图14-242所示。

（8）在"时间轴"面板中选择V3轨道上的文字，在"效果控件"面板中展开"文本"/"变换"。将时间线滑动至6秒03帧位置处，单击"位置"前方的 ⏱（切换动画）按钮，设置"位置"为（2.7，793.4），如图14-243所示。接着将时间线滑动到7秒05帧位置处，设置"位置"为（-676.3，764.4）。

图 14-243

滑动时间线画面效果如图14-244所示。

图 14-244

（9）在"时间轴"面板中选择V1轨道上的第一个颜色遮罩，接着使用快捷键Alt进行复制，并拖曳到V4轨道上5秒位置处，并设置结束时间为7秒20帧，如图14-245所示。

（10）在"项目"面板中将01.mp4素材文件拖曳到"时间轴"面板中V5轨道上5秒位置处，并设置结束时间为7秒20帧，如图14-246所示。

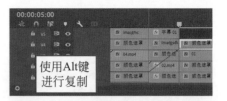

图 14-245

图 14-246

（11）在"效果"面板中搜索"裁剪"，将该效果拖曳到"时间轴"面板V5轨道的01.mp4素材文件上，如图14-247所示。

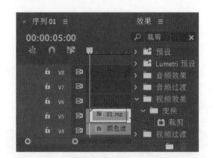

图 14-247

（12）在"时间轴"面板中选择V5轨道上的01.mp4，在"效果控件"面板中展开"裁剪"。将时间线滑动至5秒位置处，单击"左侧"前方的 ⏱（切换动画）按钮，设置"左侧"为94.0%。接着将时间线滑动到5秒20帧位置处，设置"左侧"为29.0%，设置"顶部"为5.0%，"右侧"为8.0%，"底部"为5.0%，如图14-248所示。

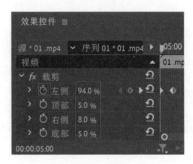

图 14-248

此时画面效果如图14-249所示。

图 14-249

（13）在"项目"面板中将01.mp4素材文件拖曳到"时间轴"面板中V5轨道上5秒位置处，并设置结束时间为7秒20帧，如图14-250所示。

图 14-250

此时画面效果如图14-251所示。

图 14-251

（14）在"时间轴"面板中选择V6轨道上的03.mp4，在"效果控件"面板中展开"运动"，设置"位置"为（803.0，557.0），"缩放"为84.0，如图14-252所示。

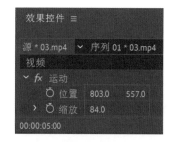

图 14-252

（15）在"时间轴"面板中选择V6轨道上的03.mp4，在"效果控件"面板中展开"裁剪"。将时间线滑动至5秒位置处，单击"右侧"前方的 ⭕

（切换动画）按钮，设置"右侧"为100.0%。接着将时间线滑动到5秒19帧位置处，设置"右侧"为45.0%。设置"左侧"为12.0%，"顶部"为10.0%，"底部"为21.0%，如图14-253所示。

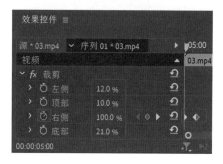

图 14-253

滑动时间线画面效果如图14-254所示。

图 14-254

（16）在"项目"面板中将01.mp4素材文件拖曳到"时间轴"面板中V5轨道上6秒01帧位置处，如图14-255所示。

图 14-255

（17）在"时间轴"面板中框选V5～V7轨道上的素材文件，单击右键，在弹出的快捷菜单中执行"嵌套"序列，如图14-256所示。

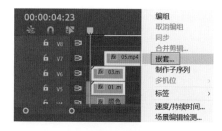

图 14-256

实战应用篇

（18）在弹出的"嵌套序列名称"窗口，单击"确定"按钮，如图14-257所示。

图14-257

（19）在"时间轴"面板中选择V4轨道上嵌套序列01，设置结束时间为7秒20帧，如图14-258所示。

（20）展开"不透明度"，单击 ◯（创建椭圆形蒙版），如图14-259所示。

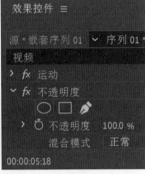

图14-258　　　　　图14-259

（21）将时间线滑动至5秒18帧位置处，在"节目监视器"面板中调整椭圆形蒙版至合适的位置与大小，并在"效果控件"面板中展开"蒙版（1）"，单击蒙版路径前方的 ◷（切换动画）按钮，如图14-260所示。

（22）将时间线滑动至6秒位置处，在"节目监视器"面板中椭圆形蒙版至合适的位置与大小，如图14-261所示。

图14-260

图14-261

本案例制作完成，滑动时间线效果如图14-262所示。

图14-262

第15章
电子相册

电子相册是指将需要展示的图片动态化处理，添加过渡或轮播动画等效果，使其比静态图片更具视觉冲击力。电子相册的类型有很多，如儿童电子相册、婚纱电子相册、产品电子相册等。

掌握儿童电子相册
掌握产品电子相册

学习目标

15.1　实战：儿童电子相册

文件路径

实战素材/第15章

操作要点

使用"关键帧"制作画面动态效果，并使用文字工具制作主体文字及辅助文字

案例效果

图 15-1

操作步骤

（1）新建序列。执行"文件"/"新建"/"项目"命令，新建一个项目。执行"文件"/"新建"/"序列"命令。在新建序列窗口中单击"设置"按钮，设置"编辑模式"为自定义；设置"时基"为29.97帧/秒；设置"帧大小"为1328，"水平"为910；设置"像素长宽比"为方形像素（1.0）。接着执行"文件"/"导入"命令，导入全部素材，并在"项目"面板中单击右键执行"新建项目"/"颜色遮罩"命令，如图15-2所示。

图 15-2

（2）在弹出的"新建颜色遮罩"窗口中，单击"确定"按钮。在弹出的"拾色器"中选择白色，接着单击"确定"按钮，如图15-3所示。

图 15-3

（3）在"项目"面板中将颜色遮罩拖曳到"时间轴"面板中V1轨道上，并设置结束时间为8秒，如图15-4所示。

图 15-4

此时画面效果如图15-5所示。

图 15-5

（4）再次在"项目"面板中单击右键执行"新建项目"/"颜色遮罩"命令。在弹出的"新建颜色遮罩"窗口中，单击"确定"按钮。接着在弹出的"拾色器"中选择蓝色，接着单击"确定"按钮，如图15-6所示。

图 15-6

（5）创建背景。在"项目"面板中将颜色遮罩拖曳到"时间轴"面板中V2轨道上，并设置结束时间为8秒，如图15-7所示。

图15-7

（6）展开"不透明度"，单击▢（创建四点多边形蒙版），如图15-8所示。

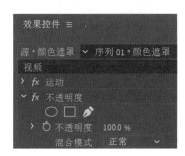

图15-8

（7）在"节目监视器"面板中调整四点多边形蒙版至合适的位置与大小，如图15-9所示。

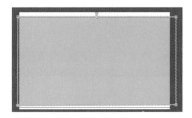

图15-9

重点笔记

1.单击▢（创建四点多边形蒙版）后，此时画面效果如图15-10所示。

图15-10

2.单击四角上的一个锚点并进行拖曳用来调整四点多边形蒙版的位置与大小，如图15-11所示。

图15-11

3.等比例缩放蒙版。按住Shift键可在蒙版两侧出现箭头时向左右两侧进行拖曳，如图15-12所示。

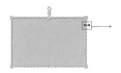

图15-12

4.创建三角形蒙版。按住Ctrl键并单击想要删除的锚点创建三角形蒙版，如图15-13所示。

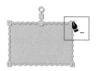

图15-13

5.当需要调整弧度时按住Alt键进行调整，如图15-14所示。

图15-14

（8）在"时间轴"面板中展开"不透明度"/"蒙版（1）"，勾选"已反转"，如图15-15所示。

图15-15

此时画面效果如图15-16所示。

（9）新建图形。将时间线滑动到起始位置，在"工具"面板中单击▢（矩形工具），接着在"节目监视器"面板中合适的位置绘制一个矩形，如图15-17所示。

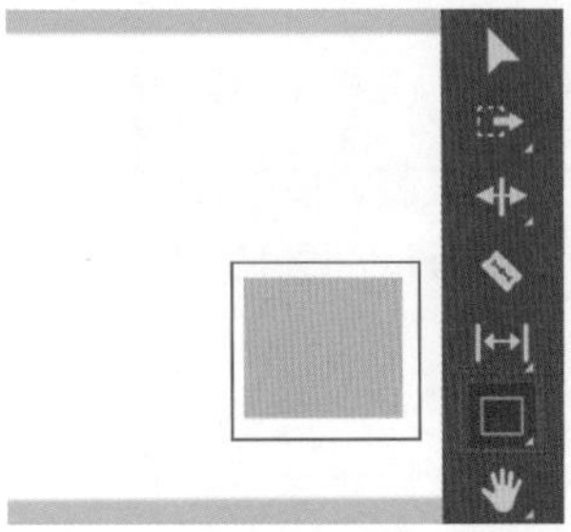

图 15-17

重点笔记

1.在默认的情况下，"工具"面板中并未显示矩形工具，如图15-18所示。

图 15-18

2.矩形工具。在"工具"面板中，长按✐（钢笔工具），此时会显示出可替换的▢（矩形工具）、⬭（椭圆工具），单击后可替换并在"节目监视器"中绘制需要的图案，如图15-19所示。

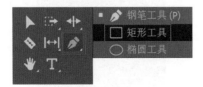

图 15-19

（10）在"效果控件"面板中展开"形状（形状01）"/"外观"，设置"填充"为蓝色。接着展开"变换"，设置"位置"为（1102.3，605.7），"锚点"为（144.5，130.0），如图15-20所示。

图 15-20

（11）展开"不透明度"，将时间线滑动至3秒位置处，单击"不透明度"前方的⏱（切换动画）按钮，设置"不透明度"为0.0%，如图15-21所示。接着将时间线滑动到3秒15帧位置处，设置"不透明度"为100.0%。

图 15-21

滑动时间线画面效果如图15-22所示。

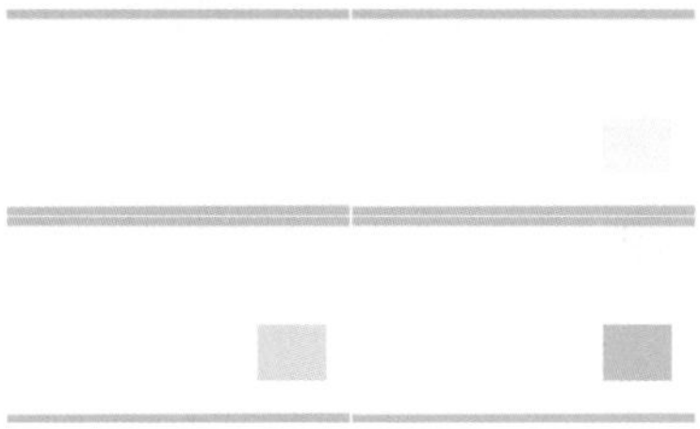

图 15-22

（12）使用同样的方法再次在"节目监控器"中绘制一个矩形，如图15-23所示。

（13）在"效果控件"面板中展开"形状（形状01）"/"外观"，设置"填充"为蓝色。接着展开"变换"，设置"位置"为（806.1，251.1），"锚点"为（139.0，100.5），如图15-24所示。

图15-23   图15-24

（14）展开"不透明度"，将时间线滑动至3秒15帧位置处，单击"不透明度"前方的 ⊙（切换动画）按钮，设置"不透明度"为0.0%，如图15-25所示。接着将时间线滑动到4秒位置处，设置"不透明度"为100.0%。

此时画面效果如图15-26所示。

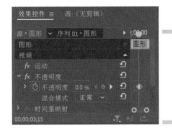

图15-25   图15-26

（15）在"项目"面板中分别将1.jpg ~ 6.jpg拖曳到"时间轴"面板中V5 ~ V10轨道上，如图15-27所示。

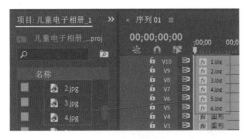

图15-27

（16）将"时间轴"面板中所有轨道上的素材文件的结束时间设置为8秒，如图15-28所示。

图15-28

1.框选"时间轴"面板中所有轨道上的素材文件，并向后拖曳到8秒位置处。此时所有素材的结束时间为8秒，如图15-29所示。

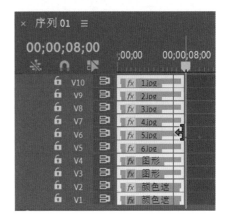

图15-29

2.或框选"时间轴"面板中所有轨道上的素材文件，单击右键，在弹出的快捷菜单中执行"速度/持续时间"命令，如图15-30所示。

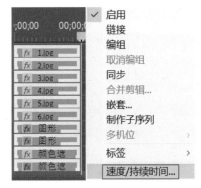

图15-30

3.在弹出的"剪辑速度/持续时间"窗口中，设置"持续时间"为8秒，接着单击确定按钮。此时所有素材的结束时间为8秒，如图15-31所示。

图15-31

（17）在"时间轴"面板上关闭 V6 ～ V10 轨道的 （切换轨道输出），方便制作效果，如图 15-32 所示。

图 15-32

（18）在"时间轴"面板中选择 V5 轨道上的 6.jpg 素材文件，在"效果控件"面板中展开"运动"，设置"位置"为（374.1，746.2），取消勾选"等比缩放"，设置"缩放高度"为 33.0，"缩放宽度"为 33.0，如图 15-33 所示。

（19）展开"不透明度"，单击 □（创建四点多边形蒙版），如图 15-34 所示。

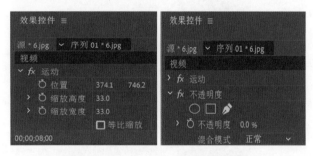

图 15-33　　　　　　图 15-34

（20）在"节目监视器"面板中调整四点多边形蒙版至合适的位置与大小，如图 15-35 所示。

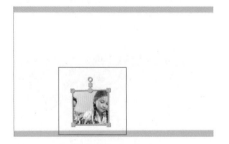

图 15-35

（21）在"时间轴"面板中选择 V5 轨道上的 6.jpg 素材文件，在"效果控件"面板中展开"不透明度"，将时间线滑动至 2 秒 15 帧位置处，单击"不

透明度"前方的 ⦾（切换动画）按钮，设置"不透明度"为 0.0%。接着将时间线滑动到 3 秒位置处，设置"不透明度"为 100.0%，如图 15-36 所示。

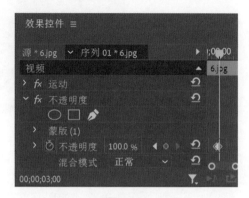

图 15-36

滑动时间线画面效果如图 15-37 所示。

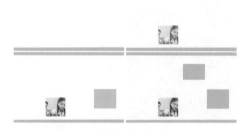

图 15-37

（22）在"时间轴"面板上打开 V6 轨道的 （切换轨道输出），如图 15-38 所示。

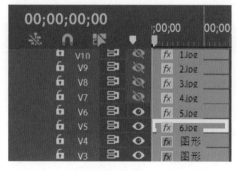

图 15-38

（23）在"时间轴"面板中选择 V6 轨道上的 5.jpg 素材文件，在"效果控件"面板中展开"运动"，设置"位置"为（953.0，656.0），取消勾选"等比缩放"，设置"缩放高度"为 33.0，"缩放宽度"为 33.0，如图 15-39 所示。

（24）展开"不透明度"，单击 ■（创建四点多边形蒙版），如图 15-40 所示。

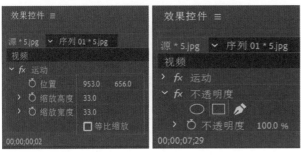

图 15-39　　　　　图 15-40

（25）在"节目监视器"面板中调整四点多边形蒙版至合适的位置与大小，如图 15-41 所示。

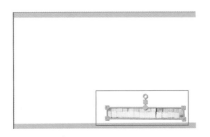

图 15-41

（26）在"时间轴"面板中选择 V6 轨道上的5.jpg 素材文件，在"效果控件"面板中展开"不透明度"，将时间线滑动至 2 秒位置处，单击"不透明度"前方的 ⏱（切换动画）按钮，设置"不透明度"为 0.0%。接着将时间线滑动到 2 秒 15 帧位置处，设置"不透明度"为 100.0%，如图 15-42 所示。

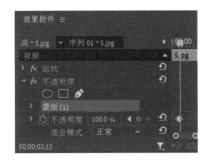

图 15-42

滑动时间线画面效果如图 15-43 所示。

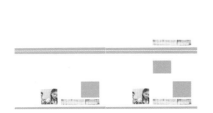

图 15-43

（27）使用同样的方法设置"时间轴"面板中V7 ～ V10 轨道中的素材合适的位置、大小、蒙版和动画。

滑动时间线画面效果如图 15-44 所示。

图 15-44

（28）新建文字。将时间线滑动到起始位置，在"工具"面板中单击 T（文字工具），接着在"节目监视器"面板中合适的位置单击并输入合适的文字，如图 15-45 所示。

图 15-45

（29）在"效果控件"面板中展开"文本（TOPSTYLE）"，设置合适的"字体系列"和"字体样式"，设置"字体大小"为 45，设置"对齐方式"为 ▤（左对齐），设置"填充"为深蓝色，如图 15-46所示。

图 15-46

（30）在"时间轴"面板中选择 V11 轨道上的文字，在"效果控件"面板中展开"不透明度"，将时

实战应用篇

间线滑动至4秒位置处，单击"不透明度"前方的
（切换动画）按钮，设置"不透明度"为0.0%，
如图15-47所示。接着将时间线滑动到5秒10帧位置
处，设置"不透明度"为100.0%。

图 15-47

滑动时间线画面效果如图15-48所示。

图 15-48

（31）使用同样的方法创建文字并设置同样的字
体与动画效果，设置合适的字体大小与颜色，并设
置所有轨道的结束时间为8秒，如图15-49所示。

图 15-49

（32）在"项目"面板中将7.png素材文件拖曳
到"时间轴"面板中的V15轨道上并设置结束时间
为8秒，如图15-50所示。

图 15-50

（33）在"时间轴"面板中选择V15轨道上的
7.jpg素材文件，在"效果控件"面板中展开"不透
明度"。将时间线滑动至6秒位置处，单击"不透明
度"前方的（切换动画）按钮，设置"不透明度"
为0.0%，如图15-51所示。接着将时间线滑动到7秒
位置处，设置"不透明度"为100.0%。

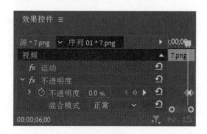

图 15-51

本案例制作完成，画面效果如图15-52所示。

图 15-52

15.2 实战：产品电子相册

文件路径

实战素材/第15章

操作要点

使用"Cross Zoom""块溶解"制作画面效果，并使用
"关键帧"制作画面动态效果

案例效果

图 15-53

操作步骤

（1）新建序列、导入文件。执行"文件"/"新建"/"项目"命令，新建一个项目。接着执行"文件"/"导入"命令，导入全部素材。在"项目"面板中将01.png素材拖曳到"时间轴"面板中的V1轨道上，此时在"项目"面板中自动生成一个与01.png素材文件等大的序列，如图15-54所示。

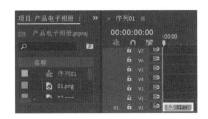

图15-54

此时画面效果如图15-55所示。

图15-55

（2）在"效果"面板中搜索"Cross Zoom"，将该效果拖曳到"时间轴"面板V1轨道的01.png素材文件的起始时间上，如图15-56所示。

图15-56

（3）在"项目"面板中将02.png素材拖曳到"时间轴"面板中的V2轨道上，如图15-57所示。

图15-57

此时画面效果如图15-58所示。

图15-58

（4）在"时间轴"面板中选择V2轨道上的02.png素材文件，在"效果控件"面板中展开"运动"，设置"位置"为（658.3，334.6），取消勾选"等比缩放"，设置"缩放宽度"为104.0，"旋转"为−12.0°，如图15-59所示。

（5）在"时间轴"面板中选择V2轨道上的02.png素材文件，在"效果控件"面板中展开"不透明度"，将时间线滑动至1秒03帧位置处，单击"不透明度"前方的 ⏱ （切换动画）按钮，设置"不透明度"为0.0%，如图15-60所示。接着将时间线滑动到1秒14帧位置处，设置"不透明度"为100.0%。

图15-59　　　　　　　　图15-60

滑动时间线画面效果如图15-61所示。

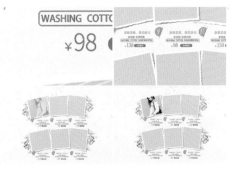

图15-61

（6）在"项目"面板中将04.png素材拖曳到"时间轴"面板中的V3轨道上，如图15-62所示。

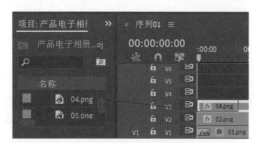

图 15-62

此时画面效果如图 15-63 所示。

图 15-63

（7）在"时间轴"面板中选择V3轨道上的04.png素材文件，在"效果控件"面板中展开"运动"，将时间线滑动至21帧位置处，单击"位置"前方的（切换动画）按钮，设置"位置"为（1946.9，189.1）。接着将时间线滑动到1秒12帧位置处，设置"位置"为（1297.8，314.2），取消勾选"等比缩放"，设置"缩放宽度"为101.0，"旋转"为6.0°，如图15-64所示。

图 15-64

（8）在"时间轴"面板中选择V3轨道上的04.png素材文件，在"效果控件"面板中展开"不透明度"，将时间线滑动至1秒16帧位置处，单击"不透明度"前方的（切换动画）按钮，设置"不透明度"为0.0%，如图15-65所示。接着将时间线滑动到1秒19帧位置处，设置"不透明度"为100.0%。

图 15-65

重点笔记

在"效果控件"面板中，每个属性前都有（切换动画），单击该按钮后即可启动关键帧。此时"切换动画"按钮变为蓝色，再次单击该按钮，则会关闭该属性的关键帧，此时"切换动画"按钮变为灰色。在创建关键帧时，至少在同一属性中添加两个关键帧，此时画面才会呈现出动画效果。

（9）在"项目"面板中将03.png素材拖曳到"时间轴"面板中的V4轨道上，如图15-66所示。

图 15-66

此时画面效果如图15-67所示。

图 15-67

（10）在"时间轴"面板中选择V4轨道上的03.png素材文件，在"效果控件"面板中展开"运动"，设置"位置"为（976.0，266.0），设置"缩放"

为 102.0，"旋转"为 –5.4°，"锚点"为（133.7，110.8），如图 15-68 所示。

（11）在"效果"面板中搜索"块溶解"，将该效果拖曳到"时间轴"面板 V4 轨道的 03.png 素材文件上，如图 15-69 所示。

图 15-68

图 15-69

（12）在"时间轴"面板中选择 V4 轨道上的 03.png 素材文件，在"效果控件"面板中展开"块溶解"，将时间线滑动至 1 秒 12 帧位置处，单击"过渡完成"前方的 ◎（切换动画）按钮，设置"过渡完成"为 100%，如图 15-70 所示。接着将时间线滑动到 2 秒位置处，设置"不透明度"为 100%。

图 15-70

滑动时间线画面效果如图 15-71 所示。

（13）在"项目"面板中分别将 05.png ～ 07.png 素材拖曳到"时间轴"面板中的 V5 ～ V7 轨道上，如图 15-72 所示。

图 15-71

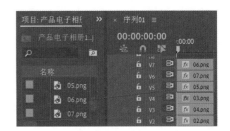
图 15-72

（14）使用同样的方法为"时间轴"面板中 V7 ～ V10 轨道中的素材设置合适的位置、动画。

本案例制作完成，滑动时间线画面效果如图 15-73 所示。

图 15-73

实战应用篇

383

第16章
经典特效设计

特效设计是近年来需求量较大的设计行业之一，越来越多的电影、电视剧、短片、广告动画中需要特效镜头。而从事影视特效设计需要极强的美术功底，要有对色彩、造型、节奏、氛围、动作设计的把控力，并且需要掌握影视特效软件操作方法，如后期特效合成软件、三维软件、粒子插件、流体插件、动力学插件，从而制作如爆炸、光效、粉尘、分型艺术等特效。特效师的就业前景较好，目前国内应用特效的行业趋于成熟，包括影视、动画、游戏、广告等。

学习目标

掌握庆典片头特效制作
掌握科幻电影特效制作
掌握粒子的应用

16.1　实战：大气磅礴的年终庆典片头文字特效

文件路径

实战素材/第16章

操作要点

使用"旧版标题"制作主体文字与辅助文字，并使用"线性擦除"制作文字出现的效果

案例效果

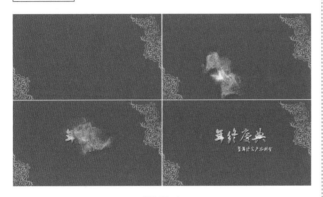

图 16-1

操作步骤

（1）新建序列。执行"文件"/"新建"/"项目"命令，新建一个项目。执行"文件"/"新建"/"序列"命令。在新建序列窗口中单击"设置"按钮，设置"编辑模式"为AVCHD 1080p 方形像素；设置"时基"为25.00帧/秒；设置"像素长宽比"为方形像素（1.0）。设置完成后单击"确定"按钮。接着执行"文件"/"导入"命令，导入全部素材。在"项目"面板中将02.jpg素材文件拖曳到"时间轴"面板中V1轨道上，如图16-2所示。

图 16-2

此时画面效果如图16-3所示。

（2）在"时间轴"面板中设置V1轨道上02.jpg素材文件的结束时间为5秒19帧，如图16-4所示。

图 16-3

（3）在"时间轴"面板中单击V1轨道的02.jpg素材文件。在"效果控件"面板中展开"运动"，设置"缩放"为160.0，如图16-5所示。

图 16-4　　　　　　　图 16-5

（4）创建文字。执行"文件"/"新建"/"旧版标题"命令，即可打开"字幕"面板，如图16-6所示。

图 16-6

（5）此时会弹出一个"新建字幕"窗口，设置"名称"为"字幕01"，然后单击确定按钮。在"字幕01"面板中选择 T （文字工具），在工作区域中合适的位置输入文字内容。设置合适的"字体系列"和"字体样式"；设置"字体大小"为180.0，"宽高比"为112.0%，"字符间距"为-24.0；设置"对齐方式"为 ▤ （左对齐），"填充类型"为线性渐变，设置"颜色"为一个橙黄色的渐变；勾选"光泽"，设置"颜色"为白色；勾选"阴影"，设置"颜色"为黑色。如图16-7所示。

实战应用篇

385

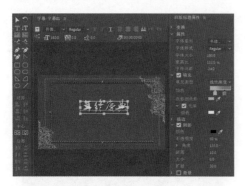

图 16-7

（6）设置完成后，再次选择 T（文字工具），在工作区域中合适的位置输入文字内容。设置合适的"字体系列"和"字体样式"；设置"字体大小"为60.0，"宽高比"为112.0%，"字符间距"为−24.0；设置"对齐方式"为 ≣（左对齐），"填充类型"为实底，设置"颜色"为米白色；勾选"阴影"，设置"颜色"为黑色。设置完成后，关闭"字幕01"面板，如图 16-8 所示。

图 16-8

（7）在"项目"面板中将字幕01文件拖曳到"时间轴"面板中 V2 轨道上，如图 16-9 所示。

图 16-9

图 16-10

（8）在"时间轴"面板中设置V1轨道上02.jpg素材文件的结束时间为5秒19帧，如图16-10所示。

（9）在"效果"面板中搜索"线性擦除"，将该效果拖曳到"时间

轴"面板 V2 轨道的字幕01上，如图 16-11 所示。

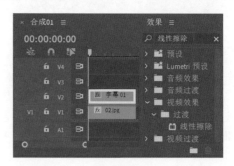

图 16-11

（10）在"时间轴"面板中单击 V2 轨道的字幕01。在"效果控件"面板中展开"线性擦除"，单击"过渡完成"前方的 ⏱（切换动画）按钮，将时间线滑动到2秒07帧位置处，设置"过渡完成"为75%，如图 16-12 所示。将时间线滑动到4秒20帧位置处，设置"过渡完成"为0%，"擦除角度"为−90.0°，"羽化"为30.0。

图 16-12

滑动时间线画面效果如图 16-13 所示。

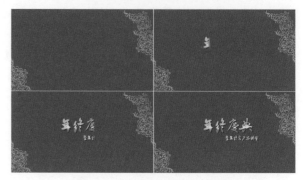

图 16-13

（11）在"项目"面板中将01.mov文件拖曳到"时间轴"面板中 V3 轨道上，如图 16-14 所示。

（12）将时间线滑动至5秒19帧位置，在"时间轴"面板中选择V3轨道上的01.mov，使用快捷键Ctrl+K进行裁剪，如图 16-15 所示。

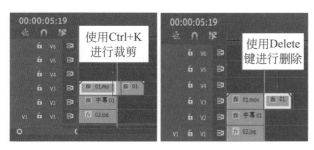

图16-14

（13）在"时间轴"面板中选择V3轨道上的01.mov素材文件后半部分，使用Delete键进行删除，如图16-16所示。

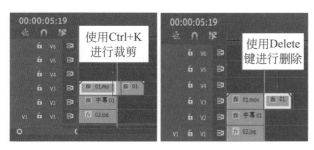

图16-15　　　　　　图16-16

（14）在"时间轴"面板中单击V3轨道的01.mov。在"效果控件"面板中展开"运动"，设置"位置"为（748.0，765.1），"缩放"为115.0，如图16-17所示。

图16-17

（15）在"项目"面板中将配乐.mp3素材文件拖曳到"时间轴"面板中A1轨道上，如图16-18所示。

图16-18

（16）在"时间轴"面板中设置配乐.mp3素材文件的结束时间为5秒19帧，如图16-19所示。

图16-19

本案例制作完成，画面效果如图16-20所示。

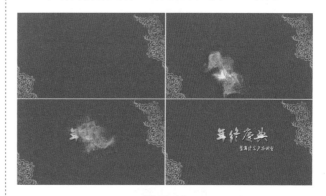

图16-20

16.2　实战：炫酷科幻电影特效镜头

文件路径

实战素材/第16章

操作要点

使用"帧定格"制作画面定格效果，接着使用"波形变形""湍流置换"制作画面故障效果，制作科技感十足的视频

案例效果

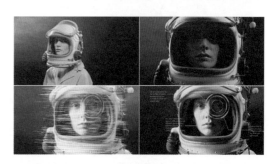

图16-21

操作步骤

Part 01

（1）新建项目、导入文件。执行"文件"/"新建"/"项目"命令，新建一个项目。接着执行"文件"/"导入"命令，导入全部素材。在"项目"面板中将01.mp4素材拖曳到"时间轴"面板中的V1轨道上，此时在"项目"面板中自动生成一个与01.mp4素材文件等大的序列，如图16-22所示。

图16-22

滑动时间线画面效果如图16-23所示。

图16-23

（2）在"时间轴"面板中右键单击V1轨道上的01.mp4素材文件，在弹出的快捷菜单中执行"速度/持续时间"命令，如图16-24所示。

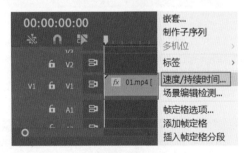

图16-24

（3）在弹出的"剪辑速度/持续时间"窗口，设置"速度"为250%，接着单击"确定"按钮，如图16-25所示。

（4）将时间线滑动到6秒位置处，在"时间轴"面板中右键单击V1轨道上的01.mp4素材文件，在

弹出的快捷菜单中执行"添加帧定格"命令，如图16-26所示。

图16-25　　　　　　　图16-26

（5）在"时间轴"面板中选择V1轨道上的01.mp4后半部分，设置结束时间为9秒06帧，如图16-27所示。

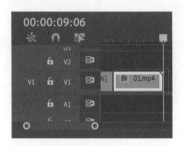

图16-27

滑动时间线画面效果如图16-28所示。

图16-28

（6）右键单击"项目"面板中空白位置，在弹出的快捷菜单中执行"新建项目"/"调整图层"命令，如图16-29所示。

图16-29

（7）在弹出的"调整图层"窗口中单击"确定"

按钮，并拖曳到V3轨道中5秒15帧的位置处，如
图16-30所示。

图16-30

（8）设置"时间轴"面板中V3轨道调整图层的
结束时间为6秒20帧，如图16-31所示。

（9）在"效果"面板中搜索"波形变形"，将该
效果拖曳到"时间轴"面板V3轨道的调整图层上，
如图16-32所示。

 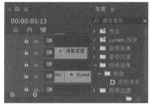

图16-31　　　　图16-32

（10）在"时间轴"面板中单击V3轨道的调整
图层。在"效果控件"面板中展开"波形变形"，设
置"波形类型"为杂色，"波形高度"为300，"波
形宽度"为5000，"方向"为0.0，"固定"为所有边
缘，如图16-33所示。

（11）在"效果控件"面板中展开"不透明度"，
设置"混合模式"为滤色，如图16-34所示。

 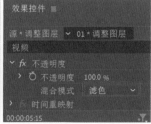

图16-33　　　　图16-34

（12）在"效果"面板中搜索"湍流置换"，将
该效果拖曳到"时间轴"面板V3轨道的调整图层
上，如图16-35所示。

（13）在"时间轴"面板中单击V3轨道的调整
图层。在"效果控件"面板中展开"湍流置换"，设

置"置换"为水平置换，"数量"为8000.0，"大小"
为10.0，"复杂度"为10.0，"演化"为35.0°，如
图16-36所示。

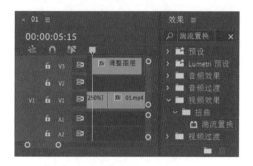

图16-35

图16-36

📝 **重点笔记**

"波形变形"可制作错位效果，或根据需要的效果
进行调整，制作故障效果。

"湍流置换"可使画面产生扭曲效果，与"波形变
换"也可制作消散效果。

滑动时间线画面效果如图16-37所示。

图16-37

（14）在"项目"面板将02.mp4拖动至V2轨道
中6秒位置，如图16-38所示。

图 16-38

此时画面效果如图 16-39 所示。

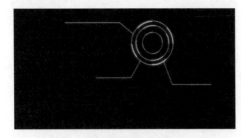

图 16-39

（15）在"时间轴"面板中右键单击 V2 轨道上的 02.mp4 素材文件，在弹出的快捷菜单中执行"速度/持续时间"命令，如图 16-40 所示。

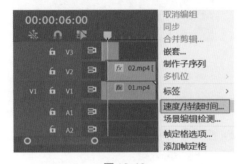

图 16-40

弹出的"剪辑速度/持续时间"窗口如图 16-41 所示。

图 16-41

（16）时间轴滑动至第 12 秒 11 帧位置处，拖动 02.mp4 的左侧位置，向右侧拖动，对齐到当前时间轴位置，如图 16-42 所示。

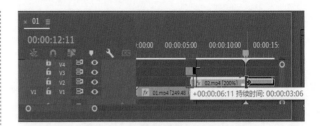

图 16-42

（17）将 02.mp4 移动至第 6 秒，与下方的 01.mp4 对齐，如图 16-43 所示。

图 16-43

（18）在"时间轴"面板中单击 V2 轨道的 02.mp4，在"效果控件"面板中展开"不透明度"。将时间线滑动至 6 秒位置处，单击"不透明度"前方的 ⏱（切换动画）按钮，设置"不透明度"为 0.0%，如图 16-44 所示。接着将时间线滑动至 6 秒 14 帧位置，设置"不透明度"为 100%，"混合模式"为浅色。

图 16-44

滑动时间线画面效果如图 16-45 所示。

图 16-45

Part 02

（1）创建文字。将时间线滑动到7秒04帧位置处。在"工具箱"中单击 T（文字工具），接着在"节目监视器"面板中合适的位置单击并输入合适的文字，如图16-46所示。

图16-46

（2）在"时间轴"面板中设置V3轨道上文字图层的结束时间为9秒05帧，如图16-47所示。

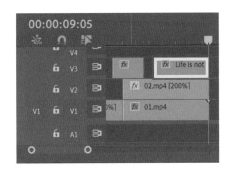

图16-47

（3）在"时间轴"面板中选择V3轨道上的文字图层，在"效果控件"面板中展开"文本"，设置合适的"字体系列"和"字体样式"，设置"字体大小"为60，设置"对齐方式"为 （左对齐），设置"填充"为淡蓝色，如图16-48所示。

图16-48

（4）在"时间轴"面板中选择V3轨道上的文字图层，在"效果控件"面板中展开"不透明度"，将时间线滑动至7秒04帧位置处，单击"不透明度"前方的 （切换动画）按钮，设置"不透明度"为

0.0%。接着将时间线滑动至9秒02帧，设置"不透明度"为100.0%，如图16-49所示。

图16-49

滑动时间线画面效果如图16-50所示。

图16-50

（5）将时间线滑动到7秒04帧位置处，在"工具箱"中单击 T（文字工具），接着在"节目监视器"面板中合适的位置单击并输入合适的文字，如图16-51所示。

图16-51

（6）在"时间轴"面板中设置V4轨道上文字图层的结束时间为9秒06帧，如图16-52所示。

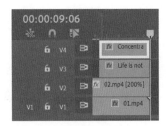

图16-52

（7）在"时间轴"面板中选择V4轨道上的文字

图层，在"效果控件"面板中展开"文本"，设置合适的"字体系列"和"字体样式"，设置"字体大小"为60，设置"对齐方式"为 （左对齐），设置"填充"为淡蓝色，如图16-53所示。

图16-53

（8）在"时间轴"面板中选择V4轨道上的文字图层，在"效果控件"面板中展开"不透明度"。将时间线滑动至7秒04帧位置处，单击"不透明度"前方的 （切换动画）按钮，设置"不透明度"为0.0%，如图16-54所示。接着将时间线滑动至9秒02帧，设置"不透明度"为100.0%。

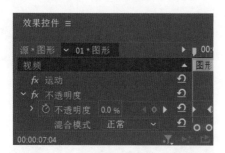

图16-54

（9）将时间线滑动到7秒04帧位置处。在"工具箱"中单击 （文字工具），接着在"节目监视器"面板中合适的位置单击并输入合适的文字，如图16-55所示。

图16-55

（10）在"时间轴"面板中设置V5轨道上文字图层的结束时间为9秒05帧，如图16-56所示。

（11）在"时间轴"面板中选择V5轨道上的文字图层，在"效果控件"面板中展开"文本"，设置合适的"字体系列"和"字体样式"，设置"字体大小"为60，设置"对齐方式"为 （左对齐），设置"填充"为淡蓝色，如图16-57所示。

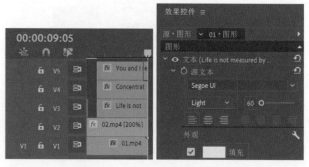

图16-56　　　　　　　图16-57

滑动时间线画面效果如图16-58所示。

图16-58

（12）右键单击"项目"面板中空白位置，在弹出的快捷菜单中执行"新建项目"/"调整图层"命令，如图16-59所示。

图16-59

（13）在弹出的"调整图层"窗口中单击"确定"按钮，并将刚刚新建的调整图层拖曳到V6轨道中起始时间位置处，如图16-60所示。

（14）在"时间轴"面板中设置V6轨道调整图层的结束时间为9秒06帧，如图16-61所示。

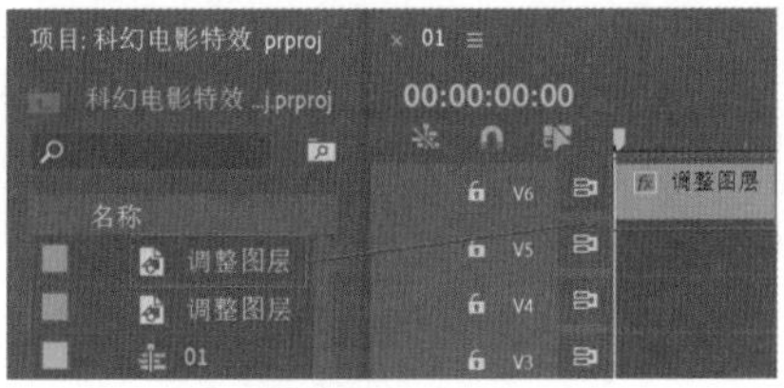

图16-60

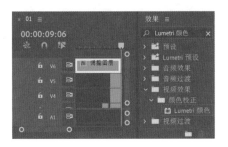

图16-61

（15）在"效果"面板中搜索"Lumetri 颜色"，将该效果拖曳到"时间轴"面板V6轨道的调整图层上，如图16-62所示。

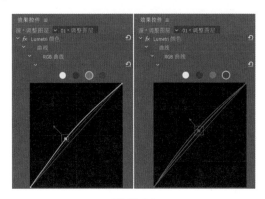

图16-62

（16）在"时间轴"面板中选择V6轨道上的调整图层，在"效果控件"面板中展开"Lumetri 颜色"/"基本校正"/"白平衡"，设置"色温"为40.7；展开"色调"，设置"曝光"为1.0，"对比度"为63.0，"高光"为–23.5，"阴影"为–25.9，"白色"为–3.7，"黑色"为13.6，如图16-63所示。

（17）展开"创意"/"调整"，将"阴影色彩"的控制点向右下角拖曳，如图16-64所示。

图16-63

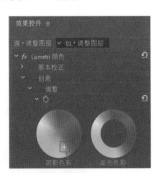

图16-64

（18）展开"曲线"/"RGB曲线"，单击"绿色通道"按钮，将曲线向左上角拖曳。接着单击"蓝色通道"按钮，将曲线向左上角拖曳，如图16-65所示。

图16-65

（19）展开"色相饱和度曲线"/"色相与饱和度"，在曲线上添加锚点，并调整曲线形状，如图16-66所示。

（20）展开"晕影"，设置"数量"为–3.0，如图16-67所示。

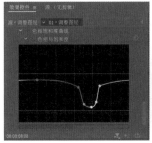

图16-66 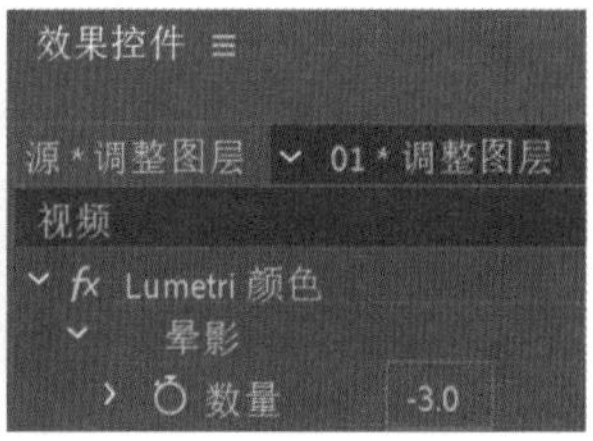　　　　　　图16-67

滑动时间线画面效果如图16-68所示。

图16-68

（21）在"项目"面板中选择配乐.mp3素材文件拖曳到"时间轴"面板中A1轨道的5秒15帧位置处，如图16-69所示。

图 16-69

图 16-70

本案例制作完成，画面效果如图 16-70 所示。

16.3　实战：瞬移特效

文件路径

实战素材/第16章

操作要点

通过剪辑与"关键帧"制作时间差，使用"Lumetri 颜色"调整画面颜色

案例效果

图 16-71

操作步骤

Part 01

（1）新建项目、导入文件。执行"文件"/"新建"/"项目"命令，新建一个项目。接着执行"文件"/"导入"命令，导入全部素材。在"项目"面板中将01.mp4素材拖曳到"时间轴"面板中的V1轨道上，此时在"项目"面板中自动生成一个与01.mp4素材文件等大的序列，如图 16-72 所示。

图 16-72

滑动时间线此时画面效果，如图 16-73 所示。

图 16-73

（2）将时间线滑动至1秒25帧位置处，在"时间轴"面板中使用快捷键Ctrl+K进行裁剪，如图 16-74 所示。

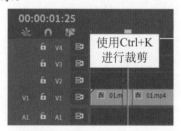

图 16-74

（3）将时间线滑动至2秒04帧位置处，在"时间轴"面板中使用快捷键Ctrl+K进行裁剪，如图 16-75 所示。

图 16-75

（4）在"时间轴"面板中选择V1轨道1秒25帧后方的01.mp4素材文件，使用快捷键Delete进行删除，如图16-76所示。

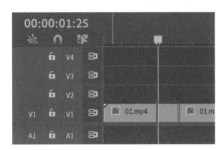

图16-76

（5）将时间线滑动至3秒09帧位置处，在"时间轴"面板中使用快捷键Ctrl+K进行裁剪，如图16-77所示。

图16-77

（6）将时间线滑动至5秒25帧位置处，在"时间轴"面板中使用快捷键Ctrl+K进行裁剪，如图16-78所示。

图16-78

（7）在"时间轴"面板中选择V1轨道5秒25帧前方的01.mp4素材文件，使用快捷键Delete进行删除，如图16-79所示。

（8）将时间线滑动至9秒24帧位置处，在"时间轴"面板中使用快捷键Ctrl+K进行裁剪，如图16-80所示。

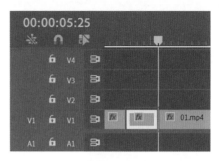

图16-79

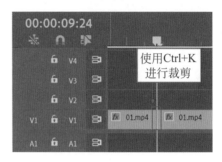

图16-80

（9）在"时间轴"面板中选择V1轨道9秒24帧后方的01.mp4素材文件，使用Delete键进行删除，如图16-81所示。

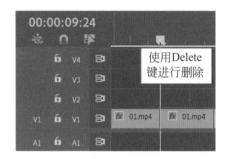

图16-81

滑动时间线画面效果如图16-82所示。

图16-82

（10）将第2个01.mp4移动至V2轨道，并将其移动到第1个01.mp4后方。在"时间轴"面板中右键单击V1轨道的第一个01.mp4素材文件，在弹出的快捷菜单中执行"速度/持续时间"命令，如图16-83所示。

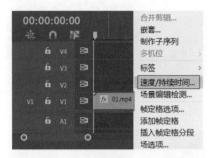

图 16-83

（11）在弹出的"剪辑速度/持续时间"窗口中设置"速度"为60%，单击"确定"按钮，如图16-84所示。

图 16-84

（12）在"时间轴"面板中右键单击V1轨道上2秒24帧位置后的01.mp4素材文件，在弹出的快捷菜单中执行"重命名"命令，如图16-85所示。

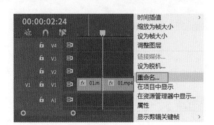

图 16-85

（13）在弹出的"重命名剪辑"窗口中设置"剪辑名称"为02.mp4，单击"确定"按钮，如图16-86所示。

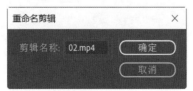

图 16-86

（14）在"时间轴"面板中右键单击V1轨道的02.mp4素材文件，在弹出的快捷菜单中执行"速度/持续时间"命令，如图16-87所示。

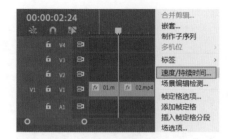

图 16-87

（15）在弹出的"剪辑速度/持续时间"窗口中设置"速度"为55%，单击"确定"按钮，如图16-88所示。

图 16-88

（16）在"时间轴"面板中右键单击V1轨道上4秒25帧位置后的01.mp4素材文件，在弹出的快捷菜单中执行"重命名"命令，如图16-89所示。

图 16-89

（17）在弹出的"重命名剪辑"窗口中设置"剪辑名称"为03.mp4，单击"确定"按钮，如图16-90所示。

图 16-90

（18）在"时间轴"面板中右键单击V1轨道的03.mp4素材文件，在弹出的快捷菜单中执行"速度/持续时间"命令，如图16-91所示。

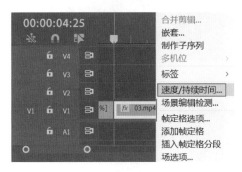

图16-91

（19）在弹出的"剪辑速度/持续时间"窗口中设置"速度"为250%，单击"确定"按钮，如图16-92所示。

图16-92

滑动时间线画面效果如图16-93所示。

图16-93

Part 02

（1）在"时间轴"面板中将02.mp4素材拖曳到V2轨道的起始时间位置处，如图16-94所示。

（2）在"时间轴"面板中将01.mp4素材文件拖曳到V1轨道上1秒38帧位置处，如图16-95所示。

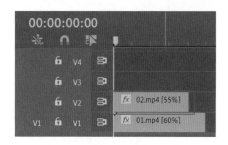

图16-94

图16-95

（3）在"时间轴"面板中将03.mp4素材文件拖曳到3秒20帧位置处，如图16-96所示。

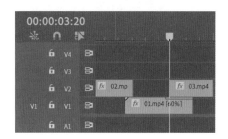

图16-96

滑动时间线画面效果如图16-97所示。

图16-97

（4）在"时间轴"面板中选择V2轨道上的02.mp4，在"效果控件"面板中展开"不透明度"。将时间线滑动至1秒35帧位置处，单击"不透明度"前方的 🕙（切换动画）按钮，设置"不透明度"为100.0%，如图16-98所示。接着将时间线滑动至1秒48帧，设置"不透明度"为0.0%。

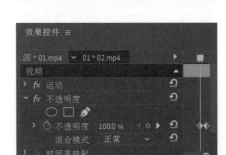

图 16-98

（5）在"时间轴"面板中选择V1轨道上的01.mp4，在"效果控件"面板中展开"不透明度"。将时间线滑动至3秒37帧位置处，单击"不透明度"前方的 🕑（切换动画）按钮，设置"不透明度"为100.0%，如图16-99所示。接着将时间线滑动至3秒48帧，设置"不透明度"为80.0%。

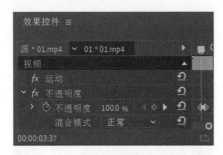

图 16-99

（6）在"时间轴"面板中选择V2轨道上的03.mp4，在"效果控件"面板中展开"不透明度"。将时间线滑动至3秒21帧位置处，单击"不透明度"前方的 🕑（切换动画）按钮，设置"不透明度"为0.0%，如图16-100所示。接着将时间线滑动至3秒34帧，设置"不透明度"为100.0%。

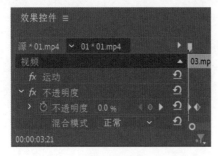

图 16-100

滑动时间线画面效果如图16-101所示。

（7）在"项目"面板中将02.mov拖曳到"时间轴"面板中V3轨道1秒38帧位置处，如图16-102所示。

图 16-101

图 16-102

（8）将时间线滑动到2秒47帧位置处，在"时间轴"面板中选择V3轨道上的02.mov，使用快捷键Ctrl+K进行裁剪，如图16-103所示。

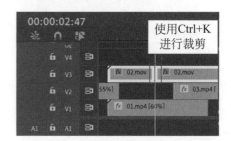

图 16-103

（9）在"时间轴"面板中选择V3轨道后方的02.mov，使用Delete键进行删除，如图16-104所示。

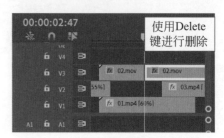

图 16-104

（10）在"时间轴"面板中右键单击V3轨道上的02.mov，在弹出的快捷菜单中执行"速度/持续时间"命令，如图16-105所示。

（11）在弹出的"剪辑速度/持续时间"窗口中设置"速度"为199.72%，接着单击"确定"按钮，如图16-106所示。

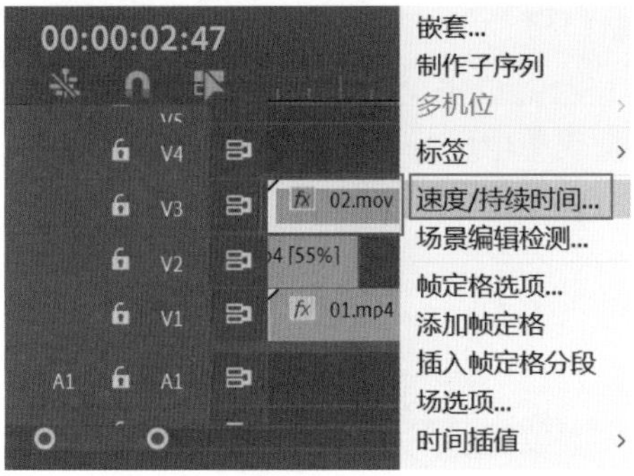

图 16-105

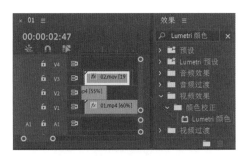

图 16-106

（12）在"效果"面板中搜索"Lumetri 颜色"，将该效果拖曳到"时间轴"面板 V3 轨道的 02.mov 素材文件上，如图 16-107 所示。

图 16-107

（13）在"时间轴"面板中选择 V3 轨道上的 02.mov 素材文件，在"效果控件"面板中展开"Lumetri 颜色"/"基本校正"/"白平衡"，设置"色温"为 –207.0，"色彩"为 13.0；展开"色调"，设置"曝光"为 2.0，"阴影"为 40.0，"白色"为 33.0，"饱和度"为 63.0，如图 16-108 所示。

（14）在"效果控件"面板中展开"创意"/"调整"，设置"淡化胶片"为 25.0，"锐化"为 29.0，"饱和度"为 81.0；将"阴影色彩"的控制点向右拖曳；将"高光色彩"的控制点向右下角拖曳，如图 16-109 所示。

图 16-108

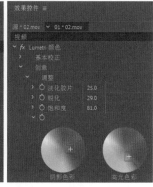

图 16-109

滑动时间线画面效果如图 16-110 所示。

图 16-110

（15）在"时间轴"面板中选择 V3 轨道上的 02.mov，使用 Alt 键并拖曳到 3 秒 13 帧处进行复制，如图 16-111 所示。

图 16-111

（16）在"时间轴"面板中选择 V3 轨道上新复制的 02.mov 素材文件，在弹出的快捷菜单中执行"速度/持续时间"命令，如图 16-112 所示。

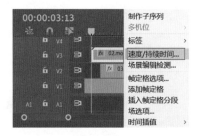

图 16-112

实战应用篇

（17）在弹出的"剪辑速度/持续时间"窗口中勾选"倒放速度"，接着单击"确定"按钮，如图16-113所示。

（18）在"时间轴"面板中选择V3轨道上新复制的02.mov素材文件，设置结束时间为3秒33帧，如图16-114所示。

图16-113　　　　　　图16-114

（19）在"时间轴"面板中选择V3轨道上新复制的02.mov素材文件，在"效果控件"面板中展开"运动"，设置"位置"为（1150.7，678.9），将时间线滑动至3秒25帧位置处，单击"缩放"前方的 ⭕（切换动画）按钮，设置"缩放度"为126.0，如图16-115所示。接着将时间线滑动至3秒31帧，设置"缩放"为61.0。

图16-115

滑动时间线画面效果如图16-116所示。

图16-116

Part 03

（1）右键单击"项目"面板中空白位置，在弹出的快捷菜单中执行"新建项目"/"调整图层"命令，如图16-117所示。

图16-117

（2）在弹出的"调整图层"窗口中单击"确定"按钮，并拖曳到V4轨道上，如图16-118所示。

图16-118

（3）在"效果"面板中搜索"Lumetri 颜色"，将该效果拖曳到"时间轴"面板V4轨道的调整图层上，如图16-119所示。

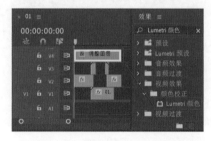

图16-119

（4）在"时间轴"面板中选择V4轨道上的调整图层，在"效果控件"面板中展开"Lumetri 颜色"/"基本校正"/"白平衡"，设置"色温"为–52.0，"色彩"为31.0；展开"色调"，设置"曝光"为–0.6，"对比度"为20.0，"高光"14.0，"阴影"为7.0，"白色"为31.0，"饱和度"为184.0，如图16-120

图16-120

所示。

（5）在"项目"面板中将配乐.mp3素材文件拖曳到"时间轴"面板中A1轨道的1秒16帧位置处，如图16-121所示。

图16-121

（6）在"时间轴"面板中选择A1轨道上的配乐.mp3素材文件，单击右键，在弹出的快捷菜单中执行"速度/持续时间"命令，如图16-122所示。

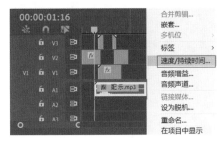

图16-122

（7）在弹出的"剪辑速度/持续时间"窗口中，设置"速度"为500%，接着单击"确定"按钮，如图16-123所示。

（8）在"时间轴"面板中选择A1轨道上的配乐.mp3，使用Alt键并拖曳到A1轨道上3秒03帧位置进行复制，如图16-124所示。

图16-123

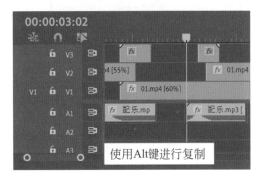

图16-124

本案例制作完成，画面效果如图16-125所示。

图16-125

16.4　实战：粒子效果

文件路径

实战素材/第16章

操作要点

使用垂直文字工具创建文字，并使用"轨道遮罩键"创建视频溶解的粒子效果

案例效果

图16-126

操作步骤

（1）新建项目、序列，导入文件。执行"文件"/"新建"/"项目"命令，新建一个项目。接着执行"文件"/"导入"命令，导入全部素材。在"项目"面板中将01.mp4素材拖曳到"时间轴"面板中的V1轨道上，此时在"项目"面板中自动生成一个与01.mp4素材文件等大的序列，如图16-127所示。

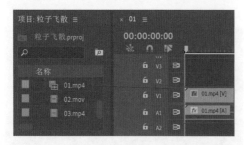

图16-127

滑动时间线画面效果如图16-128所示。

图16-128

（2）创建文字。将时间线滑动到起始时间位置处。在"工具箱"中单击 **IT**（垂直文字工具），接着在"节目监视器"面板中左上角合适的位置单击并输入合适的文字，如图16-129所示。

图16-129

（3）在"时间轴"面板中设置V3轨道上文字图层的结束时间为23秒05帧，如图16-130所示。

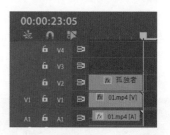

图16-130

（4）在"时间轴"面板中选择V2轨道上的文字图层，在"效果控件"面板中展开"文本"，设置合适的"字体系列"和"字体样式"，设置"字体大小"为239，设置"对齐方式"为 ▤（左对齐）▤（顶对齐），设置 ▤ "行距"为-87，设置"填充"为白色，如图16-131所示。

图16-131

（5）将时间线滑动到起始时间位置处。在"工具箱"中单击 ▢（矩形工具），接着在"节目监视器"面板中文本上方合适的位置单击拖曳绘制合适的矩形，如图16-132所示。

图16-132

（6）在"时间轴"面板中设置V3轨道上图形的结束时间为23秒05帧，如图16-133所示。

（7）在"时间轴"面板中选择V3轨道上的图形图层，在"效果控件"面板中展开"形状"，取消勾选"填充"，接着勾选"描边"，设置"描边"为白色，"描边宽度"为7.0，如图16-134所示。

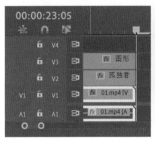
图 16-133

图 16-134

此时画面效果如图 16-135 所示。

图 16-135

（8）在"时间轴"面板中框选 V2、V3 轨道上的图层，在弹出的快捷菜单中执行"嵌套"，如图 16-136 所示。

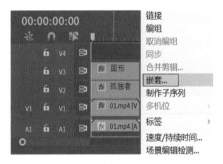
图 16-136

（9）在弹出的"嵌套序列名称"窗口中单击"确定"按钮，如图 16-137 所示。

图 16-137

 重点笔记

使用"嵌套序列"后可单击嵌套序列打开嵌套序列调整画面的文字与图形样式，但制作的画面效果不变。

（10）在"时间轴"面板中设置 V2 轨道的嵌套序列 01 的结束时间为 2 秒 43 帧，如图 16-138 所示。

图 16-138

滑动时间线画面效果如图 16-139 所示。

图 16-139

（11）在"项目"面板中将 02.mov 素材文件拖曳到"时间轴"面板的 V3 轨道上，如图 16-140 所示。

图 16-140

此时画面效果如图 16-141 所示。

图 16-141

（12）在"时间轴"面板中选择 V3 轨道上的 02.mov 素材文件，在"效果控件"面板中展开"运动"，设置"位置"为（803.4，747.2），"缩放"为 154.0，如图 16-142 所示。

（13）在"时间轴"面板中设置V3轨道的02.mov素材文件的结束时间为2秒44帧，如图16-143所示。

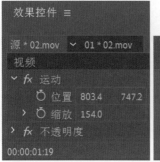

图 16-142

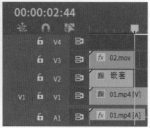

图 16-143

（14）在"效果"面板中搜索"轨道遮罩键"，将该效果拖曳到"时间轴"面板V2轨道嵌套序列01上，如图16-144所示。

（15）在"时间轴"面板中选择V2轨道上的嵌套序列01，在"效果控件"面板中展开"轨道遮罩键"，设置"遮罩"为视频3，"合成方式"为亮度遮罩，勾选"反向"，如图16-145所示。

图 16-144

图 16-145

滑动时间线画面效果如图16-146所示。

图 16-146

（16）将时间线滑动到42帧位置处，接着在"项目"面板中将03.mp4素材文件拖曳到"时间轴"面板的V4轨道上，如图16-147所示。

图 16-147

此时画面效果如图16-148所示。

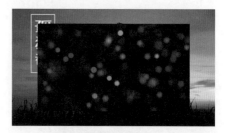

图 16-148

（17）在"时间轴"面板中右键单击03.mp4素材文件，在弹出的快捷菜单中执行"速度/持续时间"命令，如图16-149所示。

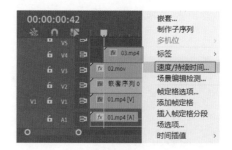

图 16-149

（18）在弹出的"剪辑速度/持续时间"窗口中设置"速度"为500%，单击"确定"按钮，如图16-150所示。

（19）在"时间轴"面板中选择V4轨道上的03.mp4素材文件，在"效果控件"面板中展开"运动"，设置"位置"为（302.1，357.3），"缩放"为65.0，"旋转"为-41.0°，如图16-151所示。

图 16-150

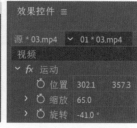

图 16-151

（20）在"效果控件"面板中展开"不透明度"，

将时间线滑动至 42 帧位置处，单击"不透明度"前方的 ⏱（切换动画）按钮，设置"不透明度"为 0.0%，如图 16-152 所示。接着将时间线滑动至 1 秒 02 帧，设置"不透明度"为 98.0%，设置"混合模式"为变亮。

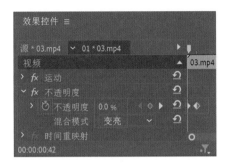

图 16-152

（21）在"效果"面板中搜索"黑白"，将该效果拖曳到"时间轴"面板 V4 轨道 03.mp4 上，如图 16-153 所示。

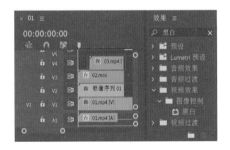

图 16-153

（22）在"时间轴"面板中选择 V4 轨道的 03.mp4 素材文件，使用 Alt 键拖曳到 V5 轨道上 45 帧位置处，如图 16-154 所示。

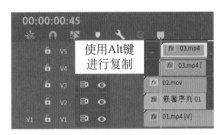

图 16-154

（23）在"时间轴"面板中右键单击 03.mp4 素材文件，在弹出的快捷菜单中执行"速度/持续时间"命令，如图 16-155 所示。

（24）在弹出的"剪辑速度/持续时间"窗口中设置"速度"为 450%，单击"确定"按钮，如图 16-

156 所示。

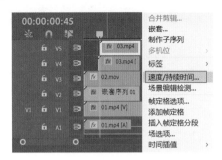

图 16-155

图 16-156

（25）在"时间轴"面板中选择 V5 轨道上的 03.mp4 素材文件，在"效果控件"面板中展开"运动"，设置"旋转"为 78.0°，如图 16-157 所示。

图 16-157

本案例制作完成，画面效果如图 16-158 所示。

图 16-158

405

附录　Premiere快捷键速查表

名称	快捷键
文件菜单	
新建项目 / 作品	Ctrl+Alt+N
新建序列	Ctrl+N
新建字幕	Ctrl+T
打开项目 / 作品	Ctrl+O
在 Adobe Bridge 中浏览	Ctrl+Alt+O
关闭项目	Ctrl+Shift+W
关闭	Ctrl+W
保存	Ctrl+S
另存为	Ctrl+Shift+S
保存副本	Ctrl+Alt+S
捕捉	F5
批量捕捉	F6
从媒体浏览器导入	Ctrl+Alt+I
导入	Ctrl+I
导出媒体	Ctrl+M
导出选择	Ctrl+Shift+H
退出	Ctrl+Q
编辑菜单	
撤销	Ctrl+Z
重做	Ctrl+Shift+Z
剪切	Ctrl+X
复制	Ctrl+C
粘贴	Ctrl+V
粘贴插入	Ctrl+Shift+V
粘贴属性	Ctrl+Alt+V
清除	Delete
波纹删除	Shift+Delete
重复	Ctrl+Shift+/
全选	Ctrl+A
取消全选	Ctrl+Shift+A
查找	Ctrl+F
编辑原始	Ctrl+E

名称	快捷键
剪辑	
制作子剪辑	Ctrl+U
音频声道	Shift+G
速度 / 持续时间	Ctrl+R
启用	Shift+E
链接	Ctrl+I
编组	Ctrl+G
取消编组	Ctrl+Shift+G
序列	
在工作区中 / 入点到出点的范围内渲染效果	Enter
匹配帧	F
添加编辑	Ctrl+K
添加编辑到所有轨道	Ctrl+Shift+K
修剪编辑	T
将所选编辑点扩展到播放指示器	E
应用视频过渡	Ctrl+D
应用音频过渡	Ctrl+Shift+D
将默认过渡应用到选择项	Shift+D
提升	;
提取	'
放大	=
缩小	–
序列中下一段	Shift+ ;
序列中上一段	Ctrl+Shift+ ;
贴靠	S
标记	
标记入点	I
标记出点	O
标记剪辑	X
标记选择项	/
转到入点	Shift+I
转到出点	Shift+O
清除入点	Ctrl+Shift+I
清除出点	Ctrl+Shift+O

续表

名称	快捷键
标记	
清除入点和出点	Ctrl+Shift+X
添加标记	M
转到下一标记	Shift+M
转到上一标记	Ctrl+Shift+M
清除当前标记	Ctrl+Alt+M
清除所有标记	Ctrl+Alt+Shift+M
字幕	
左	Ctrl+Shift+L
居中	Ctrl+Shift+C
右	Ctrl+Shift+R
制表位	Ctrl+Shift+T
模板	Ctrl+J
上层的下一个对象	Ctrl+Alt+]
下层的下一个对象	Ctrl+Alt+[
移到最前	Ctrl+Shift+]
前移	Ctrl+]
移到最后	Ctrl+Shift+[
后移	Ctrl+[
工具	
选择工具	V
轨道选择工具	A
波纹编辑工具	B
滚动编辑工具	N
比率拉伸工具	R
剃刀工具	C
外滑工具	Y
内滑工具	U
钢笔工具	P
手形工具	H
缩放工具	Z
窗口	
重置当前工作区	Alt+Shift+0
音频剪辑混合器	Shift+9
音频轨道混合器	Shift+6
效果控件	Shift+5

名称	快捷键
窗口	
效果	Shift+7
媒体浏览器	Shift+8
节目监视器	Shift+4
项目	Shift+1
源监视器	Shift+2
时间轴	Shift+3
面板	
显示 / 隐藏轨道	Ctrl+Alt+T
循环	Ctrl+L
仅计量器输入	Ctrl+Shift+I
录制视频	V
录制音频	A
弹出	E
快进	F
转到入点	Q
转到出点	W
录制	G
回退	R
逐帧后退	左键
逐帧前进	右键
停止	S
移除所选效果	Backspace
新建自定义素材箱	Ctrl+/
删除自定义项目	Backspace
删除	Backspace
在源监视器中打开	Shift+O
父目录	Ctrl+ 上键
选择目录列表	Shift+ 左键
选择媒体列表	Shift+ 右键
转到下一个编辑点	下键
转到上一个编辑点	上键
播放 / 停止切换	空格键
录制开 / 关切换	O
新建素材箱	Ctrl+b
列表	Ctrl+Page Up

名称	快捷键	名称	快捷键
面板		面板	
图标	Ctrl+Page Down	设置工作区域栏的出点	Alt+]
悬停划动	Shift+H	显示下一屏幕	Page Down
删除带选项的选择项	Ctrl+Delete	显示上一屏幕	Page Up
向下展开选择项	Shift+ 下键	将所选剪辑向左滑动五帧	Alt+Shift+,
向左展开选择项	Shift+ 左键	将所选剪辑向左滑动一帧	Alt+,
向右展开选择项	Shift+ 右键	将所选剪辑向右滑动五帧	Alt+Shift+.
向上展开选择项	Shift+ 上键	将所选剪辑向右滑动一帧	Alt+.
向下移动选择项	下键	弧形工具	A
移动选择项到结尾	End	粗体	Ctrl+B
移动选择项到开始	主页键	将字偶间距减少五个单位	Alt+Shift+ 左键
向左移动选择项	左键	将字偶间距减少一个单位	Alt+ 左键
移动选择项到下一页	Page Down	将行距减少五个单位	Alt+Shift+ 下键
移动选择项到上一页	Page Up	将行距减少一个单位	Alt+ 下键
向右移动选择项	右键	将文字大小减少五磅	Ctrl+Alt+Shift+ 左键
向上移动选择项	上键	将文字大小减少一磅	Ctrl+Alt+ 左键
下一列字段	Tab	椭圆工具	E
下一行字段	Enter	将字偶间距增加五个单位	Alt+Shift+ 右键
在源监视器中打开	Shift+O	将字偶间距增加一个单位	Alt+ 右键
上一列字段	Shift + Tab	将行距增加五个单位	Alt+Shift+ 上键
上一行字段	Shift+Enter	将行距增加一个单位	Alt+ 上键
下一缩览图大小	Shift+]	将文本大小增加五磅	Ctrl+Alt+Shift+ 右键
上一缩览图大小	Shift+[	将文本大小增加一磅	Ctrl+Alt+ 右键
切换视图	Shift+\	插入版权符号	Ctrl+Alt+Shift+C
添加剪辑标记	Ctrl+1	插入注册商标符号	Ctrl+Alt+Shift+R
清除选择项	Backspace	斜体	Ctrl+I
降低音频轨道高度	Alt+ -	直线工具	L
降低视频轨道高度	Ctrl+ -	将选定对象向下微移五个像素	Shift+ 下键
增加音频轨道高度	Alt+=	将选定对象向下微移一个像素	下键
增加视频轨道高度	Ctrl+=	将选定对象向左微移五个像素	Shift+ 左键
将所选剪辑向左轻移五帧	Alt+Shift+ 左键	将选定对象向左微移一个像素	左键
将所选剪辑向左轻移一帧	Alt+ 左键	将选定对象向右微移五个像素	Shift+ 右键
将所选剪辑向右轻移五帧	Alt+Shift+ 右键	将选定对象向右微移一个像素	右键
将所选剪辑向右轻移一帧	Alt+ 右键	将选定对象向上微移五个像素	Shift+ 上键
波纹删除	Alt+Backspace		
设置工作区域栏的入点	Alt+[		

名称	快捷键
面板	
将选定对象向上微移一个像素	上键
钢笔工具	P
将对象置于底端字幕安全边距内	Ctrl+Shift+D
将对象置于左端字幕安全边距内	Ctrl+Shift+F
将对象置于顶端字幕安全边距内	Ctrl+Shift+O
矩形工具	R
旋转工具	O
选择工具	V
文字工具	T
下画线	Ctrl+U
垂直文字工具	C
楔形工具	W
同时兼顾输出端和进入端	Alt+1
集中到进入端	Alt+3
集中到输出端	Alt+2
循环	Ctrl+L
向后较大偏移修剪	Alt+Shift+ 左键
向后修剪一帧	Alt+ 左键
向前较大偏移修剪	Alt+Shift+ 右键
向前修剪一帧	Alt+ 右键
其他	
Adobe Premiere Pro 帮助	F1
清除标识帧	Ctrl+Shift+P
切换到摄像机 1	Ctrl+1
切换到摄像机 2	Ctrl+2
切换到摄像机 3	Ctrl+3
切换到摄像机 4	Ctrl+4
切换到摄像机 5	Ctrl+5
切换到摄像机 6	Ctrl+6
切换到摄像机 7	Ctrl+7
切换到摄像机 8	Ctrl+8
降低剪辑音量	[
大幅降低剪辑音量	Shift+[
展开所有轨道	Shift+=
导出帧	Ctrl+Shift+E

名称	快捷键
其他	
将下一个编辑点扩展到播放指示器	Shift+W
将上一个编辑点扩展到播放指示器	Shift+Q
转到下一个编辑点	下键
转到任意轨道上的下一个编辑点	Shift+ 下键
转到上一个编辑点	上键
转到任意轨道上的上一个编辑点	Shift+ 上键
转到所选剪辑结束点	Shift+End
转到所选剪辑起始点	Shift+Home
转到序列剪辑结束点	End
转到序列剪辑起始点	主页键
提高剪辑音量	]
大幅提高剪辑音量	Shift+]
最大化或恢复活动帧	Shift+`
最大化或在光标下恢复帧	`
最小化所有轨道	Shift+-
播放邻近区域	Shift+K
从入点播放到出点	Ctrl+Shift+ 空格键
通过预卷 / 过卷从入点播放到出点	Shift+ 空格键
从播放指示器播放到出点	Ctrl+ 空格键
显示嵌套序列	Ctrl+Shift+F
波纹修剪下一个编辑点到播放指示器	W
波纹修剪上一个编辑点到播放指示器	Q
选择摄像机 1	1
选择摄像机 2	2
选择摄像机 3	3
选择摄像机 4	4
选择摄像机 5	5
选择摄像机 6	6
选择摄像机 7	7
选择摄像机 8	8
选择摄像机 9	9
选择查找框	Shift+F
在播放指示器上选择剪辑	D
选择下一个剪辑	Ctrl+ 下键
选择下一个面板	Ctrl+Shift+.

名称	快捷键
其他	
选择上一个剪辑	Ctrl+ 上键
选择上一个面板	Ctrl+Shift+,
设置标识帧	Shift+P
向左往复	J
向右往复	L
向左慢速往复	Shift+J
向右慢速往复	Shift+L
停止往复	K
后退五帧	Shift+ 左键
前进五帧	Shift+ 右键
切换所有音频目标	Ctrl+9
切换所有源音频	Ctrl+Alt+9
切换所有源视频	Ctrl+Alt+0
切换所有视频目标	Ctrl+0
在快速搜索期间开关音频	Shift+S
全屏切换	Ctrl+`
切换多机位视图	Shift+0

名称	快捷键
其他	
切换修剪类型	Shift+T
向后修剪	Ctrl+ 左键
大幅向后修剪	Ctrl+Shift+ 左键
向前修剪	Ctrl+ 右键
大幅向前修剪	Ctrl+Shift+ 右键
修剪下一个编辑点到播放指示器	Ctrl+Alt+W
修剪上一个编辑点到播放指示器	Ctrl+Alt+Q
工作区 1	Alt+Shift+1
工作区 2	Alt+Shift+2
工作区 3	Alt+Shift+3
工作区 4	Alt+Shift+4
工作区 5	Alt+Shift+5
工作区 6	Alt+Shift+6
工作区 7	Alt+Shift+7
工作区 8	Alt+Shift+8
工作区 9	Alt+Shift+9
缩放到序列	\